编 委 会

化学检验工理论知识试题集

全国化工技能大赛及分析检验工资格考核理论试题
中国化工教育协会组织编写

丁敬敏　杨小林　主编
黄一石　主审

化学工业出版社

·北京·

本试题集包括基础知识、专业知识及化验室管理知识三部分内容，按单项选择题、多项选择题、判断题和综合题四种题型汇编而成。基础知识主要指化学检验人员必备的基础化学知识，专业知识包括定量化学分析、仪器分析、工业分析、有机分析等方面的内容，化验室管理知识包括试剂管理、仪器管理、样品管理和检验质量管理等方面的内容。选择题和判断题可以作为上机考核的题目，综合题答案仅供参考。在难易程度方面分为基础、应用和提高三个层次，其中提高类题目占题量的15％。

　　本书是根据原国家劳动和社会保障部规定的化学检验工（中级、高级）职业资格鉴定所必需的鉴定内容和规范的要求编写的。它既能满足职业院校学生技能大赛的需求，又能满足学生进行应知部分考核的需求，为学生在获取职业资格证书、参加后续的全国职业院校学生化学检验技能大赛提供参考。

图书在版编目（CIP）数据

化学检验工理论知识试题集　全国化工技能大赛及分析检验工资格考核理论试题/中国化工教育协会组织编写，丁敬敏，杨小林主编 .—北京：化学工业出版社，2008.6
ISBN 978-7-122-03044-3

Ⅰ. 化… 　Ⅱ.①丁…②杨… 　Ⅲ. 化工产品-检验-习题 　Ⅳ. TQ075-44

中国版本图书馆 CIP 数据核字（2008）第 080049 号

责任编辑：窦　臻　陈有华　　　　　　　文字编辑：昝景岩
责任校对：陈　静　　　　　　　　　　　装帧设计：张　辉

出版发行：化学工业出版社（北京市东城区青年湖南街13号　邮政编码100011）
印　　装：三河市延风印装厂
787mm×1092mm　1/16　印张13¾　字数328千字　2008年8月北京第1版第1次印刷

购书咨询：010-64518888（传真：010-64519686）　　售后服务：010-64518899
网　　址：http://www.cip.com.cn
凡购买本书，如有缺损质量问题，本社销售中心负责调换。

定　　价：24.00元　　　　　　　　　　　　　　　版权所有　违者必究

前　　言

在高等职业教育分析类专业的培养过程中，化学检验技能的培养占有很大的权重。按照当前国家对高等职业院校毕业生实行双证制的要求，各校都将学生获取职业资格证书纳入正常教学环节，并且增设相应的培训内容。国家劳动和社会保障部（现人力资源与社会保障部）规定，职业资格鉴定必须有相应的鉴定内容和规范的鉴定程序，鉴定内容一般分为应知与应会两部分，其中应知部分主要涉及相应等级工种必备的基础知识、专业知识及相关知识，以理论知识考核形式为主，应会部分以技能操作为主。

全国职业院校学生化学检验技能大赛的竞赛项目中设有理论知识部分。我院根据化学检验工国家职业标准的有关规定，参考职业技能鉴定细目表内容，通过整理汇集本院几年来使用的试题，通过首届职业院校学生化学检验工技能大赛面向参赛院校征集试题等方式，组织相关学科的教师对全部试题逐一筛选和验证，组成了大赛的理论知识试题库。经过大赛实际检验，整个理论知识试题库完全能满足大赛的要求。

为了既能满足职业院校学生技能大赛的需求，又能满足学生进行化学检验工（中级、高级）职业资格鉴定时应知部分考核的需求，我院再次组织有关教师对题库中的试题进行重新审核修改，并充实和完善相应部分的习题，编成本试题集，以期能为学生获取职业资格证书、参加后续的全国职业院校学生化学检验技能大赛提供参考。

本试题集包括基础知识、专业知识及化验室管理知识三部分内容，由单项选择题、多项选择题、判断题和综合题四种题型汇编而成。基础知识主要指化学检验人员必备的基础化学知识，专业知识包括定量分析化学、仪器分析、工业分析、有机分析等方面的内容，化验室管理知识包括试剂管理、仪器管理、样品管理和检验质量管理等方面的内容。选择题和判断题可以作为上机考核的题目，综合题答案仅为参考答案，并不是唯一的答案。在难易程度方面分为基础、应用（题前加"＊"）和提高（题前加"＊＊"）三个层次，其中提高类题目占题量的 15％。

本试题集由常州工程职业技术学院丁敬敏、杨小林主编，左银虎、黄一波、贺琼、李智利、俞建君等参与编写，全书由黄一石主审。全书在编写过程中得到了分析教研室其他老师的大力支持，在此表示感谢。

本试题集也是在化学检验技能大赛全体参赛学校参与下完成的，是广大同仁共同工作的结果，在此一并表示感谢。

由于试题验证时间较短，加上编者的水平所限，题集中疏漏之处在所难免，敬请同仁指正。

编　者
2008 年 4 月

目　　录

单项选择题

一、基础知识 ··· 1

　（一）计量和标准化基础知识 ································· 1

　（二）计量检定与法定计量单位 ····························· 3

　（三）试剂与实验室用水 ·· 4

　（四）常见离子定性分析 ·· 5

　（五）实验室常用仪器和设备 ································· 7

　（六）误差理论和数据处理知识 ····························· 9

　（七）溶液的配制 ··· 12

　（八）实验室安全及环保知识 ································· 13

二、定量化学分析 ··· 15

　（一）化学分析法基本知识 ···································· 15

　（二）酸碱滴定法 ··· 19

　（三）配位滴定法 ··· 23

　（四）氧化还原滴定法 ·· 27

　（五）沉淀滴定法及重量分析法 ····························· 33

　（六）定量化学分析中常用的分离和富集方法 ············ 36

三、仪器分析 ··· 39

　（一）紫外-可见分光光度法 ·································· 39

　（二）原子吸收分光光度法 ···································· 43

　（三）电化学分析 ··· 46

　（四）气相色谱法 ··· 50

　（五）高效液相色谱法 ·· 56

　（六）红外光谱分析法 ·· 58

　（七）其他仪器分析方法 ······································· 60

四、工业分析 ··· 62

　（一）采样、制样和分解 ······································· 62

　（二）物理常数测定 ·· 64

　（三）化工生产原料分析 ······································· 66

五、有机分析 ··· 69

　（一）元素定量分析 ·· 69

　（二）有机官能团分析 ·· 72

六、化验室管理 ·· 75

　（一）化学试剂管理 ·· 75

　（二）仪器管理 ·· 77

　（三）检验质量管理 ·· 79

多项选择题

一、基础知识 …… 80

二、定量化学分析 …… 86

三、仪器分析 …… 92

四、工业分析 …… 100

五、有机分析 …… 103

六、化验室管理 …… 106

判断题

一、基础知识 …… 109

　（一）计量和标准化基础知识 …… 109

　（二）计量检定和法定计量单位 …… 110

　（三）试剂与实验室用水 …… 111

　（四）常见离子分析 …… 112

　（五）实验室常用仪器和设备 …… 113

　（六）误差理论和数据处理知识 …… 113

　（七）溶液的制备 …… 114

　（八）实验室安全及环保知识 …… 115

二、定量化学分析 …… 116

　（一）化学分析法基本知识 …… 116

　（二）酸碱滴定法 …… 117

　（三）配位滴定法 …… 118

　（四）氧化还原滴定法 …… 120

　（五）沉淀滴定与称量分析 …… 122

　（六）分离与富集 …… 123

三、仪器分析 …… 124

　（一）紫外-可见分光光度法 …… 124

　（二）原子吸收分光光度法 …… 125

　（三）电化学分析法 …… 127

　（四）气相色谱法 …… 129

　（五）高效液相色谱法 …… 132

　（六）红外光谱法 …… 132

　（七）其他仪器分析法 …… 133

四、工业分析 …… 134

　（一）采样、制样和样品分解 …… 134

　（二）物理常数测定 …… 135

　（三）化工生产原料分析 …… 136

五、有机分析 …… 138

　（一）元素定量分析 …… 138

　（二）有机官能团分析 …… 139

六、化验室管理 …… 141

　（一）化学试剂管理 …… 141

（二）仪器管理 ·· 141

（三）检验质量管理 ·· 142

综合题

一、化验室管理 ··· 144

二、定量化学分析 ··· 144

三、仪器分析 ··· 148

四、工业分析 ··· 153

五、有机分析 ··· 154

参考答案

单项选择题 ··· 166

多项选择题 ··· 169

判断题 ·· 171

综合题 ·· 174

参考文献

单项选择题

一、基础知识

(一) 计量和标准化基础知识

1. 在国家、行业标准的代号与编号 GB/T 18883—2002 中，GB/T 是指（　　　）。

A. 强制性国家标准　　　　　　　　　B. 推荐性国家标准

C. 推荐性化工部标准　　　　　　　　D. 强制性化工部标准

2. 标准是对（　　　）事物和概念所做的统一规定。

A. 单一　　　　　B. 复杂性　　　　　C. 综合性　　　　　D. 重复性

3. 强制性国家标准的编号是（　　　）。

A. GB/T＋顺序号＋制定或修订年份　　　B. HG/T＋顺序号＋制定或修订年份

C. GB＋序号＋制定或修订年份　　　　　D. HG＋顺序号＋制定或修订年份

4. 标准物质要求材质均匀、（　　　）、批量生产、准确定值、有标准物质证书。

A. 相对分子质量大　　　B. 性能稳定　　　C. 产量稳定　　　D. 质量合格

5. 《中华人民共和国计量法》于（　　　）起施行。

A. 1985 年 9 月 6 日　　　　　　　　B. 1986 年 9 月 6 日

C. 1985 年 7 月 1 日　　　　　　　　D. 1986 年 7 月 1 日

6. 2000 版 ISO 9000 族标准中 ISO 9001：2000 标准指的是（　　　）。

A. 《质量管理体系——基础和术语》　　B. 《质量管理体系——要求》

C. 《质量管理体系——业绩改进指南》　D. 《审核指南》

7. 《产品质量法》在（　　　）适用。

A. 香港特别行政区　　　　　　　　　B. 澳门特别行政区

C. 全中国范围内，包括港、澳、台　　　D. 中国内地

8. 检验报告是检验机构计量测试的（　　　）。

A. 最终结果　　　B. 数据汇总　　　C. 分析结果的记录　　　D. 向外报出的报告

9. 从下列标准中选出必须制定为强制性标准的是（　　　）。

A. 国家标准　　　B. 分析方法标准　　　C. 食品卫生标准　　　D. 产品标准

10. GB/T 7686—1987 《化工产品中砷含量测定的通用方法》是一种（　　　）。

A. 方法标准　　　B. 卫生标准　　　　C. 安全标准　　　　D. 产品标准

11. 英国国家标准的代号是（　　　）。

A. ANSI　　　　　B. JIS　　　　　　　C. BS　　　　　　　D. NF

12. 日本国家标准的代号是（　　　）。

A. ANSI　　　　　B. JIS　　　　　　　C. BS　　　　　　　D. NF

13. 美国国家标准的代号是（　　　）。

A. ANSI　　　　　B. JIS　　　　　　　C. BS　　　　　　　D. NF

14. 2003 年 9 月 3 日，国务院总理温家宝同志签署第 390 号国务院令，公布（　　　），该《条例》自（　　　）年（　　　）月（　　　）日起施行。

A. 《中华人民共和国认证认可条例》，2003.11.1

B.《中华人民共和国认证认可条例》，2004.1.1

C.《中华人民共和国认证认可条例》，2004.7.1

D.《中华人民共和国产品质量认证管理条例》，2003.9.3

15. 国家标准的有效期一般为（　　　）。

A. 2 年　　　　　B. 3 年　　　　　C. 5 年　　　　　D. 10 年

16. 根据标准实施的强制程度，我国标准分为（　　　）两类。

A. 国家标准和行业标准　　　　　　B. 国家标准和企业标准

C. 国家标准和地方标准　　　　　　D. 强制性标准和推荐性标准

17. 根据《中华人民共和国标准化法》，对需要在全国范围内统一的技术要求，应当制定（　　　）。

A、国家标准　　　B. 统一标准　　　C. 同一标准　　　D. 固定标准

18. ICS 采用（　　　）分类。

A. 一级　　　　　B. 二级　　　　　C. 三级　　　　　D. 四级

19. 一瓶标准物质封闭保存有效期为 5 年，但开封后最长使用期限应为（　　　）。

A. 半年　　　　　B. 1 年　　　　　C. 2 年　　　　　D. 不能确定

20. 根据《中华人民共和国标准化法》的规定，我国的标准将按其不同的适用范围，分为（　　　）管理体制。

A. 2 级　　　　　B. 3 级　　　　　C. 4 级　　　　　D. 5 级

21. （　　　）是标准化的主管部门。

A. 科技局　　　B. 工商行政管理部门　　　C. 公安部门　　　D. 质量技术监督部门

22*. 下列关于 ISO 描述错误的是（　　　）。

A. ISO 标准的编号形式是：ISO＋顺序号＋制定或修订年份

B. ISO 所有标准每隔 5 年审订 1 次

C. 用英、日、法、俄、中五种文字报道 ISO 的全部现行标准

D. ISO 的网址：http://www.iso.ch/cate.html

23. IUPAC 是指下列哪个组织？（　　　）

A. 国际纯粹与应用化学联合会　　　　B. 国际标准组织

C. 国家化学化工协会　　　　　　　　D. 国家标准局

24*. 下列哪些产品必须符合国家标准、行业标准，否则，即推定该产品有缺陷？（　　　）

A. 可能危及人体健康和人身、财产安全的工业产品

B. 对国计民生有重要影响的工业产品

C. 用于出口的产品

D. 国有大中型企业生产的产品

25. 中国标准与国际标准的一致性程度分为（　　　）。

A. 等同、修改和非等效　　B. 修改和非等效　　C. 等同和修改　　D. 等同和非等效

26. 我国根据标准物质的类别和应用领域分为（　　　）类。

A. 5　　　　　B. 8　　　　　C. 13　　　　　D. 15

27. 标准物质中表征合理地赋予被测量值的分散性的参数是（　　　）。

A. 稳定性　　　　　B. 溯源性　　　　　C. 重复性　　　　　D. 测量不确定度

（二）计量检定与法定计量单位

1. 实验室所使用的玻璃量器，都要经过（　　　）部门的检定。

A. 国家计量部门　　　　　　　　　　　B. 国家计量基准器具

C. 地方计量部门　　　　　　　　　　　D. 社会公用计量标准器具

2. 计量器具的检定标识为黄色说明（　　　）。

A. 合格，可使用　　　　　　　　　　　B. 不合格，应停用

C. 检测功能合格，其他功能失效　　　　D. 没有特殊意义

3. 计量器具的检定标识为绿色说明（　　　）。

A. 合格，可使用　　　　　　　　　　　B. 不合格，应停用

C. 检测功能合格，其他功能失效　　　　D. 没有特殊意义

4. 动力黏度单位"帕斯卡秒"的中文符号是（　　　）。

A. 帕·秒　　　　　B. 帕秒　　　　　C. 帕·［秒］　　　　D. （帕）（秒）

5. 我国法定计量单位是由（　　　）部分的计量单位组成的。

A. 国际单位制和国家选定的其他计量单位

B. 国际单位制和习惯使用的其他计量单位

C. 国际单位制和国家单位制

D. 国际单位制和国际上使用的其他计量单位

6*． 以下用于化工产品检验的器具全部属于国家计量局发布的强制检定的工作计量器具的是（　　　）。

A. 量筒、天平　　　B. 台秤、密度计　　　C. 烧杯、砝码　　　D. 温度计、量杯

7*． 天平及砝码应定时检定，一般规定检定时间间隔不超过（　　　）。

A. 半年　　　　　　B. 一年　　　　　　C. 二年　　　　　　D. 三年

8**． 在实际分析工作中常用（　　　）来核验、评价工作分析结果的准确度。

A. 标准物质和标准方法　　B. 重复性和再现性　　C. 精密度　　D. 空白试验

9. 法定计量单位包括的国际单位制的基本单位共有（　　　）个。

A. 3　　　　　　　　B. 5　　　　　　　　C. 7　　　　　　　　D. 9

10. 法定计量单位包括的国际单位制的辅助单位共有（　　　）个。

A. 1　　　　　　　　B. 2　　　　　　　　C. 3　　　　　　　　D. 4

11. 法定计量单位是指（　　　）。

A. 国际单位的基本单位

B. 国家选定的其他单位

C. 国际单位制的辅助单位

D. 国际单位制的基本单位和国家选定的其他单位

12. 国家选定的非国际单位制中，质量的单位名称为吨，单位符号为（　　　）。

A. *t*　　　　　　　B. t　　　　　　　C. *T*　　　　　　　D. T

13. 法定计量单位中，年的符号为（　　　），为一般常用时间单位。

A. *A*　　　　　　　B. A　　　　　　　C. Y　　　　　　　D. a

14*． 根据检定的必要程序和我国对依法管理的形式，可将检定分为（　　　）。

A. 强制性检定和非强制性检定　　　　　B. 出厂检定、进口检定、验收检定

C. 首次检定、随后检定　　　　　　　　D. 全量检定、抽样检定

15. 法定计量单位包括的国际单位制的辅助单位包括（　　　　　）。

A. 球面度和角速度　　　B. 弧度和角度　　　C. 球面度和角度　　　D. 弧度和球面度

16. 计量单位的名称，一般是指它的中文名称，可以用于（　　　　　）。

A. 公式　　　　　B. 数据表　　　　　C. 图、刻度盘等处　　　D. 叙述性文字和口述中

17. 当用单位相除的方法构成组合单位时，其符号不可能采用的格式为（　　　　　）。

A. m/s　　　　　B. m·s^{-1}　　　　　C. $\dfrac{m}{s}$　　　　　D. ms

18. 当组合单位是由两个或两个以上的单位相乘而构成时，其组合单位的写法可采用（　　　　　）。

A. N·m　　　　　B. mN　　　　　C. 牛米　　　　　D. 牛-米

19. 标准物质的使用应当以保证测量的（　　　　　）为原则。

A. 可靠性　　　　　B. 代表性　　　　　C. 准确性　　　　　D. 重现性

20. 下列单位中不属于国际单位制基本单位的是（　　　　　）。

A. 安［培］　　　　　B. 摩［尔］　　　　　C. 千克（公斤）　　　D. 球面度

21. 热导率单位的符号是（　　　　　）。

A. W/(K·m)　　　　　B. W/K·m　　　　　C. W/K/m　　　　　D. W/(k·m)

22. 选用 SI 单位的倍数单位时一般使用的数值处于（　　　　　）之间。

A. 0.1～10　　　　　B. 0.1～100　　　　　C. 0.1～1000　　　　　D. 0.1～10000

23. 密度的计量单位 kg/m^3 与 mg/mL 的关系是（　　　　　）。

A. 1∶1　　　　　B. 10∶1　　　　　C. 1∶10　　　　　D. 1000∶1

（三）试剂与实验室用水

1. 配制好的盐酸溶液贮存于（　　　　　）中。

A. 棕色橡皮塞试剂瓶　　　　　　　　　B. 白色橡皮塞试剂瓶

C. 白色磨口塞试剂瓶　　　　　　　　　D. 试剂瓶

2. 分析纯试剂瓶签的颜色为（　　　　　）。

A. 金光红色　　　　　B. 中蓝色　　　　　C. 深绿色　　　　　D. 玫瑰红色

3. 分析用水的质量要求中，不用进行检验的指标是（　　　　　）。

A. 阳离子　　　　　B. 密度　　　　　C. 电导率　　　　　D. pH

4*. 一化学试剂瓶的标签为红色，其英文字母的缩写为（　　　　　）。

A. GR　　　　　B. AR　　　　　C. CP　　　　　D. LP

5. 下列不可以加快溶质溶解速度的办法是（　　　　　）。

A. 研细　　　　　B. 搅拌　　　　　C. 加热　　　　　D. 过滤

6**. 下列基准物质的干燥条件正确的是（　　　　　）。

A. $H_2C_2O_4 \cdot 2H_2O$ 放在空的干燥器中　　　B. NaCl 放在空的干燥器中

C. Na_2CO_3 在 105～110℃ 电烘箱中　　　D. 邻苯二甲酸氢钾在 500～600℃ 的电烘箱中

7. 下列物质不能在烘箱中烘干的是（　　　　　）。

A. 硼砂　　　　　B. 碳酸钠　　　　　C. 重铬酸钾　　　　　D. 邻苯二甲酸氢钾

8. 国家标准规定的实验室用水分为（　　　　　）级。

A. 4　　　　　B. 5　　　　　C. 3　　　　　D. 2

9. 普通分析用水 pH 应在（　　　　　）。

A. 5～6　　　　　　B. 5～6.5　　　　C. 5～7.0　　　　D. 5～7.5

10. 分析用水的电导率应小于（　　　　）。

A. 6.0μS/cm　　　B. 5.5μS/cm　　　C. 5.0μS/cm　　　D. 4.5μS/cm

11. 一级水的吸光度应小于（　　　　）。

A. 0.02　　　　　　B. 0.01　　　　　　C. 0.002　　　　　D. 0.001

12. 分析纯化学试剂标签颜色为（　　　　）。

A. 深绿色　　　　　B. 棕色　　　　　　C. 金光红色　　　　D. 中蓝色

13. 直接法配制标准溶液必须使用（　　　　）。

A. 基准试剂　　　　B. 化学纯试剂　　　C. 分析纯试剂　　　D. 优级纯试剂

14. 优级纯试剂的标签颜色是（　　　　）。

A. 金光红色　　　　B. 中蓝色　　　　　C. 玫瑰红色　　　　D. 深绿色

15. 国家标准规定化学试剂的密度是指在（　　　　）时单位体积物质的质量。

A. 28℃　　　　　　B. 25℃　　　　　　C. 20℃　　　　　　D. 23℃

16. 实验室中常用的铬酸洗液是由哪两种物质配制的？（　　　　）

A. K_2CrO_4 和浓 H_2SO_4　　　　　　　　B. K_2CrO_4 和浓 HCl

C. $K_2Cr_2O_7$ 和浓 HCl　　　　　　　　　D. $K_2Cr_2O_7$ 和浓 H_2SO_4

17. 分析实验室用于配制 NaOH 标准溶液时，应选择水的级别为（　　　　）。

A. 一级水　　　　　B. 二级水　　　　　C. 三级水　　　　　D. 四级水

18. 下列溶液中需要避光保存的是（　　　　）。

A. 氢氧化钾　　　　B. 碘化钾　　　　　C. 氯化钾　　　　　D. 硫酸钾

19. 配制酚酞指示液选用的溶剂是（　　　　）。

A. 水-甲醇　　　　B. 水-乙醇　　　　　C. 水　　　　　　　D. 水-丙酮

20. 痕量组分的分析应使用（　　　　）水。

A. 一级　　　　　　B. 二级　　　　　　C. 三级　　　　　　D. 四级

21. 不同规格化学试剂可用不同的英文缩写符号来代表，用符号（　　　　）代表优级纯试剂，用符号（　　　　）代表化学纯试剂。

A. GB　GR　　　　B. GB　CP　　　　C. GR　CP　　　　D. CP　CA

22. 实验室中干燥剂二氯化钴变色硅胶失效后，呈现（　　　　）。

A. 红色　　　　　　B. 蓝色　　　　　　C. 黄色　　　　　　D. 黑色

23*. 一级水主要用于下列哪类分析实验？（　　　　）

A. 化学分析　　　　B. 电位分析　　　　C. 原子吸收分析　　D. 高效液相色谱分析

24*. 一般水的纯度可以用（　　　　）的大小来衡量。

A. 电压　　　　　　B. 沉淀　　　　　　C. 电导率　　　　　D. 电离度

25*. 下列哪一个不是实验室制备纯水的方法？（　　　　）

A. 萃取　　　　　　B. 蒸馏　　　　　　C. 离子交换　　　　D. 电渗析

（四）常见离子定性分析

1**. 用 K_2CrO_4 试剂检出 Ag^+ 的最低浓度为 $40\mu g/L$，检出限量为 $2\mu g$，实验时应至少取（　　　　）mL 试液。

A. 0.02　　　　　　B. 0.05　　　　　　C. 0.1　　　　　　　D. 0.2

2*. 用已知组分的溶液代替试液，与试液用同样方法进行的实验称为（　　　　）。

A. 对照试验　　　　　B. 空白试验　　　　C. 平行试验　　　　D. 以上都不对

3**. 以下说法不正确的是（　　　　　）。

A. 黑色 Ag_2S 可溶于热的稀 HNO_3　　　　B. $AgCl$ 不可溶于过量的（NH_4）$_2CO_3$

C. 黄色的 $PbCrO_4$ 不溶于氨水　　　　D. $PbSO_4$ 可溶于浓 NH_4Ac

4**. 采用 K_2CrO_4 法鉴别混合溶液（Ag^+、Pb^{2+}、Ba^{2+}）中的 Ag^+ 时，应加入（　　　　）消除 Pb^{2+}、Ba^{2+} 的干扰。

A. 饱和（NH_4）$_2CO_3$ 溶液　　　　B. 饱和 NH_4Cl 溶液

C. 饱和（NH_4）$_2SO_4$ 溶液　　　　D. 饱和 NH_4Ac 溶液

5. 关于阳离子第二组 Cu^{2+}、Pb^{2+}、Hg^{2+}、As（Ⅲ、Ⅴ）中，下列说法不正确的是（　　　　）。

A. 所有的硫化物均不溶于水　　　　B. 所有的硫化物均不溶于稀酸

C. 所有的氯化物均溶于水　　　　D. 所有离子在水溶液中均为无色

6*. 关于 Cu^{2+} 的性质中，下列说法中正确的是（　　　　　）。

A. 黑色 CuS 沉淀不溶于稀硝酸　　　　B. $Cu(OH)_2$ 沉淀可溶于过量的 $NaOH$ 溶液

C. 黑色 CuS 沉淀不溶于稀盐酸　　　　D. Cu^{2+} 不能与过量 $NH_3 \cdot H_2O$ 形成稳定配合物

7*. 关于 Hg^{2+} 的性质中，下列说法中不正确的是（　　　　　）。

A. 黑色 HgS 溶于 Na_2S 溶液　　　　B. 黑色 HgS 溶于（NH_4）$_2S$ 溶液

C. HgO 是黄色沉淀　　　　D. Hg^{2+} 不能与过量 $NH_3 \cdot H_2O$ 形成稳定配合物

8*. 关于第三组阳离子在水溶液中的颜色，下列说法不正确的是（　　　　）。

A. Fe^{2+} 为浅绿色　　　B. Fe^{3+} 为浅黄色　　　C. Cr^{3+} 为灰绿色　　　D. Ni^{2+} 为蓝色

9**. 沉淀第三组阳离子时，必须在（　　　　）的缓冲溶液中，加热后加入组试剂。

A. NH_3-NH_4Cl 溶液　　　　B. KH_2PO_4-K_2HPO_4 溶液

C. $NaAc$-HAc 溶液　　　　D. Na_2CO_3-$NaHCO_3$ 溶液

10. 沉淀第四组阳离子时，所选取的试剂是（　　　　）。

A. （NH_4）$_2S$　　　B. （NH_4）$_2CO_3$　　　C. 硫代乙酰胺　　　D. HCl

11*. 在鉴定第四组阳离子的时候，为了不使得 Mg^{2+} 也一同沉淀下来，要保持溶液的 pH 约为（　　　　）。

A. 6　　　　　B. 7　　　　　C. 8　　　　　D. 9

12*. 在中性介质中，Ba^{2+} 与玫瑰红酸钠试剂作用生成（　　　　）色沉淀。

A. 红棕　　　　B. 绿　　　　C. 酒红　　　　D. 棕

13**. 在用硫酸钙显微结晶法鉴定 Ca^{2+} 时，Ba^{2+} 和 Pb^{2+} 对该反应有干扰，可以用饱和的（　　　　）试剂将它们除去。

A. （NH_4）$_2SO_4$　　　B. 硫酸　　　　C. 盐酸　　　　D. Na_2CO_3

14*. 在中性或弱酸性介质中，K^+ 与亚硝酸钴钠作用，生成（　　　　）晶形沉淀。

A. 红色　　　　B. 绿色　　　　C. 黄色　　　　D. 蓝色

15*. 在中性或弱酸性介质中，用玻璃棒摩擦试管壁，Na^+ 与醋酸铀酰锌钠作用生成（　　　　）晶形沉淀。

A. 红色　　　　B. 绿色　　　　C. 黄色　　　　D. 蓝色

16*. 用钠熔法分解有机物后，以稀 HNO_3 酸化并煮沸 5min，加入 $AgNO_3$ 溶液，有淡黄色沉淀出现，则说明该有机物含（　　　　）元素。

A. S   B. X   C. N   D. C

（五）实验室常用仪器和设备

1. 使分析天平较快停止摆动的部件是（   ）。

A. 吊耳   B. 指针   C. 阻尼器   D. 平衡螺丝

2. 天平零点相差较小时，可调节（   ）。

A. 指针   B. 拨杆   C. 感量螺丝   D. 吊耳

3. 测定物质的凝固点常用（   ）。

A. 称量瓶   B. 燃烧瓶   C. 茹可夫瓶   D. 凯达尔烧瓶

4*. 使用分析天平进行称量过程中，加减砝码或取放物体时把天平横梁托起是为了（   ）。

A. 称量迅速   B. 减少玛瑙刀口的磨损

C. 防止天平的摆动   D. 防止天平梁的弯曲

5*. 使用电光分析天平时，标尺刻度模糊，这可能是因为（   ）。

A. 物镜焦距不对   B. 盘托过高

C. 天平放置不水平   D. 重心铊位置不合适

6*. 使用分析天平时，加减砝码和取放物体必须休止天平，这是为了（   ）。

A. 防止天平盘的摆动   B. 减少玛瑙刀口的磨损

C. 增加天平的稳定性   D. 加快称量速度

7*. 下列叙述错误的是（   ）。

A. 折射率作为纯度的标志比沸点更可靠   B. 阿贝折射仪是据临界折射现象设计的

C. 阿贝折射仪的测定范围在 1.3～1.8   D. 折光分析法可直接测定糖溶液的浓度

8. 有关称量瓶的使用错误的是（   ）。

A. 不可作反应器   B. 不用时要盖紧盖子

C. 盖子要配套使用   D. 用后要洗净

9. 当电子天平显示（   ）时，可进行称量。

A. 0.0000   B. CAL   C. TARE   D. OL

10. 托盘天平在使用时应将样品放在（   ）。

A. 左盘   B. 右盘   C. 根据需要   D. 随意放置

11. 天平称量的正确加减砝码操作是（   ）。

A. 由小到大   B. 由大到小

C. 由称量的物体质量决定   D. 无先后顺序

12. 减量法称量物质的质量，称量的准确度与（   ）。

A. 样品的质量有关   B. 样品的体积有关

C. 样品的质量无关   D. 称量瓶的质量有关

13. 使用碱式滴定管正确的操作是（   ）。

A. 左手捏于稍低于玻璃珠近旁   B. 左手捏于稍高于玻璃珠近旁

C. 右手捏于稍低于玻璃珠近旁   D. 右手捏于稍高于玻璃珠近旁

14*. 酸式滴定管尖部出口被少量润滑油堵塞，快速有效的处理方法是（   ）。

A. 管尖处用热水短时间浸泡并用力下抖   B. 用细铁丝捅并用水冲洗

C. 装满水利用水柱的压力压出   D. 用洗耳球对吸

15. 如发现容量瓶漏水，则应（　　　　）。

A. 调换磨口塞　　　　　　　　　　B. 在瓶塞周围涂油

C. 停止使用　　　　　　　　　　　D. 摇匀时勿倒置

16. 使用移液管吸取溶液时，应将其下口插入液面以下（　　　　）。

A. 0.5～1cm　　　B. 5～6cm　　　C. 1～2cm　　　D. 7～8cm

17. 放出移液管中的溶液时，当液面降至管尖后，应等待（　　　）以上。

A. 5s　　　　　B. 10s　　　　　C. 15s　　　　　D. 20s

18. 欲量取 9mL HCl 配制标准溶液，选用的量器是（　　　　）。

A. 吸量管　　　B. 滴定管　　　C. 移液管　　　D. 量筒

19*. 下列仪器中可在沸水浴中加热的有（　　　　）。

A. 容量瓶　　　B. 量筒　　　C. 比色管　　　D. 锥形瓶

20*. 使用安瓿球称样时，先要将球泡部在（　　　　）中微热。

A. 热水　　　　B. 烘箱　　　C. 油浴　　　D. 火焰

21. 实验室所使用的玻璃量器，都要经过（　　　　）的检定。

A. 国家计量部门　　　　　　　　　B. 国家计量基准器具

C. 地方计量部门　　　　　　　　　D. 社会公用计量标准器具

22. 制备好的试样应贮存于（　　　　）中，并贴上标签。

A. 广口瓶　　　B. 烧杯　　　C. 称量瓶　　　D. 干燥器

23. 下面不宜加热的仪器是（　　　　）。

A. 试管　　　　B. 坩埚　　　C. 蒸发皿　　　D. 移液管

24. 没有磨口部件的玻璃仪器是（　　　　）。

A. 碱式滴定管　　B. 碘瓶　　　C. 酸式滴定管　　D. 称量瓶

25*. 欲配制 0.2mol/L 的 H_2SO_4 溶液和 0.2mol/L 的 HCl 溶液，应选用（　　　　）量取浓酸。

A. 量筒　　　　B. 容量瓶　　　C. 酸式滴定管　　D. 移液管

26. 将称量瓶置于烘箱中干燥时，应将瓶盖（　　　　）。

A. 横放在瓶口上　　B. 盖紧　　　C. 取下　　　D. 任意放置

27. （　　　　）只能量取一种体积。

A. 吸量管　　　B. 移液管　　　C. 量筒　　　D. 量杯

28*. 当滴定管有油污时，可用（　　　）洗涤后，依次用自来水冲洗，蒸馏水洗涤三遍备用。

A. 去污粉　　　B. 铬酸洗液　　　C. 强碱溶液　　　D. 以上都不对

29*. 需要烘干的沉淀用（　　　　）过滤。

A. 定性滤纸　　B. 定量滤纸　　　C. 玻璃砂芯漏斗　　D. 分液漏斗

30*. 熔点的测定中，应选用的设备是（　　　　）。

A. 提勒管　　　B. 茄可夫瓶　　　C. 比色管　　　D. 滴定管

31*. 当被加热的物体要求受热均匀而温度不超过 100℃时，可选用的加热方法是（　　　　）。

A. 恒温干燥箱　　B. 电炉　　　C. 煤气灯　　　D. 水浴锅

32*. 下面说法错误的是（　　　　）。

A. 高温电炉有自动控温装置，无须人照看　　　　B. 高温电炉在使用时要经常照看

C. 晚间无人值班，切勿启用高温电炉　　　　　　D. 高温电炉勿使之剧烈振动

33. 化学分析中重量分析常用（　　　）。

A. 定量滤纸　　　　　B. 快速滤纸　　　　　C. 慢速滤纸　　　　　D. 中速滤纸

34. 分样器的作用是（　　　）。

A. 破碎样品　　　　　B. 分解样品　　　　　C. 缩分样品　　　　　D. 掺和样品

（六）误差理论和数据处理知识

1. 分析工作中实际能够测量到的数字称为（　　　）。

A. 精密数字　　　　　B. 准确数字　　　　　C. 可靠数字　　　　　D. 有效数字

2. $1.34 \times 10^{-3}\%$ 的有效数字是（　　　）位。

A. 6　　　　　B. 5　　　　　C. 3　　　　　D. 8

3. pH＝5.26 中的有效数字是（　　　）位。

A. 0　　　　　B. 2　　　　　C. 3　　　　　D. 4

4*. 比较下列两组测定结果的精密度（　　　）。

甲组：0.19%，0.19%，0.20%，0.21%，0.21%

乙组：0.18%，0.20%，0.20%，0.21%，0.22%

A. 甲、乙两组相同　　B. 甲组比乙组高　　C. 乙组比甲组高　　D. 无法判别

5. 下列论述中错误的是（　　　）。

A. 方法误差属于系统误差　　　　　　　　B. 系统误差包括操作误差

C. 系统误差呈现正态分布　　　　　　　　D. 系统误差具有单向性

6. 可用下述哪种方法减少滴定过程中的偶然误差？（　　　）

A. 进行对照试验　　　　　　　　　　　　B. 进行空白试验

C. 进行仪器校准　　　　　　　　　　　　D. 进行分析结果校正

7. 欲测定水泥熟料中的 Fe_2O_3 含量，由 4 人分别测定。试样称取 2.164g，四份报告如下，哪一份是合理的？（　　　）

A. 2.163%　　　　B. 2.1634%　　　　C. 2.16% 半微量分析　　　　D. 2.2%

8. 下列数据中，有效数字位数为 4 位的是（　　　）。

A. $[H^+]$＝0.002mol/L　　B. pH＝10.34　　C. w_B＝14.56%　　D. w_B＝0.031%

9. 在不加样品的情况下，用测定样品同样的方法步骤，对空白样品进行定量分析，称之为（　　　）。

A. 对照试验　　　　　B. 空白试验　　　　　C. 平行试验　　　　　D. 预试验

10**. 用同一浓度的 NaOH 标准溶液分别滴定体积相等的 H_3PO_4 溶液和 H_2SO_4 溶液，消耗的体积相等，说明 H_2SO_4 溶液和 H_3PO_4 溶液的浓度关系是（　　　）。

A. $c(H_2SO_4)＝c(H_3PO_4)$　　　　　　　B. $c(H_2SO_4)＝2c(H_3PO_4)$

C. $3c(H_2SO_4)＝2c(H_3PO_4)$　　　　　　D. $2c(H_2SO_4)＝3c(H_3PO_4)$

11. 某标准滴定溶液的浓度为 0.5010mol/L，它的有效数字是（　　　）。

A. 5 位　　　　　B. 4 位　　　　　C. 3 位　　　　　D. 2 位

12. 测定某试样，五次结果的平均值为 32.30%，$S＝0.13\%$，置信度为 95% 时（$t＝2.78$），置信区间报告如下，其中合理的是（　　　）。

A. 32.30±0.16　　B. 32.30±0.162　　C. 32.30±0.1616　　D. 32.30±0.21

13. 国家标准规定：制备的标准滴定溶液与规定浓度相对误差不得大于（　　　　）。

A. 0.5% B. 1% C. 5% D. 10%

14*. 在 $2KI + 2H_2SO_4 + CH_3COOOH \longrightarrow 2KHSO_4 + CH_3COOH + H_2O + I_2$ 反应中，CH_3COOOH 的基本单元是（　　　　）。

A. CH_3COOOH

B. $\frac{1}{6}CH_3COOOH$

C. $\frac{1}{3}CH_3COOOH$

D. $\frac{1}{2}CH_3COOOH$

15. 递减法称取试样时，适合于称取（　　　　）。

A. 剧毒的物质

B. 易吸湿、易氧化、易与空气中 CO_2 反应的物质

C. 平行多组分不易吸湿的样品

D. 易挥发的物质

16*. 在测定过程中出现下列情况，属于系统误差的是（　　　　）。

A. 称量某物时未冷却至室温就进行称量

B. 滴定前用待测定的溶液淋洗锥形瓶

C. 称量用砝码没有校正

D. 用移液管移取溶液前未用该溶液洗涤移液管

17. 下列叙述错误的是（　　　　）。

A. 误差是以真值为标准的，偏差是以平均值为标准的

B. 对某项测定来说，它的系统误差大小是可以测定的

C. 在正态分布条件下，σ 值越小，峰形越矮胖

D. 平均偏差常用来表示一组测量数据的分散程度

18. 下列关于平行测定结果准确度与精密度的描述正确的有（　　　　）。

A. 精密度高则没有随机误差 B. 精密度高则准确度一定高

C. 精密度高表明方法的重现性好 D. 存在系统误差则精密度一定不高

19. 系统误差的性质是（　　　　）。

A. 随机产生 B. 具有单向性 C. 呈正态分布 D. 难以测定

20. 测量结果与被测量真值之间的一致程度，称为（　　　　）。

A. 重复性 B. 再现性 C. 准确性 D. 精密性

21*. 当置信度为 0.95 时，测得 Al_2O_3 的 μ 置信区间为 $(35.21 \pm 0.10)\%$，其意义是（　　　　）。

A. 在所测定的数据中有 95% 在此区间内

B. 若再进行测定，将有 95% 的数据落入此区间内

C. 总体平均值 μ 落入此区间的概率为 0.95

D. 在此区间内包含 μ 值的概率为 0.95

22. 对某试样进行三次平行测定，得 CaO 平均含量为 30.6%，而真实含量为 30.3%，则 30.6% − 30.3% = 0.3% 为（　　　　）。

A. 相对误差 B. 相对偏差 C. 绝对误差 D. 绝对偏差

23. 由计算器算得 $\dfrac{2.236 \times 1.1124}{1.036 \times 0.2000}$ 的结果为 12.004471，按有效数字运算规则应将结果

修约为（　　　　）。

  A. 12　　　　　　　　B. 12.0　　　　　　　C. 12.00　　　　　　　D. 12.004

24. 表示一组测量数据中最大值与最小值之差的叫做（　　　　）。

  A. 绝对误差　　　　　B. 绝对偏差　　　　　C. 极差　　　　　　　D. 平均偏差

25. 当测定次数趋于无限大时，测定结果的总体标准偏差为（　　　　）。

  A. $\sigma=\sqrt{\dfrac{\sum(x_i-\mu)}{n}}$ B. $s=\sqrt{\dfrac{\sum(x_i-\bar{x})^2}{n-1}}$

  C. $CV=\dfrac{s}{\bar{x}}\times100\%$ D. $\bar{d}=\dfrac{\sum|x_i-\bar{x}|}{n}$

26. 关于偏差，下列说法错误的是（　　　　）。

  A. 平均偏差都是正值　　　　　　　　　　B. 相对偏差都是正值

  C. 标准偏差有与测定值相同的单位　　　　D. 平均偏差有与测定值相同的单位

27. 置信区间的大小受（　　　　）的影响。

  A. 测定次数　　　　B. 平均值　　　　　C. 置信度　　　　　　D. 真值

28. 有效数字是指实际上能测量得到的数字，只保留末一位（　　　　）数字，其余数字均为准确数字。

  A. 可疑　　　　　　B. 准确　　　　　　C. 不可读　　　　　　D. 可读

29. 两位分析人员对同一含铁的样品用分光光度法进行分析，得到两组分析数据，要判断两组分析的精密度有无显著性差异，应该选用（　　　　）。

  A. Q 检验法　　　　B. t 检验法　　　　C. F 检验法　　　　D. Q 和 t 联合检验法

30*. 在滴定分析法测定中出现的下列情况，（　　　　）属于系统误差。

  A. 试样未经充分混匀　　　　　　　　　B. 滴定管的读数读错

  C. 滴定时有液滴溅出　　　　　　　　　D. 砝码未经校正

31*. 滴定分析中，若试剂含少量待测组分，可用于消除误差的方法是（　　　　）。

  A. 仪器校正　　　　B. 空白试验　　　　C. 对照分析　　　　D. 增加平行次数

32*. 一个样品分析结果的准确度不好，但精密度好，可能存在（　　　　）。

  A. 操作失误　　　　B. 记录有差错　　　　C. 使用试剂不纯　　　D. 随机误差大

33*. 某产品杂质含量标准规定不应大于 0.033，分析 4 次得到如下结果：0.034、0.033、0.036、0.035，则该产品为（　　　　）。

  A. 合格产品　　　　B. 不合格产品　　　　C. 无法判断

34*. $NaHCO_3$ 纯度的技术指标为 $\geqslant99.0\%$，下列测定结果不符合标准要求的是（　　　　）。

  A. 99.05%　　　　B. 99.01%　　　　C. 98.94%　　　　D. 98.95%

35*. 下列有关置信区间的定义中，正确的是（　　　　）。

  A. 以真值为中心的某一区间包括测定结果的平均值的概率

  B. 在一定置信度时，以测量值的平均值为中心的，包括真值在内的可靠范围

  C. 总体平均值与测定结果的平均值相等的概率

  D. 在一定置信度时，以真值为中心的可靠范围

36. 对同一盐酸溶液进行标定，甲的相对平均偏差为 0.1%，乙为 0.4%，丙为 0.8%。对其实验结果的评论错误的是（　　　　）。

A. 甲的精密度最高　　　　　　　　B. 甲的准确度最高

C. 丙的精密度最低　　　　　　　　D. 不能判断

37*. 下列因素中能造成系统误差的为（　　　　）。

A. 气流微小波动　　B. 蒸馏水不纯　　C. 读数读错　　D. 计算错误

38. 重量法测定硅酸盐中 SiO_2 的含量，结果分别为：37.40%，37.20%，37.32%，37.52%，37.34%，平均偏差和相对平均偏差是（　　　　）。

A. 0.04%　0.58%　　　　　　　　B. 0.08%　0.21%

C. 0.06%　0.48%　　　　　　　　D. 0.12%　0.32%

39*. 三人对同一样品的分析，采用同样的方法，测得结果为：甲 31.27%，31.26%，31.28%；乙 31.17%，31.22%，31.21%；丙 31.32%，31.28%，31.30%。则甲、乙、丙三人精密度的高低顺序为（　　　　）。

A. 甲＞丙＞乙　　B. 甲＞乙＞丙　　C. 乙＞甲＞丙　　D. 丙＞甲＞乙

40**. 测定 SO_2 的质量分数，得到下列数据（%）：28.62，28.59，28.51，28.52，28.61；则置信度为 95% 时平均值的置信区间为（　　　　）。（已知置信度为 95%，$n=5$，$t=2.776$）

A. 28.56±0.12　　B. 28.57±0.13　　C. 28.56±0.13　　D. 28.57±0.12

41*. 在一组平行测定中，测得试样中钙的质量分数分别为 22.38、22.36、22.40、22.48，用 Q 检验判断应弃去的是（　　　　）。（已知：$Q_{0.90}=0.64$，$n=5$）

A. 22.38　　B. 22.40　　C. 22.48　　D. 22.39

42*. 当煤中水分含量在 5%～10% 之间时，规定平行测定结果的允许绝对偏差不大于 0.3%，对某一煤试样进行 3 次平行测定，其结果分别为 7.17%、7.31% 及 7.72%，应弃去的是（　　　　）。

A. 7.72%　　B. 7.17%　　C. 7.71%　　D. 7.31%

（七）溶液的配制

1. 现需配置 0.2mol/L 的某标准溶液，通过标定后，得到该溶液的准确浓度如下，则下列（　　　　）浓度说明该标准溶液的配制是合理的。

A. 0.1875　　B. 0.1947　　C. 0.2110　　D. 0.2306

2. 直接法配制标准溶液必须使用（　　　　）。

A. 基准试剂　　B. 化学纯试剂　　C. 分析纯试剂　　D. 优级纯试剂

3. 现需要配制 0.1000mol/L $K_2Cr_2O_7$ 溶液，下列量器中最合适的是（　　　　）。

A. 容量瓶　　B. 量筒　　C. 刻度烧杯　　D. 酸式滴定管

4. 可用于直接配制标准溶液的是（　　　　）。

A. $KMnO_4$（AR）　　　　　　　　B. $K_2Cr_2O_7$（基准级）

C. $Na_2S_2O_3 \cdot 5H_2O$（AR）　　　　D. NaOH（AR）

5. 欲配制 1000mL0.1mol/L HCl 溶液，应取浓盐酸（12mol/L HCl）（　　　　）。

A. 0.84mL　　B. 8.4mL　　C. 1.2mL　　D. 12mL

6. 制备好的试样应贮存于（　　　　）中，并贴上标签。

A. 广口瓶　　B. 烧杯　　C. 称量瓶　　D. 干燥器

7. 配制甲基橙指示液选用的溶剂是（　　　　）。

A. 水-甲醇　　B. 水-乙醇　　C. 水　　D. 水-丙酮

8*. 配制 0.1mol/L NaOH 标准溶液，下列配制正确的是 （　　　）。（$M=40g/mol$）

A. 将 NaOH 配制成饱和溶液，贮于聚乙烯塑料瓶中，密封放置至溶液清亮，取清液 5mL 注入 1L 不含 CO_2 的水中摇匀，贮于无色带胶塞的试剂瓶中

B. 将 4.02g NaOH 溶于 1L 水中，加热搅拌，贮于磨口瓶中

C. 将 4g NaOH 溶于 1L 水中，加热搅拌，贮于无色带胶塞试剂瓶中

D. 将 2g NaOH 溶于 500mL 水中，加热搅拌，贮于无色带胶塞试剂瓶中

9**. 以下基准试剂使用前干燥条件不正确的是 （　　　）。

A. 无水 Na_2CO_3　270～300℃　　　　B. ZnO　800℃

C. $CaCO_3$　800℃　　　　　　　　　　D. 邻苯二甲酸氢钾　105～110℃

10. 配制好的 HCl 需贮存于 （　　　）中。

A. 棕色橡皮塞试剂瓶　　　　　　　　　B. 塑料瓶

C. 白色磨口塞试剂瓶　　　　　　　　　D. 白色橡皮塞试剂瓶

11. 不需贮于棕色具磨口塞试剂瓶中的标准溶液为 （　　　）。

A. I_2　　　　B. $Na_2S_2O_3$　　　　C. HCl　　　　D. $AgNO_3$

12. 滴定度 $T_{s/x}$ 是指用与每毫升标准溶液相当的 （　　　） 表示的浓度。

A. 被测物的体积　　B. 被测物的克数　　C. 标准液的克数　　D. 溶质的克数

13. 200mL NaCl 溶液正好与 250mL 2mol/L $AgNO_3$ 溶液反应，则 NaCl 溶液的物质的量浓度为 （　　　）。

A. 2mol/L　　　B. 1.25mol/L　　　C. 1mol/L　　　D. 2.5mol/L

14*. 人体血液的 pH 总是维持在 7.35～7.45，这是由于 （　　　）。

A. 人体内含有大量水分　　　　　　　　B. 血液中的 HCO_3^- 和 H_2CO_3 起缓冲作用

C. 血液中含有一定量的 Na^+　　　　　D. 血液中含有一定量的 O_2

15*. 已知 $T(NaOH/H_2SO_4)=0.004904g/mL$，则氢氧化钠物质的量浓度为 （　　　） mol/L。

A. 0.0001000　　B. 0.005000　　　C. 0.5000　　　D. 0.1000

16*. 34.2g $Al_2(SO_4)_3$（$M=342g/mol$）溶解成 1L 水溶液，则此溶液中 SO_4^{2-} 的总浓度是 （　　　）。

A. 0.02mol/L　　B. 0.03mol/L　　　C. 0.2mol/L　　　D. 0.3mol/L

17**. 将置于普通干燥器中保存的 $Na_2B_4O_7 \cdot 10H_2O$ 作为基准物质用于标定盐酸的浓度，则标定出的盐酸浓度将 （　　　）。

A. 偏高　　　B. 偏低　　　C. 无影响　　　D. 不能确定

18. 用于配制标准溶液的水最低要求为 （　　　）。

A. 一级水　　B. 二级水　　　C. 三级水　　　D. 四级水

19. 下列溶液中需要避光保存的是 （　　　）。

A. 氢氧化钾　　B. 碘化钾　　　C. 氯化钾　　　D. 硫酸钾

20*. pH=3，$K_a=6.2\times10^{-5}$ 的某弱酸溶液，其酸的浓度 c 为 （　　　）。

A. 16.1mol/L　　B. 0.2mol/L　　　C. 0.1mol/L　　　D. 0.02mol/L

(八) 实验室安全及环保知识

1. 实验室安全守则中规定，严禁任何（　　　）入口或接触伤口，不能用（　　　）代替餐具。

A. 食品，烧杯　　　B. 药品，玻璃仪器　　　C. 药品，烧杯　　　D. 食品，玻璃仪器

2. 使用浓盐酸、浓硝酸，必须在（　　　）中进行。

A. 大容器　　　B. 玻璃器皿　　　C. 耐腐蚀容器　　　D. 通风橱

3. 用过的极易挥发的有机溶剂，应（　　　）。

A. 倒入密封的下水道　　　　　　　B. 用水稀释后保存

C. 倒入回收瓶中统一处理　　　　　D. 放在通风橱保存

4*. 由化学物品引起的火灾，能用水灭火的物质是（　　　）

A. 金属钠　　　B. 五氧化二磷　　　C. 过氧化物　　　D. 氧化铝

5. 化学烧伤中，酸的蚀伤，应用大量的水冲洗，然后用（　　　）冲洗，再用水冲洗。

A. 0.3mol/L HAc 溶液　　　　　　B. 2‰NaHCO₃ 溶液

C. 0.3mol/L HCl 溶液　　　　　　D. 2‰NaOH 溶液

6. 贮存易燃易爆、强氧化性物质时，最高温度不能高于（　　　）。

A. 20℃　　　B. 10℃　　　C. 30℃　　　D. 0℃

7*. 下列药品需要用专柜由专人负责贮存的是（　　　）。

A. KOH　　　B. KCN　　　C. KMnO₄　　　D. 浓 H₂SO₄

8. 属于常用的灭火方法是（　　　）。

A. 隔离法　　　B. 冷却法　　　C. 窒息法　　　D. 以上都是

9*. 若电器和仪器着火，不宜选用（　　　）灭火。

A. 1211 灭火器　　　B. 泡沫灭火器　　　C. 二氧化碳灭火器　　　D. 干粉灭火器

10. 下列有关电器设备防护知识不正确的是（　　　）。

A. 电线上洒有腐蚀性药品，应及时处理

B. 电器设备电线不宜通过潮湿的地方

C. 能升华的物质都可以放入烘箱内烘干

D. 电器仪器应按说明书规定进行操作

11*. 检查可燃气体管道或装置气路是否漏气，禁止使用（　　　）。

A. 火焰　　　　　　　　　　　　　B. 肥皂水

C. 十二烷基硫酸钠水溶液　　　　　D. 部分管道浸入水中的方法

12. 各种气瓶的存放，必须保证安全距离，气瓶距离明火在（　　　）m 以上，避免阳光暴晒。

A. 2　　　B. 10　　　C. 20　　　D. 30

13*. 作为化工原料的电石或乙炔着火时，严禁用（　　　）扑救灭火。

A. 泡沫灭火器　　　B. 四氯化碳灭火器　　　C. 干粉灭火器　　　D. 干沙

14. 使用时需倒转灭火器并摇动的是（　　　）。

A. 1211 灭火器　　　B. 干粉灭火器　　　C. 二氧化碳灭火器　　　D. 泡沫灭火器

15. 下面有关废渣的处理错误的是（　　　）。

A. 毒性小，稳定，难溶的废渣可深埋地下　　　B. 汞盐沉淀残渣可用焙烧法回收汞

C. 有机物废渣可倒掉　　　　　　　　　　　D. AgCl 废渣可送国家回收银部门

16. 某些腐蚀性化学毒物兼有强氧化性，如硝酸、硫酸、（　　　）等遇到有机物将发生氧化作用而放热，甚至起火燃烧。

A. 次氯酸　　　B. 氯酸　　　C. 高氯酸　　　D. 氢氟酸

17*. 有关汞的处理错误的是（　　　）。

A. 汞盐废液先调节 pH 至 8～10，加入过量 Na_2S 后再加入 $FeSO_4$ 生成 $HgS \cdot FeS$ 共沉淀，再作回收处理

B. 洒落在地上的汞可用硫黄粉盖上，干后清扫

C. 实验台上的汞可采用适当措施收集在有水的烧杯中

D. 散落过汞的地面可喷洒 20％$FeCl_2$ 水溶液，干后清扫

18. 下列操作正确的是（　　　）。

A. 制备氢气时，装置旁同时做有明火加热的实验

B. 将强氧化剂放在一起研磨

C. 用四氯化碳灭火器扑灭金属钠钾着火

D. 黄磷保存在盛水的玻璃容器里

19. 下列易燃易爆物存放不正确的是（　　　）。

A. 分析实验室不应贮存大量易燃的有机溶剂

B. 金属钠保存在水里

C. 存放药品时，应将氧化剂与有机化合物和还原剂分开保存

D. 爆炸性危险品残渣不能倒入废物缸

20. 实验室废酸废碱处理方法正确的是（　　　）。

A. 直接排入下水道　　　　　　　　B. 经中和后用大量水稀释排入下水道

C. 收集后利用　　　　　　　　　　D. 加入吸附剂吸附有害物

21. 大量的实验用试剂应存放在（　　　）。

A. 实验室仪器房间　　　　　　　　B. 实验准备室

C. 试验前处理室　　　　　　　　　D. 试剂库房

二、定量化学分析

（一）化学分析法基本知识

1. 在滴定分析中一般利用指示剂颜色的突变来判断化学计量点的到达，在指示剂颜色突变时停止滴定，这一点称为（　　　）。

A. 化学计量点　　　B. 理论变色点　　　C. 滴定终点　　　D. 以上说法都可以

2*.（　　　）是指同一操作者，在同一实验室里，用同一台仪器，按同一试验方法规定的步骤，同时完成同一试样的两个或多个测定过程。

A. 重复试验　　　　B. 平行试验　　　　C. 再现试验　　　D. 对照试验

3*. 用滴定法测定海水中某一组分的含量，滴定过程中滴定速度偏快，滴定结束立即读数，会使读数（　　　）。

A. 偏低　　　　　　B. 偏高　　　　C. 可能偏高也可能偏低　　　　D. 无影响

4*. 终点误差的产生是由于（　　　）。

A. 滴定终点与化学计量点不符　　　　　B. 滴定反应不完全

C. 试样不够纯净　　　　　　　　　　　D. 滴定管读数不准确

5*. 滴定分析所用指示剂是（　　　）。

A. 本身具有颜色的辅助试剂

B. 利用本身颜色变化确定化学计量点的外加试剂

C. 本身无色的辅助试剂

D. 能与标准溶液起作用的外加试剂

6*. 用同一浓度的 NaOH 标准溶液分别滴定体积相等的 H_2SO_4 溶液和 HAc 溶液，消耗的体积相等，说明 H_2SO_4 溶液和 HAc 溶液浓度关系是（　　　　）。

A. $c(H_2SO_4) = c(HAc)$ 　　　　　　B. $c(H_2SO_4) = 2c(HAc)$

C. $2c(H_2SO_4) = c(HAc)$ 　　　　　D. $4c(H_2SO_4) = c(HAc)$

7. 用 15mL 的移液管移出的溶液体积应记为（　　　　）。

A. 15mL 　　　　B. 15.0mL 　　　　C. 15.00mL 　　　　D. 15.000mL

8*. 在 $CH_3OH + 6MnO_4^- + 8OH^- \longrightarrow 6MnO_4^{2-} + CO_3^{2-} + 6H_2O$ 反应中，CH_3OH 的基本单元是（　　　　）。

A. CH_3OH 　　　　B. $1/2CH_3OH$ 　　　　C. $1/3CH_3OH$ 　　　　D. $1/6CH_3OH$

9*. 200mL Na_2SO_4 溶液正好与 250mL 2mol/L $Ba(NO_3)_3$ 溶液反应，则 Na_2SO_4 溶液的物质的量浓度为（　　　　）。

A. 2mol/L 　　　　B. 1.25mol/L 　　　　C. 1mol/L 　　　　D. 2.5mol/L

10**. 将 20mL 某浓度 NaCl 溶液通过氢型离子交换树脂，经定量交换后，流出液用 0.1mol/L NaOH 溶液滴定时耗去 40mL。该 NaCl 溶液的浓度（mol/L）为（　　　　）。

A. 0.05 　　　　B. 0.1 　　　　C. 0.2 　　　　D. 0.3

11**. 将普通的分析纯 Na_2CO_3 作为基准物质用于标定盐酸的浓度，则标定出的盐酸浓度将（　　　　）。

A. 偏高 　　　　B. 偏低 　　　　C. 无影响 　　　　D. 不能确定

12*. 在滴定过程中，滴定管中溶液滴在锥形瓶的外面，则计算出的标准溶液浓度（　　　　）。

A. 无影响 　　　　B. 偏高 　　　　C. 偏低 　　　　D. 无法确定

13*. 现需配置 0.2mol/L 的某标准溶液，通过标定后，得到该溶液的准确浓度（mol/L）如下，则下列哪个浓度说明该标准溶液的配制是合理的？（　　　　）

A. 0.1875 　　　　B. 0.1947 　　　　C. 0.2110 　　　　D. 0.2306

14*. 在标定盐酸标准溶液时，所用的 Na_2CO_3 基准试剂已经吸潮，则该标定结果（　　　　）。

A. 无影响 　　　　B. 偏高 　　　　C. 偏低 　　　　D. 无法确定

15. 用基准 $Na_2CO_3[M(Na_2CO_3) = 106g/mol]$ 标定 0.10mol/L HCl 标准溶液，若消耗 HCl 溶液为 30mL，则应称取 Na_2CO_3 的质量为（　　　　）。

A. 0.16g 　　　　B. 0.08g 　　　　C. 0.32g 　　　　D. 0.24g

16. 绘制滴定曲线的主要目的是（　　　　）。

A. 了解滴定过程 　　B. 计算 pH 　　　　C. 查 pH 　　　　D. 选择合适的指示剂

17. 在强酸性溶液中，选定 Fe^{2+} 的基本单元，则 $KMnO_4$ 与 Fe^{2+} 反应时，高锰酸钾的基本单元为（　　　　）。

A. $KMnO_4$ 　　　B. $\frac{1}{2}KMnO_4$ 　　　C. $\frac{1}{3}KMnO_4$ 　　　D. $\frac{1}{5}KMnO_4$

18. 等物质的量规则是指在化学反应中消耗的两反应物对应的（　　　　）的物质的量相等。

A. 质量　　　　　　　B. 基本单元　　　　　　C. 摩尔质量　　　　D. 质量分数

19. 在温度恒定的情况下，滴定终点误差与（　　　）有关。

A. 指示剂的性能　　　B. 终点的颜色　　　　C. 溶液的浓度　　　D. 滴定管的性能

20*. 在滴定反应 $2MnO_4^- + 5C_2O_4^{2-} + 16H^+ \longrightarrow 2Mn^{2+} + 10CO_2\uparrow + 8H_2O$ 中，达到化学计量点时，下列各种说法正确的是（　　　）。

A. 溶液中 MnO_4^- 与 Mn^{2+} 浓度相等

B. 溶液中绝对不存在 MnO_4^- 和 $C_2O_4^{2-}$

C. 溶液中两个电对 MnO_4^-/Mn^{2+} 和 $CO_2/C_2O_4^{2-}$ 的电位不相等

D. 溶液中两个电对 MnO_4^-/Mn^{2+} 和 $CO_2/C_2O_4^{2-}$ 的电位相等

21. 配位滴定法属于（　　　）。

A. 化学分析法　　　B. 电化学分析法　　　C. 重量分析法　　　D. 仪器分析法

22. GB/T 20001.4—2001 标准编写规则中规定：标准滴定溶液的浓度应表示为（　　　）。

A. 密度　　　　　　B. 相对密度　　　　　C. 物质的量浓度　　D. 质量分数

23. GB/T 14666—2003 中规定，（　　　）是指滴定过程中，待滴定组分的物质的量浓度和滴定剂的物质的量浓度达到相等时的点。

A. 滴定终点　　　　B. 终点　　　　　　　C. 变色点　　　　　D. 化学计量点

24. 欲配制 1000mL 0.1mol/L HCl 溶液，应取浓盐酸（12mol/L HCl）（　　　）。

A. 0.84mL　　　　　B. 8.4mL　　　　　　C. 1.2mL　　　　　　D. 12mL

25. 欲配制 6mol/L 的 H_2SO_4 溶液，在 100mL 蒸馏水中应加入（　　　）18mol/L 的 H_2SO_4 溶液。

A. 60mL　　　　　　B. 40mL　　　　　　C. 50mL　　　　　　D. 10mL

26*. 用同一种 $KMnO_4$ 标准溶液分别滴定体积相等的 $FeSO_4$ 和 $H_2C_2O_4$ 溶液，消耗的 $KMnO_4$ 标准溶液体积相等，则说明两溶液的物质的量浓度关系是（　　　）。

A. $c(FeSO_4) = c(H_2C_2O_4)$　　　　　　　B. $c(FeSO_4) = 2c(H_2C_2O_4)$

C. $2c(FeSO_4) = c(H_2C_2O_4)$　　　　　　D. $c(FeSO_4) = 4c(H_2C_2O_4)$

27. 下列说法中哪个是不正确的？（　　　）

A. 凡是能进行氧化还原反应的物质，都能用直接法测定其含量

B. 酸碱滴定法是以质子传递反应为基础的一种滴定分析法

C. 适用于直接滴定法的化学反应，必须是能定量完成的化学反应

D. 反应速度快是滴定分析法必须具备的重要条件之一

28. 为提高滴定分析的准确度，对标准滴定溶液，不是必须要做到的是（　　　）。

A. 正确地配制

B. 准确地标定

C. 对有些标准溶液必须当天配、当天标、当天用

D. 所有标准溶液必须计算至小数点后第四位

29. （　　　）不是基准物质应具备的条件。

A. 稳定　　　　　　　　　　　　　　　B. 易溶解

C. 必须有足够的纯度　　　　　　　　　D. 物质的组成与化学式相符合

30. 下列物质中可以用直接法配制一定浓度溶液的是（　　　）。

A. HNO_3　　　　　B. $NaOH$　　　　　C. H_2SO_4　　　　　D. KHP

31*. 当下列各酸水溶液中的氢离子浓度相同时（单位为 mol/L），（　　　　）溶液物质的量浓度最大。

A. $HAc(K_a=1.8\times10^{-5})$　　　　　　　B. $H_3BO_3(K_{a1}=5.7\times10^{-10})$

C. $H_2C_2O_4(K_{a1}=5.9\times10^{-2})$　　　　D. $HF(K_a=3.5\times10^{-4})$

32. 人体血液中，平均每 100mL 含 K^+ 19mg，则血液中的 K^+（K^+ 的摩尔质量为 39g/mol）的浓度（mol/L）约为（　　　　）。

A. 4.9　　　　　B. 0.49　　　　　C. 0.049　　　　　D. 0.0049

33*. 某浓氨水的密度（25℃）为 1.0g/mL，含 NH_3 量为 29%，则此氨水的浓度（mol/L）约为（　　　　）。（已知 NH_3 的摩尔质量为 17g/mol）

A. 0.17　　　　　B. 1.7　　　　　C. 5.0　　　　　D. 17

34. 下列说法中正确的是（　　　　）。

A. 在使用摩尔为单位表示某物质的物质的量时，基本单元应予以指明

B. 基本单元必须是分子、原子或离子

C. 同样质量的物质，用的基本单元不同，物质的量总是相同的

D. 为了简便，可以一律采用分子、原子或离子作为基本单元

35*. 下列说法中，（　　　　）是错误的。

A. 摩尔质量的单位是 g/mol

B. 物质 B 的质量 m_B 就是通常说的用天平称取的质量

C. 物质的量 n_B 与质量 m_B 的关系为 $n_B=\dfrac{m_B}{M_B}$，式中，M_B 为 B 物质的物质的量浓度

D. 物质的量 n_B 与质量 m_B 的关系为 $n_B=\dfrac{m_B}{M_B}$，式中，M_B 为物质的摩尔质量

36. 如配制 250mL 0.1000mol/L 的 KHP 溶液，应称取 KHP [$M(KHP)=204.2$g/mol] 的质量为（　　　　）g。

A. 20.42　　　　　B. 20　　　　　C. 5.105　　　　　D. 2.042

37*. 0.1000mol/L HCl 溶液以 Na_2O（摩尔质量为 62.00g/mol）表示的滴定度为（　　　　）g/mL。

A. 0.003100　　　　　B. 0.006200　　　　　C. 0.03100　　　　　D. 0.06200

38. 已知 $T(NaOH/H_2SO_4)=0.004904$g/mL，则氢氧化钠的物质的量浓度应为（　　　　）mol/L。

A. 0.0001000　　　　　B. 0.0005000　　　　　C. 0.1000　　　　　D. 0.05000

39. 欲配制 1000mL 0.5mol/L 的 HCl 溶液，应取浓盐酸（12mol/L）的体积是（　　　　）。

A. 4.17mL　　　　　B. 41.7mL　　　　　C. 9.6mL　　　　　D. 96mL

40*. 欲配制 3mol/L 的 H_2SO_4 溶液，在 1000mL 纯水中应加入浓 H_2SO_4（18mol/L）的体积是（　　　　）。

A. 167mL　　　　　B. 150mL　　　　　C. 200mL　　　　　D. 180mL

41*. 以酚酞为指示剂，中和 10.00mL 0.1mol/L 的 H_3PO_4 溶液，需用 0.1mol/L 的 $NaOH$ 溶液（　　　　）。

A. 25.00mL　　　　　B. 30.00mL　　　　　C. 10.00mL　　　　　D. 20.00mL

42*. 若某基准物质 A 的摩尔质量为 100g/mol，用它标定 0.1mol/L 的 B 溶液。假定反应为 A+B→P，则每份基准物质的称取量为（　　　　）。

　　A. 0.1～0.2g　　　　　B. 0.2～0.4g　　　　　C. 0.4～0.5g　　　　　D. 1～2g

43**. 若某基准物质 A 的摩尔质量为 50g/mol，用它标定 0.2mol/L 的 B 溶液。假定反应为 A+2B→P，则每份基准物质的称取量为（　　　　）。

　　A. 0.1～0.2g　　　　　B. 0.2～0.4g　　　　　C. 0.4～0.8g　　　　　D. 0.05～0.1g

44**. 用氟硅酸钾法测定硅酸盐中 SiO_2 含量时，先将硅酸盐试样用 KHP 熔融，转换为 K_2SiO_3，进行如下反应：

$$2K^+ + SiO_3^- + 6F^- + 6H^+ \longrightarrow K_2SiF_6 \downarrow + 3H_2O$$

$$K_2SiF_6 + 3H_2O \longrightarrow 2KF + H_2SiO_3 + 4HF$$

$$HF + NaOH \longrightarrow NaF + H_2O$$

则 SiO_2 与 NaOH 物质的量之间的关系应为（　　　　）。

　　A. $n(SiO_2) = 4n(NaOH)$　　　　　　　　B. $4n(SiO_2) = n(NaOH)$

　　C. $n(SiO_2) = n(NaOH)$　　　　　　　　D. $6n(SiO_2) = n(NaOH)$

45*. 用 0.1mol/L 的 HCl 溶液滴定 0.16g Na_2CO_3（其摩尔质量为 106g/mol）至甲基橙变色为终点，约需 HCl 溶液（　　　　）。

　　A. 10mL　　　　　B. 20mL　　　　　C. 30mL　　　　　D. 40mL

46**. 用甲醛法测定工业 $(NH_4)_2SO_4$（其摩尔质量为 132g/mol）中的 NH_3（其摩尔质量为 17g/mol）含量。将试样溶解后定容至 250mL，量取 25mL，用 0.1mol/L 的 NaOH 溶液滴定，则试样称取量应为（　　　　）。

　　A. 0.13～0.26g　　　B. 0.3～0.6g　　　C. 2.6～5.2g　　　D. 1.3～2.6g

47*. 用甲醛法测定工业铵盐中的 NH_3（其摩尔质量为 17g/mol）含量，0.2g 铵盐消耗 25mL 0.1mol/L 的 NaOH 溶液，则试样中 NH_3 的含量约为（　　　　）。

　　A. 21%　　　　　B. 26%　　　　　C. 31%　　　　　D. 36%

48*. NaOH 溶液因保存不当吸收了 CO_2，如以此 NaOH 溶液滴定 H_3PO_4 至第二计量点，则 H_3PO_4 的分析结果将（　　　　）。

　　A. 偏高　　　　　B. 偏低　　　　　C. 无影响　　　　　D. 不能确定

49. 以下试剂能作为基准物质的是（　　　　）。

　　A. 优级纯的 NaOH　　　　　　　　　　B. 光谱纯的 Co_2O_3

　　C. 100℃ 干燥过的 CaO　　　　　　　　D. 99.99% 的纯锌

50*. 下述情况下，使分析结果产生负误差的是（　　　　）。

　　A. 以 HCl 标准溶液滴定某碱，所用滴定管未洗净，滴定时内壁挂液珠

　　B. 测定草酸的摩尔质量，草酸失去部分结晶水

　　C. 用于标定标准溶液的基准物质在称量时吸潮了

　　D. 滴定时速度过快，并在终点后立即读取滴定管读数

（二）酸碱滴定法

1*. 下列物质中，能用氢氧化钠标准溶液直接滴定的是（　　　　）。

　　A. 苯酚　　　　　B. 氯化铵　　　　　C. 醋酸钠　　　　　D. 草酸

2*. 已知 $M(Na_2CO_3) = 105.99$g/mol，用它来标定 0.1mol/L HCl 溶液，宜称取 Na_2CO_3 为（　　　　）。

A. 0.5～1g　　　　　　B. 0.05～0.1g　　　C. 1～2g　　　　　D. 0.15～0.2g

3**. 用 0.1mol/L HCl 滴定 0.1mol/L NaOH 时 pH 突跃范围是 9.7～4.3，用 0.01mol/L NaOH 滴定 0.01mol/L HCl 时 pH 突跃范围是（　　　　）。

A. 9.7～4.3　　　　B. 8.7～4.3　　　　C. 8.7～5.3　　　　D. 10.7～3.3

4. 在分析化学实验室常用的去离子水中，加入 1～2 滴甲基橙指示剂，则应呈现（　　　）。

A. 紫色　　　　　　B. 红色　　　　　C. 黄色　　　　　D. 无色

5*. 测定某混合碱时，用酚酞作指示剂时所消耗的盐酸标准溶液比继续加甲基橙作指示剂所消耗的盐酸标准溶液多，说明该混合碱的组成为（　　　　）。

A. Na_2CO_3＋$NaHCO_3$　　　　　　　　　B. Na_2CO_3＋NaOH

C. $NaHCO_3$＋NaOH　　　　　　　　　　　D. Na_2CO_3

6**. pH＝5 和 pH＝3 的两种盐酸以 1：2 体积比混合，混合溶液的 pH 是（　　　　）。

A. 3.17　　　　　B. 10.1　　　　　C. 5.3　　　　　D. 8.2

7*. 物质的量浓度相同的下列物质的水溶液，其 pH 最高的是（　　　　）。

A. Na_2CO_3　　　　B. NaAc　　　　　C. NH_4Cl　　　　D. NaCl

8. 用盐酸溶液滴定 Na_2CO_3 溶液的第一、二个化学计量点，可分别用（　　　　）为指示剂。

A. 甲基红和甲基橙　　　　　　　　　B. 酚酞和甲基橙

C. 甲基橙和酚酞　　　　　　　　　　D. 酚酞和甲基红

9. 在 1mol/L HAc 溶液中，欲使氢离子浓度增大，可采取下列（　　　）方法。

A. 加水　　　　　B. 加 NaAc　　　　C. 加 NaOH　　　　D. 加 0.1mol/L HCl

10*. 称取 3.1015g 基准 $KHC_8H_4O_4$（相对分子质量为 204.2），以酚酞为指示剂，以氢氧化钠为标准溶液滴定至终点，消耗氢氧化钠溶液 30.40mL，同时做空白试验，消耗氢氧化钠溶液 0.01mL，则氢氧化钠标液的物质的量浓度为（　　　　）mol/L。

A. 0.2689　　　　B. 0.9210　　　　C. 0.4998　　　　D. 0.6107

11*. 能直接进行滴定的酸和碱溶液是（　　　　）。

A. 0.1mol/L HF（K_a＝6.8×10^{-4}）　　　　B. 0.1mol/L HCN（K_a＝4.9×10^{-10}）

C. 0.1mol/L NH_4Cl（K_b＝1.8×10^{-5}）　　　D. 0.1mol/L NaAc（K_a＝1.8×10^{-5}）

12*. 与 0.2mol/L 的 HCl 溶液 100mL 电离出的氢离子个数相同的溶液是（　　　　）。

A. 0.2mol/L 的 H_2SO_4 溶液 50mL　　　　B. 0.1mol/L 的 H_2SO_4 溶液 100mL

C. 0.4mol/L 的醋酸溶液 100mL　　　　　D. 0.1mol/L 的 HNO_3 溶液 200mL

13*. 下列溶液稀释 10 倍后，pH 变化最小的是（　　　　）。

A. 1mol/L HAc　　　　　　　　　　B. 1mol/L HAc 和 0.5mol/L NaAc

C. 1mol/L NH_3　　　　　　　　　　D. 1mol/L NH_4Cl

14. 用基准无水碳酸钠标定 0.100mol/L 盐酸，宜选用（　　　）作指示剂。

A. 溴钾酚绿-甲基红　　　B. 酚酞　　　　　C. 百里酚蓝　　　　D. 二甲酚橙

15. 配制好的 $KMnO_4$ 标准溶液需贮存于（　　　）中。

A. 棕色橡皮塞棕色试剂瓶　　　　　　B. 塑料瓶

C. 白色磨口塞白色试剂瓶　　　　　　D. 棕色磨口塞棕色试剂瓶

16. 用 $c(HCl)$＝0.1mol/L HCl 溶液滴定 $c(NH_3)$＝0.1mol/L 氨水溶液化学计量点时溶

液的 pH 为 （　　　）。

A. 等于 7.0　　　　　B. 小于 7.0　　　　　C. 等于 6.0　　　　　D. 大于 7.0

17. 欲配制 pH＝5.0 缓冲溶液应选用的一对物质是 （　　　）。

A. $HAc(K_a=1.8\times10^{-5})$-NaAc

B. HAc-NH_4Ac

C. $NH_3\cdot H_2O(K_b=1.8\times10^{-5})$-$NH_4Cl$

D. KH_2PO_4-Na_2HPO_4

18. 欲配制 pH＝10.0 缓冲溶液应选用的一对物质是 （　　　）。

A. $HAc(K_a=1.8\times10^{-5})$-NaAc

B. HAc-NH_4Ac

C. $NH_3\cdot H_2O(K_b=1.8\times10^{-5})$-$NH_4Cl$

D. KH_2PO_4-Na_2HPO_4

19. 在酸碱滴定中，选择强酸强碱作为滴定剂的理由是 （　　　）。

A. 强酸强碱可以直接配制标准滴定溶液

B. 使滴定突跃尽量大

C. 加快滴定反应速率

D. 使滴定曲线较完美

20*. 以 NaOH 滴定 H_3PO_4（$K_{a1}=7.5\times10^{-3}$，$K_{a2}=6.2\times10^{-8}$，$K_{a3}=5.0\times10^{-13}$）至生成 Na_2HPO_4 时，溶液的 pH 应当是 （　　　）。

A. 7.7　　　　　B. 8.7　　　　　C. 9.8　　　　　D. 10.7

21. 用 0.10mol/L HCl 滴定 0.10mol/L Na_2CO_3 至酚酞终点，这里 Na_2CO_3 的基本单元数是 （　　　）。

A. Na_2CO_3　　　　　B. $2Na_2CO_3$　　　　　C. $1/3Na_2CO_3$　　　　　D. $1/2Na_2CO_3$

22*. 下列弱酸或弱碱（设浓度为 0.1mol/L）能用酸碱滴定法直接准确滴定的是 （　　　）。

A. 氨水 （$K_b=1.8\times10^{-5}$）　　　　　B. 苯酚 （$K_b=1.1\times10^{-10}$）

C. NH_4^+　　　　　D. H_3BO_3 （$K_a=5.8\times10^{-10}$）

23*. 与缓冲溶液的缓冲容量大小有关的因素是 （　　　）。

A. 缓冲溶液的 pH　　　　　B. 外加的酸量

C. 外加的碱量　　　　　D. 缓冲溶液的总浓度和组分的浓度比

24. 某酸碱指示剂的 $K_{Hn}=1.0\times10^5$，则从理论上推算其变色 pH 范围是 （　　　）。

A. 4～5　　　　　B. 5～6　　　　　C. 4～6　　　　　D. 5～7

25*. 用 $NaAc\cdot3H_2O$ 晶体、2.0mol/L HAc 来配制 pH 为 5.0 的 HAC-NaAc 缓冲溶液 1L，其正确的配制方法是 [$M(NaAc\cdot3H_2O)=136.1g/mol$，$K_a=1.8\times10^{-5}$] （　　　）。

A. 将 49g $NaAc\cdot3H_2O$ 放入少量水中溶解，再加入 50mL2.0mol/L HAc 溶液，用水稀释至 1L

B. 将 98g $NaAc\cdot3H_2O$ 放入少量水中溶解，再加入 50mL2.0mol/L HAc 溶液，用水稀释至 1L

C. 将 25g $NaAc\cdot3H_2O$ 放入少量水中溶解，再加入 100mL2.0mol/L HAc 溶液，用水稀释至 1L

D. 将 49g NaAc·3H$_2$O 放入少量水中溶解，再加入 100mL2.0mol/L HAc 溶液，用水稀释至 1L

26*. NaOH 滴定 H$_3$PO$_4$ 以酚酞为指示剂，终点时生成（　　　　）（H$_3$PO$_4$：$K_{a1}=6.9×10^{-3}$，$K_{a2}=6.2×10^{-8}$，$K_{a3}=4.8×10^{-13}$）。

A. NaH$_2$PO$_4$　　　B. Na$_2$HPO$_4$　　　C. Na$_3$PO$_4$　　　D. NaH$_2$PO$_4$＋Na$_2$HPO$_4$

27*. 用 NaOH 溶液滴定下列（　　　　）多元酸时，会出现两个 pH 突跃。

A. H$_2$SO$_3$（$K_{a1}=1.3×10^{-2}$，$K_{a2}=6.3×10^{-8}$）

B. H$_2$CO$_3$（$K_{a1}=4.2×10^{-7}$，$K_{a2}=5.6×10^{-11}$）

C. H$_2$SO$_4$（$K_{a1}≥1$，$K_{a2}=1.2×10^{-2}$）

D. H$_2$C$_2$O$_4$（$K_{a1}=5.9×10^{-2}$，$K_{a2}=6.4×10^{-5}$）

28. 用酸碱滴定法测定工业乙酸中的乙酸含量，应选择的指示剂是（　　　　）。

A. 酚酞　　　　　B. 甲基橙　　　　　C. 甲基红　　　　　D. 甲基红-亚甲基蓝

29. 已知邻苯二甲酸氢钾（KHP）的摩尔质量为 204.2g/mol，用它来标定 0.1mol/L 的 NaOH 溶液，宜称取 KHP 的质量为（　　　　）。

A. 0.25g 左右　　　　B. 1g 左右　　　　C. 0.6g 左右　　　　D. 0.1g 左右

30. HAc-NaAc 缓冲溶液 pH 的计算公式为（　　　　）。

A. $[H^+]=\sqrt{K_{HAc}c(HAc)}$　　　　　　B. $[H^+]=K_{HAc}\dfrac{c(HAc)}{c(NaAc)}$

C. $[H^+]=\sqrt{K_{a1}K_{a2}}$　　　　　　D. $[H^+]=c(HAc)$

31. 双指示剂法测混合碱，加入酚酞指示剂时，消耗 HCl 标准滴定溶液体积为 15.20mL；加入甲基橙作指示剂，继续滴定又消耗了 HCl 标准溶液 25.72mL，那么溶液中存在（　　　　）。

A. NaOH＋Na$_2$CO$_3$　　　　　　　B. Na$_2$CO$_3$＋NaHCO$_3$

C. NaHCO$_3$　　　　　　　　　　　D. Na$_2$CO$_3$

32*. 双指示剂法测混合碱，加入酚酞指示剂时，消耗 HCl 标准溶液体积为 18.00mL；加入甲基橙作指示剂，继续滴定又消耗了 HCl 标准溶液 14.98mL，那么溶液中存在（　　　　）。

A. NaOH＋Na$_2$CO$_3$　　　　　　　B. Na$_2$CO$_3$＋NaHCO$_3$

C. NaHCO$_3$　　　　　　　　　　　D. Na$_2$CO$_3$

33*. 下列各组物质按等物质的量混合配成溶液后，其中不是缓冲溶液的是（　　　　）。

A. NaHCO$_3$ 和 Na$_2$CO$_3$　　　　　　B. NaCl 和 NaOH

C. NH$_3$ 和 NH$_4$Cl　　　　　　　　D. HAc 和 NaAc

34. 在 HCl 滴定 NaOH 时，一般选择甲基橙而不是酚酞作为指示剂，主要是由于（　　　　）。

A. 甲基橙水溶液好　　　　　　　　B. 甲基橙终点 CO$_2$ 影响小

C. 甲基橙变色范围较狭窄　　　　　D. 甲基橙是双色指示剂

35*. 用物质的量浓度相同的 NaOH 和 KMnO$_4$ 两溶液分别滴定相同质量的 KHC$_2$O$_4$·H$_2$C$_2$O$_4$·2H$_2$O。滴定消耗的两种溶液的体积关系是（　　　　）。

A. $V(NaOH)=V(KMnO_4)$　　　　　　B. $3V(NaOH)=4V(KMnO_4)$

C. $4×5V(NaOH)=3V(KMnO_4)$　　　　D. $4V(NaOH)=5×3V(KMnO_4)$

36*. 既可用来标定 NaOH 溶液，也可用作标定 $KMnO_4$ 的物质为（　　　　）。

A. $H_2C_2O_4 \cdot 2H_2O$ 　　　 B. $Na_2C_2O_4$ 　　　 C. HCl 　　　 D. H_2SO_4

37*. 下列阴离子的水溶液，若浓度（mol/L）相同，则（　　　）碱性最强。

A. CN^- （$K_{HCN}=6.2\times10^{-10}$）

B. S^{2-} （$K_{HS^-}=7.1\times10^{-15}$，$K_{H_2S}=1.3\times10^{-7}$）

C. F^- （$K_{HF}=3.5\times10^{-4}$）

D. CH_3COO^- （$K_{HAc}=1.8\times10^{-5}$）

38**. 以甲基橙为指示剂标定含有 Na_2CO_3 的 NaOH 标准溶液，用该标准溶液滴定某酸，以酚酞为指示剂，则测定结果（　　　　）。

A. 偏高 　　　　 B. 偏低 　　　　 C. 不变 　　　　 D. 无法确定

39**. 用 0.1000mol/L NaOH 标准溶液滴定同浓度的 $H_2C_2O_4$ （$K_{a1}=5.9\times10^{-2}$，$K_{a2}=6.4\times10^{-5}$）溶液时，有（　　　）个滴定突跃。应选用（　　　）作为滴定的指示剂。

A. 2，甲基橙（$pK_{HIn}=3.40$） 　　　　 B. 2，甲基红（$pK_{HIn}=5.00$）

C. 1，溴百里酚蓝（$pK_{HIn}=7.30$） 　　　　 D. 1，酚酞（$pK_{HIn}=9.10$）

40**. NaOH 溶液标签上标示的浓度为 0.300mol/L，该溶液从空气中吸收了少量的 CO_2，现以酚酞为指示剂，用标准 HCl 溶液标定，标定结果比标签上标示的浓度（　　　）。

A. 高 　　　　 B. 低 　　　　 C. 不变 　　　　 D. 无法确定

41*. 用 0.10mol/L HCl 滴定 0.10mol/L Na_3PO_4 至甲基橙变为橙色为终点，这里 Na_3PO_4 的基本单元数是（　　　）。

A. Na_3PO_4 　　　 B. $2Na_3PO_4$ 　　　 C. $1/3Na_3PO_4$ 　　　 D. $1/2Na_3PO_4$

42**. 双指示剂法测混合碱，加入酚酞指示剂时，消耗 HCl 标准滴定溶液体积为 15.20mL；加入甲基橙作指示剂，继续滴定又消耗了 HCl 标准溶液 30.40mL，那么溶液中存在的混合碱的物质的量之比为（　　　）。

A. $NaOH:Na_2CO_3=1:1$ 　　　　 B. $Na_2CO_3:NaHCO_3=1:1$

C. $NaOH:Na_2CO_3=1:2$ 　　　　 D. $Na_2CO_3:NaHCO_3=1:2$

43*. 一瓶浓硫酸较长时间暴露在空气中，现以酚酞为指示剂，用标准 NaOH 溶液测定，则此时该硫酸浓度较原来（　　　）。

A．高 　　　　 B. 低 　　　　 C. 不变 　　　　 D. 无法确定

（三）配位滴定法

1*. 某溶液主要含有 Ca^{2+}、Mg^{2+} 及少量 Fe^{3+}、Al^{3+}，今在 pH＝10 的该溶液中加入一定量的三乙醇胺，以 EDTA 滴定，用铬黑 T 为指示剂，则测出的是（　　　　）。

A. Mg^{2+} 量 　　　　 B. Ca^{2+} 量

C. Ca^{2+}、Mg^{2+} 总量 　　　　 D. Ca^{2+}、Mg^{2+}、Fe^{3+}、Al^{3+} 总量

2. 准确滴定单一金属离子的条件是（　　　　）。

A. $\lg c_M K'_{MY}\geqslant8$ 　 B. $\lg c_M K'_{MY}\geqslant8$ 　 C. $\lg c_M K'_{MY}\geqslant6$ 　 D. $\lg c_M K'_{MY}\geqslant6$

3. 在配合物 ［$Cu(NH_3)_4$］SO_4 溶液中加入少量的 Na_2S 溶液，产生的沉淀是（　　　）。

A. CuS 　　　 B. $Cu(OH)_2$ 　　　 C. S 　　　 D. 无沉淀产生

4*. 在配位滴定中，直接滴定法的条件包括（　　　）。

A. $\lg cK'_{MY}\leqslant8$ 　　　　 B. 溶液中无干扰离子

C. 有变色敏锐无封闭作用的指示剂　　　　　　　D. 反应在酸性溶液中进行

5*. 用铬黑 T 为指示剂，用 EDTA 滴定 Zn^{2+} 时，加入 $NH_3 \cdot H_2O$-NH_4Cl 可（　　　　）。

A. 防止干扰　　　　　　　　　　　　　　　　　B. 控制溶液的 pH

C. 使金属离子指示剂变色更敏锐　　　　　　　　D. 加快反应速度

6. 取水样 100mL，用 $c(EDTA)=0.0200mol/L$ 标准溶液测定水的总硬度，用去 4.00mL，计算水的总硬度是（　　　　）〔用 $CaCO_3(mg/L)$ 表示，已知 $M(CaCO_3)=100.09g/mol$〕。

A. 20mg/L　　　　　B. 40mg/L　　　　　C. 60mg/L　　　　　D. 80mg/L

7. 配位滴定终点所呈现的颜色是（　　　　）。

A. 游离金属指示剂的颜色

B. EDTA 与待测金属离子形成配合物的颜色

C. 金属指示剂与待测金属离子形成配合物的颜色

D. 上述 A 与 C 的混合色

8. 在 EDTA 配位滴定中，下列有关酸效应系数的叙述，正确的是（　　　　）。

A. 酸效应系数越大，配合物的稳定性越好

B. 酸效应系数越小，配合物的稳定性越好

C. 溶液的 pH 越大，酸效应系数越大

D. 酸效应系数越大，配位滴定曲线的 pM 突跃范围越大

9*. 以配位滴定法测定 Pb^{2+} 时，消除 Ca^{2+}、Mg^{2+} 干扰最简便的方法是（　　　　）。

A. 配位掩蔽法　　　B. 控制酸度法　　　C. 沉淀分离法　　　D. 解蔽法

10. EDTA 与金属离子多是以（　　　　）的关系配合。

A. 1∶5　　　　　B. 1∶4　　　　　C. 1∶2　　　　　D. 1∶1

11*. 当溶液中存在另一种配位剂 L 时，若 $\alpha_{M(L)}=1$，表示（　　　　）。

A. M 与 L 不发生反应　　　　　　　　　　　B. M 与 L 发生的反应很严重

C. M 与 L 反应小　　　　　　　　　　　　　D. M 与 L 发生配位反应

12. 测定水中钙时，Mg^{2+} 的干扰是用（　　　　）消除的。

A. 控制酸度法　　　B. 配位掩蔽法　　　C. 氧化还原掩蔽法　　　D. 沉淀掩蔽法

13. 配位滴定中加入缓冲溶液的原因是（　　　　）。

A. EDTA 配位能力与酸度有关

B. 金属指示剂有其使用的酸度范围

C. EDTA 与金属离子反应过程中会释放出 H^+

D. K'_{MY} 会随酸度改变而改变

14*. 用 EDTA 标准滴定溶液滴定金属离子 M，若要求相对误差小于 0.1%，则要求（　　　　）。

A. $c_M K'_{MY} \geqslant 10^6$　　　　　　　　　　　　　B. $c_M K'_{MY} \leqslant 10^6$

C. $K'_{MY} \geqslant 10^6$ ·　　　　　　　　　　　　　　D. $K'_{MY}\alpha_{Y(H)} \geqslant 10^6$

15. EDTA 的有效浓度〔Y^+〕与酸度有关，它随着溶液 pH 增大而（　　　　）。

A. 增大　　　　　B. 减小　　　　　C. 不变　　　　　D. 先增大后减小

16. 产生金属指示剂的僵化现象是因为（　　　　）。

A. 指示剂不稳定　　　　　　　　　　　　　　B. MIn 溶解度小

C. $K'_{MIn} < K'_{MY}$　　　　　　　　　　　　　D. $K'_{MIn} > K'_{MY}$

17. 产生金属指示剂的封闭现象是因为 （　　　　）。

A. 指示剂不稳定 　　　　　　　　　　B. MIn 溶解度小

C. $K'_{MIn} < K'_{MY}$ 　　　　　　　　　　D. $K'_{MIn} > K'_{MY}$

18. 络合滴定所用的金属指示剂同时也是一种 （　　　　）。

A. 掩蔽剂 　　　　B. 显色剂 　　　　C. 配位剂 　　　　D. 弱酸弱碱

19*. 在无缓冲溶液存在下，用 EDTA 滴定金属离子，则体系的 pH 会 （　　　　）。

A. 增大 　　　　B. 降低 　　　　C. 不变 　　　　D. 与金属离子价态有关

20*. 配位滴定时，金属离子 M 和 N 的浓度相近，通过控制溶液酸度实现连续测定 M 和 N 的条件是 （　　　　）。

A. $\lg K_{NY} - \lg K_{MY} \geqslant 2$ 且 $\lg cK'_{MY}$ 和 $\lg cK'_{NY}$ 均大于 6

B. $\lg K_{NY} - \lg K_{MY} \geqslant 5$ 且 $\lg cK'_{MY}$ 和 $\lg cK'_{NY}$ 均大于 3

C. $\lg K_{MY} - \lg K_{NY} \geqslant 5$ 且 $\lg cK'_{MY}$ 和 $\lg cK'_{NY}$ 均大于 6

D. $\lg K_{MY} - \lg K_{NY} \geqslant 8$ 且 $\lg cK'_{MY}$ 和 $\lg cK'_{NY}$ 均大于 4

21. 使 MY 更加稳定，有利于滴定主反应进行的副反应有 （　　　　）。

A. 酸效应 　　　　B. 共存离子效应 　　　　C. 水解效应 　　　　D. 混合配位效应

22. 国家标准规定的标定 EDTA 溶液的基准试剂是 （　　　　）。

A. MgO 　　　　B. ZnO 　　　　C. Zn 片 　　　　D. Cu 片

23. 水硬度的单位是以 CaO 为基准物质确定的，水的硬度为 10 度表示 1L 水中含有 （　　　　）。

A. 1g CaO 　　　　B. 0.1g CaO 　　　　C. 0.01g CaO 　　　　D. 0.001g CaO

24. EDTA 法测定水的总硬度是在 pH＝（　　　　）的缓冲溶液中进行的。

A. 7 　　　　B. 8 　　　　C. 10 　　　　D. 12

25. EDTA 法测定水中的钙硬度是在 pH＝（　　　　）的缓冲溶液中进行的。

A. 7 　　　　B. 8 　　　　C. 10 　　　　D. 12

26. 用 EDTA 测定 SO_4^{2-} 时，应采用的方法是 （　　　　）。

A. 直接滴定 　　　　B. 间接滴定 　　　　C. 返滴定 　　　　D. 连续滴定

27**. 已知有几种金属离子浓度相近，它们的稳定常数分别是：$\lg K_{MgY} = 8.7$，$\lg K_{BiY} = 27.94$，$\lg K_{AlY} = 16.3$，$\lg K_{AgY} = 7.32$，$\lg K_{FeY} = 14.3$，在 pH＝8 时，测定 Al^{3+}，其中不干扰测定的是 （　　　　）。

A. Mg^{2+} 　　　　B. Bi^{3+} 　　　　C. Fe^{2+} 　　　　D. Ag^+

28. 配位滴定中，使用金属指示剂二甲酚橙，要求溶液的酸度条件是 （　　　　）。

A. pH＝6.3～11.6 　　　　B. pH＝6.0 　　　　C. pH＞6.0 　　　　D. pH＜6.0

29*. 与配位滴定所需控制的酸度无关的因素为 （　　　　）。

A. 金属离子颜色 　　B. 酸效应 　　C. 羟基化效应 　　D. 指示剂的变色

30*. 用 EDTA 滴定 Bi^{3+} 时，消除 Fe^{3+} 干扰宜采用 （　　　　）。

A. 加 KCN 　　　　B. 加三乙醇胺 　　　　C. 加抗坏血酸 　　　　D. 加少量 NaOH

31**. EDTA 滴定金属离子 M，MY 的绝对稳定常数为 K_{MY}，当金属离子 M 的浓度为 0.01mol/L 时，下列 $\lg \alpha_{Y(H)}$ 对应的 pH 是滴定金属离子 M 的最高允许酸度的是 （　　　　）。

A. $\lg \alpha_{Y(H)} \geqslant \lg K'_{MY} - 8$ 　　　　B. $\lg \alpha_{Y(H)} = \lg K_{MY} - 8$

C. $\lg \alpha_{Y(H)} \geqslant \lg K_{MY} - 6$ 　　　　D. $\lg \alpha_{Y(H)} \leqslant \lg K_{MY} - 3$

32*. 在 Fe^{3+}、Al^{3+}、Ca^{2+}、Mg^{2+} 混合溶液中，用 EDTA 测定 Fe^{3+}、Al^{3+} 的含量时，为了消除 Ca^{2+}、Mg^{2+} 的干扰，最简便的方法是（　　　　）。

A. 沉淀分离法　　B. 控制酸度法　　C. 配位掩蔽法　　D. 溶剂萃取法

33*. 已知 $M(ZnO) = 81.38g/mol$，称取 ZnO 基准试剂配成 250mL 的锌标准溶液后，准确移取 25.00mL，用它来标定 0.0500mol/L 的 EDTA 溶液，则宜称取 ZnO 为（　　　　）。

A. 0.1g　　　　B. 0.5g　　　　C. 1g　　　　D. 0.2g

34*. 某溶液主要含有 Ca^{2+}、Mg^{2+} 及少量 Al^{3+}、Fe^{3+}，现将溶液酸度调节到 pH = 13，用 EDTA 滴定，用 K-B 为指示剂，则测出的是（　　　　）。

A. Ca^{2+} 的含量　　　　　　　　B. Ca^{2+}、Mg^{2+} 含量

C. Al^{3+}、Fe^{3+} 的含量　　　　D. Ca^{2+}、Mg^{2+}、Al^{3+}、Fe^{3+} 的含量

35*·*. 用 $c(EDTA) = 0.01mol/L$ 准确滴定 $c(Al^{3+}) = 0.01mol/L$ 的溶液时，Al^{3+} 溶液允许介质的最高酸度为（　　　　）。

已知：$lgK_{AlY} = 16.30$

pH	3.0	3.4	4.0	4.4	4.8
$lg\alpha_{Y(H)}$	10.60	9.71	8.44	7.64	6.84

A. 3.0　　　　B. 4.0　　　　C. 4.4　　　　D. 4.8

36*. 金属指示剂的僵化现象可以通过（　　　　）来消除。

A. 加入有机溶剂或加热　　B. 加水　　C. 放置　　D. 增加用量

37. 用 EDTA 标液滴定水中 Mg^{2+}，合适的介质是（　　　　）。

A. 中性或弱酸性介质　　　　　　B. 稀硝酸介质

C. 1mol/L 的 H_2SO_4 介质　　　D. pH = 10 的 $NH_3·H_2O$-NH_4Cl 缓冲溶液

38. 用氧化锌标定 EDTA 标准滴定溶液，以铬黑 T 为指示剂，溶液的 pH 应控制为（　　　　）。

A. 10　　　　B. 7　　　　C. 4　　　　D. 2

39. 利用配位滴定法，选择碱性介质测定某元素含量时，主要用（　　　　）掩蔽少量 Fe^{3+}。

A. NaF　　　　B. 柠檬酸　　　　C. 草酸　　　　D. 三乙醇胺

40. 配位滴定法中使用缓冲溶液的主要目的是（　　　　）。

A. 掩蔽干扰离子　　B. 起催化作用　　C. 控制溶液的酸度　　D. 调整溶液的体积

41. 在配位滴定中，要求金属离子-指示剂稳定常数（　　　　）该金属离子 EDTA 配合物稳定常数。

A. 小于　　　　B. 大于　　　　C. 等于　　　　D. 相当于

42. 以 EDTA 滴定金属离子 M，达到化学计量点时，溶液中金属离子的浓度主要取决于（　　　　）。

A. M-EDTA 配合物的条件稳定常数　　　B. EDTA 的浓度

C. 金属离子的初始浓度　　　　　　　　D. 金属指示剂的浓度

43. 由于 Ag^+ 与 EDTA 配合不稳定，加入 $Ni(CN)_4^{2-}$，用 EDTA 测 Ag^+，这属于（　　　　）。

A. 直接滴定   B. 返滴定   C. 间接滴定   D. 置换滴定

44*. 在氨性溶液中加入 KCN，在 pH＝10 时，以铬黑 T 作指示剂，EDTA 滴定至终点，再加入甲醛，继续滴至终点，甲醛的作用是（   ）。

A. 解蔽   B. 掩蔽   C. 加快速度   D. 提高温度

45. 我国通常把 1L 水中含（   ）mg CaO 称作 1 度。

A. 5   B. 10   C. 20   D. 30

46*. 已知一定温度下 $\lg K_{AgY}=7.32$，$\lg K_{BiY}=27.94$，$\lg K_{PbY}=18.04$，$\lg K_{CdY}=16.46$，则（   ）与 EDTA 形成的配合物最稳定。

A. Ag^+ B. Bi^{3+} C. Pb^{2+} D. Cd^{2+}

（四）氧化还原滴定法

1. （   ）是标定硫代硫酸钠标准溶液较为常用的基准物。

A. 升华碘   B. KIO_3 C. $K_2Cr_2O_7$ D. $KBrO_3$

2. 在碘量法滴定中，以淀粉溶液为指示剂，终点时溶液呈蓝色，这是（   ）。

A. 碘的颜色   B. I^- 的颜色

C. 游离碘与淀粉生成物的颜色   D. I^- 与淀粉生成物的颜色

3. 配制 I_2 标准溶液时，将 I_2 溶解在（   ）中。

A. 水   B. KI 溶液   C. HCl 溶液   D. KOH 溶液

4. 用草酸钠作基准物标定高锰酸钾标准溶液时，开始反应速率慢，稍后反应速率明显加快，这是（   ）起催化作用。

A. 氢离子   B. MnO_4^- C. Mn^{2+} D. CO_2

5. 在酸性介质中，用 $KMnO_4$ 溶液滴定草酸盐溶液，滴定应（   ）。

A. 在室温下进行   B. 将溶液煮沸后即进行

C. 将溶液煮沸，冷至 85℃进行   D. 将溶液加热到 75～85℃时进行

6. $KMnO_4$ 滴定所需的介质是（   ）。

A. 硫酸   B. 盐酸   C. 磷酸   D. 硝酸

7. 淀粉是一种（   ）指示剂。

A. 自身   B. 氧化还原型   C. 专属   D. 金属

8. 标定 I_2 标准溶液的基准物是（   ）。

A. As_2O_3 B. $K_2Cr_2O_7$ C. Na_2CO_3 D. $H_2C_2O_4$

9. 用 $K_2Cr_2O_7$ 法测定 Fe^{2+}，可选用（   ）指示剂。

A. 甲基红-溴甲酚绿   B. 二苯胺磺酸钠   C. 铬黑 T   D. 自身指示剂

10. 用 $KMnO_4$ 法测定 Fe^{2+}，可选用（   ）指示剂。

A. 甲基红-溴甲酚绿   B. 二苯胺磺酸钠   C. 铬黑 T   D. 自身指示剂

11. 对高锰酸钾滴定法，下列说法错误的是（   ）。

A. 可在盐酸介质中进行滴定   B. 直接法可测定还原性物质

C. 标准滴定溶液用标定法制备   D. 在硫酸介质中进行滴定

12. 在间接碘法测定中，下列操作正确的是（   ）。

A. 边滴定边快速摇动

B. 加入过量 KI，并在室温和避免阳光直射的条件下滴定

C. 在 70～80℃恒温条件下滴定

D. 滴定一开始就加入淀粉指示剂

13. 间接碘量法测定水中 Cu^{2+} 含量，介质的 pH 应控制在（　　　）。

A. 强酸性　　　　　　B. 弱酸性　　　　　　C. 弱碱性　　　　　　D. 强碱性

14. 在间接碘量法中，以淀粉溶液为指示剂，滴定终点的颜色变化是（　　　）。

A. 蓝色恰好消失　　B. 出现蓝色　　C. 出现浅黄色　　D. 黄色恰好消失

15. 间接碘量法（即滴定碘法）中加入淀粉指示剂的适宜时间是（　　　）。

A. 滴定开始时

B. 滴定至近终点，溶液呈稻草黄色时

C. 滴定至 I^{3-} 退的红棕色退尽，溶液呈无色时

D. 在标准溶液滴定近 50% 时

16*. 以 $c\left(\dfrac{1}{6}K_2Cr_2O_7\right)=0.01000mol/L$ 的 $K_2Cr_2O_7$ 标准溶液滴定 25.00mL Fe^{3+} 溶液，耗去 $K_2Cr_2O_7$ 标准溶液 25.00mL，每毫升 Fe^{3+} 溶液含 Fe[$m(Fe)=55.85g/mol$] 的质量（mg）为（　　　）。

A. 3.351　　　　B. 0.3351　　　　C. 0.5585　　　　D. 1.676

17*. 当增加反应酸度时，氧化剂的电极电位会增大的是（　　　）。

A. Fe^{3+}　　　　B. I_2　　　　C. $K_2Cr_2O_7$　　　　D. Cu^{2+}。

18*. 下列测定中，需要加热的有（　　　）。

A. $KMnO_4$ 溶液滴定 H_2O_2　　　　　　B. $KMnO_4$ 溶液滴定 $H_2C_2O_4$

C. 银量法测定水中氯　　　　　　　　　　D. 碘量法测定 $CuSO_4$

19*. 碘量法测定 $CuSO_4$ 含量，试样溶液中加入过量的 KI，下列叙述其作用错误的是（　　　）。

A. 还原 Cu^{2+} 为 Cu^+　　　　　　　　B. 防止 I_2 挥发

C. 与 Cu^+ 形成 CuI 沉淀　　　　　　　D. 把 $CuSO_4$ 还原成单质 Cu

20*. 间接碘量法要求在中性或弱酸性介质中进行测定，若酸度太高，将会（　　　）。

A. 反应不定量　　B. I_2 易挥发　　C. 终点不明显　　D. I^- 被氧化，$Na_2S_2O_3$ 被分解

21*. 用碘量法测定维生素C（Vc）的含量，Vc 的基本单元是（　　　）。

A. $\dfrac{1}{3}$Vc　　　　B. $\dfrac{1}{2}$Vc　　　　C. Vc　　　　D. $\dfrac{1}{4}$Vc

22*. 在 1mol/L 的 H_2SO_4 溶液中，$E_{Ce^{4+}/Ce^{3+}}^{\ominus\prime}=1.44V$，$E_{Fe^{3+}/Fe^{2+}}^{\ominus\prime}=0.68V$，以 Ce^{4+} 滴定 Fe^{2+} 时，最适宜的指示剂为（　　　）。

A. 二苯胺磺酸钠（$E_{In}^{\ominus}=0.84V$）　　　　B. 邻苯氨基苯甲酸（$E_{In}^{\ominus}=0.89V$）

C. 邻二氮菲-亚铁（$E_{In}^{\ominus}=1.06V$）　　　　D. 硝基邻二氮菲-亚铁（$E_{In}^{\ominus}=1.25V$）

23*. 重铬酸钾法测定铁时，加入硫磷混酸的作用主要是（　　　）。

A. 降低 Fe^{3+} 浓度　　B. 增加酸度　　C. 防止沉淀　　D. 变色明显

24**. $KMnO_4$ 法测石灰中的 Ca 含量，先沉淀为 CaC_2O_4，再经过滤、洗涤后溶于 H_2SO_4 中，最后用 $KMnO_4$ 滴定 $H_2C_2O_4$，Ca 的基本单元为（　　　）。

A. Ca　　　　B. $\dfrac{1}{2}$Ca　　　　C. $\dfrac{1}{5}$Ca　　　　D. $\dfrac{1}{3}$Ca

25**. 在 Sn^{2+}、Fe^{2+} 的混合溶液中，欲使 Sn^{2+} 氧化为 Sn^{4+} 而 Fe^{2+} 不被氧化，应选择

的氧化剂是（　　　）。($E_{Sn^{4+}/Sn^{2+}}^{\ominus}=0.15V$，$E_{Fe^{3+}/Fe^{2+}}^{\ominus}=0.77V$)

A. KIO_3 ($E_{2IO_3^-/I_2}^{\ominus}=1.20V$)   B. H_2O_2 ($E_{H_2O_2/2OH^-}^{\ominus}=0.88V$)

C. $HgCl_2$ ($E_{HgCl_2/Hg_2Cl_2}^{\ominus}=0.63V$)   D. SO_3^{2-} ($E_{SO_3^{2-}/S}^{\ominus}=-0.66V$)

26**. 以 $K_2Cr_2O_7$ 法测定铁矿石中铁含量时，用 $c\left(\dfrac{1}{6}K_2Cr_2O_7\right)=0.02mol/L$ 的 $K_2Cr_2O_7$ 标准溶液滴定。设试样含铁以 Fe_2O_3（其摩尔质量为 150.7g/mol）计约为 50%，则试样称取量应为（　　　）。

A. 0.1g 左右   B. 0.2g 左右   C. 1g 左右   D. 0.35g 左右

27**. 在酸性条件下，$KMnO_4$ 与 S^{2-} 反应，正确的离子方程式是 $2MnO_4^-+5S^{2-}+16H^+\Longrightarrow2Mn^{2+}+5S\downarrow+8H_2O$，则 S^{2-} 的基本单元为（　　　）。

A. Ca B. $\dfrac{1}{2}S^{2-}$ C. $\dfrac{1}{5}S^{2-}$ D. $\dfrac{1}{3}S^{2-}$

28**. $c\left(\dfrac{1}{5}KMn_2O_4\right)=0.01mol/L$ 的 KMn_2O_4 标准溶液滴定 25.00mLH_2O_2 溶液，耗去 KMn_2O_4 标准滴定溶液 25.00mL，则每毫升 H_2O_2 溶液含 H_2O_2 [$M(H_2O_2)=34.02g/mol$] 的质量（mg）为（　　　）。

A. 0.1701   B. 1.701   C. 0.3402   D. 3.402

29**. 称取 Na_2SO_3 试样 0.3778g，将其溶解，并以 50.00mL $c(1/2I_2)=0.09770mol/L$ 的 I_2 溶液处理，剩余的 I_2 溶液将需要用 $c(Na_2S_2O_3)=0.1008mol/L$ 的溶液 25.00mL 滴定至终点，则试样中 Na_2SO_3 的含量为（　　　）。[$M(Na_2SO_3)=126.4g/mol$]

$$I_2+SO_3^{2-}+H_2O\Longrightarrow2H^++2I^-+SO_4^{2-}$$
$$2S_2O_3^{2-}+I_2\Longrightarrow S_4O_6^{2-}+2I^-$$

A. 0.1978   B. 0.3956   C. 0.7913   D. 0.4216

30*. 欲配制 $Na_2C_2O_4$ 溶液用以标定 0.04mol/L 的 $KMnO_4$ 溶液。为使标定时所消耗 $Na_2C_2O_4$ 溶液体积与 $KMnO_4$ 溶液差不多，所需配制的溶液的浓度为（　　　）比较合适。

A. 0.04mol/L   B. 0.08mol/L   C. 0.1mol/L   D. 0.2mol/L

31**. 称取铁矿试样 0.2000g，以 $K_2Cr_2O_7$ 溶液滴定 Fe 的含量，若欲使滴定时所消耗 $K_2Cr_2O_7$ 溶液的体积（mL）恰好等于铁的质量分数（%），则 $K_2Cr_2O_7$ 溶液对铁的滴定度 $[T(Fe/K_2Cr_2O_7)]$ 应配制为（　　　）g/mL。

A. 0.00800   B. 0.00600   C. 0.00200   D. 0.00100

32*. 向含有 Fe^{2+} 和 Fe^{3+} 的溶液中加入碘-碘化钾溶液，将会发生（　　　）现象。（$E_{Fe^{3+}/Fe^{2+}}^{\ominus\prime}=0.771V$，$E_{2I^-/I_2}^{\ominus}=0.535V$）

A. 溶液的黄色褪去   B. 溶液没有明显变化

C. 溶液颜色变深   D. 溶液中有 FeI_2 沉淀生成

33*. 邻二氮菲-亚铁为测铁较好的氧化还原指示剂，使用时溶液中必须不存在 Zn^{2+}、Cd^{2+} 等离子，其原因是（　　　）。

A. 这些离子也将被滴定，造成误差

B. 这些离子能与邻二氮菲生成更稳定的配合物，使指示剂封闭

C. 离子的颜色影响终点的观察

D. 增加离子强度造成误差大

34. 标定 $KMnO_4$ 标准溶液时，常用的基准物质是（　　　　）。

A. $K_2Cr_2O_7$　　　　　B. $Na_2C_2O_4$　　　　　C. $Na_2S_2O_3$　　　　　D. KIO_3

35. 在酸性介质中，用 $KMnO_4$ 溶液滴定草酸盐溶液时，滴定应（　　　　）。

A. 像酸碱滴定那样快速进行

B. 在开始时缓慢，以后逐步加快，近终点时又减慢滴定速度

C. 始终缓慢地进行

D. 开始时快，然后减慢

36. 测定铁矿石中铁含量时，加入磷酸的主要目的是（　　　　）。

A. 加快反应速率　　　　　　　　　B. 提高溶液的酸度

C. 防止析出 $Fe(OH)_3$ 沉淀　　　　D. 使 Fe^{3+} 生成无色的配离子，便于终点观察

37****.** 假定某物质 A，其摩尔质量为 M_A，与 MnO_4^- 的反应如下：

$$5A + 2MnO_4^- + \cdots \longrightarrow 2Mn^{2+} + \cdots$$

在此反应中，A 与 MnO_4^- 的物质的量之比为（　　　　）。

A. $5:2$　　　　　B. $2:5$　　　　　C. $1:2$　　　　　D. $1:2.5$

38. 被 $KMnO_4$ 溶液污染的滴定管应用下列哪种溶液洗涤（　　　　）。

A. 铬酸洗涤液　　　　B. Na_2CO_3　　　　C. 洗衣粉　　　　D. $H_2C_2O_4$

39***.** 在滴定反应 $Cr_2O_7^{2-} + 6Fe^{2+} + 14H^+ \longrightarrow 2Cr^{3+} + 6Fe^{3+} + 7H_2O$ 中，达到化学计量点时，下列各种说法正确的是（　　　　）。

A. 溶液中 $c(Fe^{3+})$ 与 $c(Cr^{3+})$ 相等

B. 溶液中不存在 Fe^{2+} 和 $Cr_2O_7^{2-}$

C. 溶液中两个电对 Fe^{3+}/Fe^{2+} 和 $Cr_2O_7^{2-}/Cr^{3+}$ 的电位相等

D. 溶液中两个电对 Fe^{3+}/Fe^{2+} 和 $Cr_2O_7^{2-}/Cr^{3+}$ 的电位不等

40***.** 用同一高锰酸钾溶液分别滴定两份体积相等的 $FeSO_4$ 和 $H_2C_2O_4$ 溶液，如果消耗的体积相等，则说明这两份溶液的浓度 c（mol/L）关系是（　　　　）。

A. $c(FeSO_4) = 2c(H_2C_2O_4)$　　　　　　B. $2c(FeSO_4) = c(H_2C_2O_4)$

C. $c(FeSO_4) = c(H_2C_2O_4)$　　　　　　D. $c(FeSO_4) = 4c(H_2C_2O_4)$

41. 下列物质中可以用氧化还原滴定测定的是（　　　　）。

A. 草酸　　　　　B. 醋酸　　　　　C. 盐酸　　　　　D. 硫酸

42. 直接碘量法应控制的条件是（　　　　）。

A. 强酸性条件　　　　　　　　　B. 强碱性条件

C. 中性或弱酸性条件　　　　　　D. 什么条件都可以

43***.** 以下哪个测定过程是采用返滴定的方式？（　　　　）

A. $KMnO_4$ 法测定石灰石中 CaO 含量　　　B. $K_2Cr_2O_7$ 法测定铁矿中 Fe_2O_3 含量

C. $KBrO_3$ 法测定苯酚的纯度　　　　　　D. 碘量法测定 H_2O_2 的含量

44. 二苯胺磺酸钠是 $K_2Cr_2O_7$ 滴定 Fe^{2+} 的常用指示剂，它属于（　　　　）。

A. 自身指示剂　　　　　　　　　B. 特殊指示剂

C. 氧化还原指示剂　　　　　　　D. 其他指示剂

45***.** 用 $KMnO_4$ 溶液滴定 Fe^{2+}，化学计量点电位处于滴定突跃的（　　　　）。

A. 中点偏下　　　　B. 中点　　　C. 中点偏上　　　D. 随浓度的不同而不同

46*. 碘量法中所需 $Na_2S_2O_3$ 标准溶液在保存中吸收了 CO_2 而发生下述反应：

$$Na_2S_2O_3 + H_2CO_3 \longrightarrow NaHSO_3 + NaHCO_3 + S\downarrow$$

若用该溶液滴定 I_2，所消耗的体积将（　　　　）。

A. 偏高　　　　B. 偏低　　　C. 无影响　　　D. 无法判断

47*. 重铬酸钾滴定 Fe^{2+}，若选用二苯胺磺酸钠作指示剂，需在硫酸混酸介质中进行，是为了（　　　　）。

A. 避免诱导反应的发生

B. 使指示剂的变色点的电位处在滴定体系的电位突跃范围内

C. 终点易于观察

D. 兼有 B 和 C 的作用

48**. 用 0.02000mol/L 的 $KMnO_4$ 溶液滴定 0.1000mol/L Fe^{2+} 溶液的电位滴定突跃为 $0.86 \sim 1.47V$。用 0.04000mol/L $KMnO_4$ 溶液滴定 0.2000mol/L Fe^{2+} 溶液的电位滴定突跃为（　　　　）。

A. $0.68 \sim 1.51V$　　　　　　　　　B. $0.76 \sim 1.57V$

C. $0.96 \sim 1.37V$　　　　　　　　　D. $0.86 \sim 1.47V$

49**. 用氧化还原法测定钡的含量时，先将 Ba^{2+} 沉淀为 $Ba(IO_3)_2$，过滤，洗涤后溶解于酸，加入过量 KI，析出的 I_2 用标准溶液滴定，下列表示正确的是（　　　　）。

A. $n(Ba) = 2n(Na_2S_2O_3)$　　　　　　　B. $n(Ba) = 6n(Na_2S_2O_3)$

C. $n(Ba) = 12n(Na_2S_2O_3)$　　　　　　D. $n(Ba) = n(Na_2S_2O_3)$

50**. 移取 25.00mLHCOOH 样品溶液，调节为强碱性，加入 50.00mL $c(KMnO_4)=$ 0.01500mol/L 的 $KMnO_4$ 溶液将 HCOOH 氧化至 CO_2。酸化溶液，加入 0.1000mol/LFe^{2+} 溶液 25.00mL，然后再用上述 $KMnO_4$ 溶液滴定，用去 32.00mL，样品溶液中的 HCOOH 浓度为（　　　　）。

A. 0.0733mol/L　　B. 0.0293mol/L　　C. 0.0147mol/L　　D. 0.1470mol/L

51*. 称取纯 As_2O_3 0.2473g，用 NaOH 溶液溶解后，再用 H_2SO_4 将此溶液酸化，以待标定的 $KMnO_4$ 溶液滴定至终点时，消耗溶液 25.00mL，$KMnO_4$ 溶液的浓度为（　　　　）mol/L。$[M(As_2O_3)=197.84g/mol]$

A. 0.01000　　　B. 0.2000　　　C. 0.1000　　　D. 0.04000

52. 下列有关淀粉指示剂的应用常识不正确的是（　　　　）。

A. 淀粉指示剂以直链的为好

B. 为了使淀粉溶液能较长时间保留，需加入少量碘化汞

C. 淀粉与碘形成黄色物质，必须要有离子存在

D. 为了使反应颜色变化明显，溶液要加热

53*. 软锰矿主要成分是 MnO_2，测定方法是过量 $Na_2C_2O_4$ 与试样反应后，用 $KMnO_4$ 标准溶液返滴定过剩的 $Na_2C_2O_4$，然后求出 MnO_2 含量。为什么不用还原剂的标准溶液直接滴定？（　　　　）

A. 没有合适还原剂

B. 没有合适指示剂

C. 由于 MnO_2 是难溶物质，直接滴定不适宜

D. 防止其他成分干扰

54. 下列哪个物质既能作氧化剂又能作还原剂？（　　　　）

A. HNO_3　　　　B. KI　　　　C. H_2O_2　　　　D. H_2S

55. 高锰酸钾在强碱性溶液中的还原产物是（　　　　）。

A. MnO_2　　　　B. MnO_4^-　　　　C. MnO_4^{2-}　　　　D. Mn^{2+}

56. 高锰酸钾法滴定溶液的常用酸碱条件是（　　　　）。

A. 强碱　　　　B. 弱碱　　　　C. 中性或弱酸性　　　　D. 强酸

57*. 下列正确的说法是（　　　　）。

A. MnO_2 能使 $KMnO_4$ 溶液保持稳定

B. Mn^{2+} 能催化 $KMnO_4$ 溶液的分解

C. 用 $KMnO_4$ 溶液滴定 Fe^{2+} 时，最适宜在盐酸介质中进行

D. 用 $KMnO_4$ 溶液滴定 $H_2C_2O_4$ 时，不能加热，否则草酸会分解

58*. 用 $Na_2C_2O_4$ 标定 $KMnO_4$ 时，由于反应速度不够快，因此滴定时溶液要维持足够的酸度和温度，但酸度和温度过高时，又会发生（　　　　）。

A. $H_2C_2O_4$ 挥发　　　　　　　　B. $H_2C_2O_4$ 分解

C. $H_2C_2O_4$ 析出　　　　　　　　D. $H_2C_2O_4$ 与空气中氧反应

59. $KMnO_4$ 滴定 $Na_2C_2O_4$ 时，第一滴 $KMnO_4$ 溶液的褪色最慢，但以后就逐渐变快，原因是（　　　　）。

A. $KMnO_4$ 电位很高，干扰多，影响反应速率

B. 该反应是分步进行的，要完成各步反应需一定时间，但只要反应一形成，速率就快了

C. 当第一滴 $KMnO_4$ 与 $Na_2C_2O_4$ 反应后，产生反应热，加快反应速率

D. 反应产生 Mn^{2+}，它是 $KMnO_4$ 与 $Na_2C_2O_4$ 反应的催化剂

60*. 重铬酸钾法的终点，由于 Cr^{3+} 的绿色影响观察，常采取的措施是（　　　　）。

A. 加掩蔽剂　　　　　　　　B. 使 Cr^{3+} 沉淀后分离

C. 加有机溶剂萃取除去　　　　D. 加较多的水稀释

61. 重铬酸钾法测铁实验中，用 $HgCl_2$ 除去过量的 $SnCl_2$，生成的 Hg_2Cl_2 沉淀应是（　　　　）

A. 黑色沉淀　　　B. 灰色沉淀　　　C. 絮状沉淀　　　D. 白色丝状沉淀

62. 重铬酸钾法测铁中，过去常用 $HgCl_2$ 除去过量 $SnCl_2$，主要缺点是（　　　　）。

A. 终点不明显　　　B. 不易测准　　　C. $HgCl_2$ 有毒　　　D. 反应条件不好掌握

63*. 重铬酸钾测铁，现已采用 $SnCl_2$-$TiCl_3$ 还原 Fe^{3+} 为 Fe^{2+}，稍过量 $TiCl_3$ 用下列方法指示（　　　　）。

A. Ti^{3+} 的紫色　　　　　　　　B. Fe^{3+} 的黄色

C. Na_2WO_4 还原为钨蓝　　　　D. 四价钛的沉淀

64*. 用 $K_2Cr_2O_7$ 滴定的 Fe^{2+} 溶液中，若含有少量 Ti^{3+}，消除干扰的方法是（　　　　）。

A. 加入 H_2O_2，与钛形成配合物掩蔽

B. 加入 $NaOH$ 使 Ti^{3+} 生成沉淀而分离

C. 以 Na_2WO_4 为指示剂，用 $K_2Cr_2O_7$ 滴定至无色

D. 用 $KMnO_4$ 滴定至粉红色

65. 在用 $K_2Cr_2O_7$ 标定 $Na_2S_2O_3$ 时，由于 KI 与 $K_2Cr_2O_7$ 反应较慢，为了使反应能进

行完全，下列哪种措施是不正确的？（　　　　）

 A. 增加 KI 的量   B. 适当增加酸度

 C. 使反应在较浓溶液中进行   D. 加热

66. 碘量法测定铜含量时，为消除 Fe^{3+} 的干扰，可加入（　　　　）。

 A. $(NH_4)_2C_2O_4$ B. NH_2OH C. NH_4HF_2 D. NH_4Cl

67. 用碘量法测定铜时，加入 NH_4HF_2 的主要作用是（　　　　）。

 A. 使滴定终点容易观察   B. 控制溶液酸度

 C. 掩蔽 Fe^{3+}，消除干扰   D. 减少沉淀对 I_3^- 的吸附

68. 用碘量法测定二价铜盐时，加 KSCN 的作用是（　　　　）。

 A. 消除 Fe^{3+} 的干扰   B. 催化剂   C. 缓冲剂   D. 使 CuI_2 转化为 $CuSCN$

69. 碘量法测定铜的含量，用 HNO_3 溶样时产生的 NO_2，对 I^- 有氧化作用，为了除去 NO_2^- 可加入（　　　　）。

 A. 亚铁盐   B. 尿素   C. H_2O_2 D. $KMnO_4$

70*. 为了使 $Na_2S_2O_3$ 标准溶液稳定，正确的配制方法是（　　　　）。

 A. 将 $Na_2S_2O_3$ 溶液煮沸 1h，过滤，冷却后再标定

 B. 将 $Na_2S_2O_3$ 溶液煮沸 1h，放置 7 天，过滤后再标定

 C. 用煮沸冷却后的纯水配制 $Na_2S_2O_3$ 溶液后，即可标定

 D. 用煮沸冷却后的纯水配制，且加入少量 Na_2CO_3，放置 7 天后再标定

71. 滴定碘量法中 $Na_2S_2O_3$ 与 I_2 之间反应必须在中性或弱酸性条件下进行，其原因是（　　　　）。

 A. 强酸性溶液中不但 $Na_2S_2O_3$ 会分解，而且 I_2 也容易被空气中的氧所氧化

 B. 强酸性溶液中 I_2 易挥发

 C. 强碱性溶液中吸收 CO_2 引起 $Na_2S_2O_3$ 分解

 D. 强酸性溶液中指示剂变色不明显

（五）沉淀滴定法及重量分析法

1. 在下列杂质离子存在下，以 Ba^{2+} 沉淀 SO_4^{2-} 时，沉淀首先吸附（　　　　）。

 A. Fe^{3+} B. Cl^- C. Ba^{2+} D. NO_3^-

2. 采用莫尔法测定 Cl^- 时，滴定条件是（　　　　）。

 A. $pH=2.0\sim4.0$ B. $pH=6.5\sim10.5$

 C. $pH=4.0\sim6.5$ D. $pH=10.0\sim12.0$

3. 用莫尔法测定纯碱中的氯化钠，应选择的指示剂是（　　　　）。

 A. $K_2Cr_2O_7$ B. K_2CrO_4 C. KNO_3 D. $KClO_3$

4. 用沉淀称量法测定硫酸根含量时，如果称量式是 $BaSO_4$，换算因数是（　　　　）。

 [已知 $M(SO_4^{2-})=96.06g/mol$；$M(BaSO_4)=233.39g/mol$]

 A. 0.1710   B. 0.4116   C. 0.5220   D. 0.6201

5. 采用福尔哈德法测定水中 Ag^+ 含量时，终点颜色为（　　　　）。

 A. 红色   B. 纯蓝色   C. 黄绿色   D. 蓝紫色

6. 以铁铵矾为指示剂，用硫氰酸铵标准溶液滴定银离子时，应在下列何种条件下进行？（　　　　）

A. 酸性　　　　　　B. 弱酸性　　　　　　C. 碱性　　　　　　D. 弱碱性

7. 称量分析中以 Fe_2O_3 为称量式测定 FeO，换算因数正确的是（　　　　　）。

A. $F = \dfrac{2M(FeO)}{M(Fe_2O_3)}$　　　　　　　　　B. $F = \dfrac{M(FeO)}{M(Fe_2O_3)}$

C. $F = \dfrac{2M(FeO)}{3M(Fe_2O_3)}$　　　　　　　　　D. $F = \dfrac{M(Fe)}{M(Fe_2O_3)}$

8. 以 SO_4^{2-} 沉淀 Ba^{2+} 时，加入适量过量的 SO_4^{2-} 可以使 Ba^{2+} 沉淀更完全。这是利用（　　　　　）。

A. 同离子效应　　　　B. 酸效应　　　　　　C. 配位效应　　　　　　D. 异离子效应

9. 下列叙述中，哪一种情况适于沉淀 $BaSO_4$？（　　　　　）

A. 在较浓的溶液中进行沉淀

B. 在热溶液中及电解质存在的条件下沉淀

C. 进行陈化

D. 趁热过滤、洗涤，不必陈化

10. 下列各条件中何者违反了非晶形沉淀的沉淀条件？（　　　　　）

A. 沉淀反应易在较浓溶液中进行　　　　　　B. 应在不断搅拌下迅速加沉淀剂

C. 沉淀反应宜在热溶液中进行　　　　　　　D. 沉淀宜放置过夜，使沉淀陈化

11. 福尔哈德法的指示剂是（　　　　　）。

A. 硫氰酸钾　　　　B. 甲基橙　　　　　C. 铁铵矾　　　　　D. 铬酸钾

12. 有利于减少吸附和吸留的杂质，使晶形沉淀更纯净的沉淀条件是（　　　　　）。

A. 沉淀时温度应稍高　　　　　　　　　B. 沉淀时在较浓的溶液中进行

C. 沉淀时加入适量电解质　　　　　　　D. 沉淀完全后进行一定时间的陈化

13. 基准物质 $NaCl$ 在使用前应先（　　　　　），再放在干燥器中冷却至室温。

A. 在 $140 \sim 150\,^{\circ}C$ 烘干至恒重　　　　　B. 在 $270 \sim 300\,^{\circ}C$ 灼烧至恒重

C. 在 $105 \sim 110\,^{\circ}C$ 烘干至恒重　　　　　D. 在 $500 \sim 600\,^{\circ}C$ 灼烧至恒重

14. 需要烘干的沉淀应采用（　　　　　）过滤。

A. 定性滤纸　　　B. 定量滤纸　　　　C. 玻璃砂芯漏斗　　　D. 分液漏斗

15*. 用福尔哈德法测定 Cl^- 时，如果不加硝基苯（或邻苯二甲酸二丁酯），会使分析结果（　　　　　）。

A. 偏高　　　　　B. 偏低　　　　　　C. 无影响　　　　　D. 可能偏高也可能偏低

16*. 用氯化钠基准试剂标定 $AgNO_3$ 溶液浓度时，溶液酸度过大，会使标定结果（　　　　　）。

A. 偏高　　　　　B. 偏低　　　　　　C. 不影响　　　　　D. 难以确定其影响

17*. 过滤 $BaSO_4$ 沉淀应选用（　　　　　）。

A. 快速滤纸　　　B. 中速滤纸　　　　C. 慢速滤纸　　　　D. 4#玻璃砂芯坩埚

18*. 过滤大颗粒晶体沉淀应选用（　　　　　）。

A. 快速滤纸　　　B. 中速滤纸　　　　C. 慢速滤纸　　　　D. 4#玻璃砂芯坩埚

19*. 下列测定过程中，必须用力振荡锥形瓶的测定过程是（　　　　　）。

A. 莫尔法测定水中氯　　　　　　　　　B. 间接碘量法测定 Cu^{2+} 浓度

C. 酸碱滴定法测定工业硫酸浓度　　　　D. 福尔哈德法测定氯

20*. 下列说法正确的是（　　　　　）。

A. 摩尔法能测定 Cl^-、I^-、Ag^+

B. 福尔哈德法能测定的离子有 Cl^-、Br^-、I^-、SCN^-、Ag^+

C. 福尔哈德法只能测定的离子有 Cl^-、Br^-、I^-、SCN^-

D. 沉淀滴定中吸附指示剂的选择，要求沉淀胶体微粒对指示剂的吸附能力应略大于对待测离子的吸附能力

21*. 当溶液中杂质离子与构晶离子半径相近，晶体结构相同时，会形成（　　　　　）。

A. 后沉淀　　　　B. 机械吸留　　　　C. 包藏　　　　D. 混晶

22*. $AgNO_3$ 与 $NaCl$ 反应，在等量点时 Ag^+ 的浓度为（　　　　　）。[已知 $K_{sp}(AgCl)=1.810^{-10}$]

A. 2.0×10^{-5}　　B. 1.34×10^{-5}　　C. 2.0×10^{-6}　　D. 1.34×10^{-6}

23. 使用滴定分析法测定农药中氯的含量时，合适的标准滴定溶液是（　　　　　）。

A. NH_4SCN 标准溶液　　　　　　　　B. EDTA 标准溶液

C. HCl 标准溶液　　　　　　　　　　D. 碘标准溶液

24*. 在含有下列（　　　　　）离子的溶液中，以 $BaSO_4$ 沉淀更加彻底。

A. Fe^{3+}　　　　B. Cl^-　　　　C. Ba^{2+}　　　　D. NO_3^-

25*. 在 $[Cl^-]=0.1mol/L$ 的 $AgCl$ 饱和溶液中，Ag^+ 的浓度为（　　　　　）。[已知 $K_{sp}(AgCl)=1.810^{-10}$]

A. 2.0×10^{-5}　　B. 1.8×10^{-9}　　C. 2.0×10^{-6}　　D. 1.8×10^{-10}

26**. 某溶液中 $[Ag^+]=0.01mol/L$，则其中 CrO_4^{2-} 的浓度最大为（　　　　　）。[已知 $K_{sp}(Ag_2CrO_4)=2.0\times10^{-12}$]

A. 2.0×10^{-8}　　B. 1.44×10^{-6}　　C. 2.0×10^{-10}　　D. 1.44×10^{-10}

27*. 往 $AgCl$ 沉淀中加入浓氨水，沉淀消失，这是因为（　　　　　）。

A. 盐效应　　　　B. 同离子效应　　　　C. 酸效应　　　　D. 配位效应

28*. 利用莫尔法测定 Cl^- 含量时，要求介质的 pH 在 6.5～10.5 之间，若酸度过高，则（　　　　　）。

A. $AgCl$ 沉淀不完全　　　　　　　　B. $AgCl$ 沉淀吸附 Cl^- 能力增强

C. Ag_2CrO_4 沉淀不易形成　　　　　　D. 形成 Ag_2O 沉淀

29. 法扬斯法采用的指示剂是（　　　　　）。

A. 铬酸钾　　　　B. 铁铵矾　　　　C. 吸附指示剂　　　　D. 自身指示剂

30**. 福尔哈德法返滴定测 I^- 时，指示剂必须在加入 $AgNO_3$ 溶液后才能加入，这是因为（　　　　　）。

A. AgI 对指示剂的吸附性强　　　　　　B. AgI 对 I^- 的吸附性强

C. Fe^{3+} 能将 I^- 氧化成 I_2　　　　　　D. 终点提前出现

31*. 下列关于吸附指示剂说法错误的是（　　　　　）。

A. 吸附指示剂是一种有机染料

B. 吸附指示剂能用于沉淀滴定法中的法扬斯法

C. 吸附指示剂指示终点是由于指示剂结构发生了改变

D. 吸附指示剂本身不具有颜色

32. 在重量分析中能使沉淀溶解度减小的因素是（　　　　　）。

A. 酸效应　　　　　　B. 盐效应　　　　　C. 同离子效应　　　D. 生成配合物

33＊＊. 沉淀掩蔽剂与干扰离子生成的沉淀的（　　　）要小，否则掩蔽效果不好。

A. 稳定性　　　　　　B. 还原性　　　　　C. 浓度　　　　　　D. 溶解度

34＊. 沉淀滴定中的莫尔法指的是（　　　）。

A. 以铬酸钾作指示剂的银量法

B. 以 $AgNO_3$ 为指示剂，用 K_2CrO_4 标准溶液，滴定试液中 Ba^{2+} 的分析方法

C. 用吸附指示剂指示滴定终点的银量法

D. 以铁铵矾作指示剂的银量法

35＊. 沉淀称量分析中，依据沉淀性质，由（　　　）计算试样的称样量。

A. 沉淀的质量　　　　　　　　　　　B. 沉淀的重量

C. 沉淀灼烧（或烘干）后的质量　　　D. 沉淀剂的用量

36. 称取硅酸盐试样 1.0000g，在 105℃下干燥至恒重，又称其质量为 0.9793g，则该硅酸盐中湿存水分质量分数为（　　　）。

A. 97.93％　　　　　B. 96.07％　　　　C. 3.93％　　　　D. 2.07％

37＊＊. 若沉淀中杂质含量太高，则应采用（　　　）措施使沉淀纯净。

A. 再沉淀　　　　　　　　　　　　　B. 提高沉淀体系温度

C. 增加陈化时间　　　　　　　　　　D. 减小沉淀的比表面积

38. 当被加热的物体要求受热均匀而温度不超过 100℃ 时，可选用的加热方法是（　　　）。

A. 恒温干燥箱　　　　B. 电炉　　　　　C. 煤气灯　　　　　D. 水浴锅

（六）定量化学分析中常用的分离和富集方法

1. 弱酸型离子交换树脂对（　　　）亲和力最强。

A. Na^+　　　　　　B. Fe^{3+}　　　　C. Ce^{4+}　　　　D. H^+

2. 纸色谱法的固定相是（　　　）。

A. 层析纸上游离的水　　　　　　　　B. 层析纸上的纤维素

C. 层析纸上纤维素键合的水　　　　　D. 层析纸上吸附的吸附剂

3. 对于含量在 1％ 以上的组分，回收率应在（　　　）。

A. 90％以上　　　　B. 95％以上　　　C. 99％以上　　　D. 99.9％以上

4. 对于微量组分，回收率为（　　　）。

A. 90％～95％即可　B. 50％～60％即可　C. 99％　　　D. 80％～85％

5＊. 氨水沉淀分解法中常加入 NH_4Cl 等铵盐，控制溶液的 pH，使之成为（　　　）。

A. 7.1～8.2　　　　B. 5.0～6.0　　　　C. 8.4～10.4　　　D. 12～14

6＊. 氨水沉淀分解法中常加入 NH_4Cl 等铵盐，以防止形成下列哪种氢氧化物沉淀（　　　）。

A. $Fe(OH)_3$　　　　B. $Al(OH)_3$　　　C. $Ba(OH)_2$　　　D. $Mg(OH)_2$

7＊＊. 用氨水法（$NH_3＋NH_4Cl$）分离 Fe^{3+}、Al^{3+}、Ca^{2+}、Mg^{2+}、Cu^{2+}、Zn^{2+} 时，（　　　）。

A. Fe^{3+}、Al^{3+}、Mg^{2+} 被沉淀，而 Cu^{2+}、Zn^{2+}、Ca^{2+} 存在于溶液中

B. Fe^{3+}、Al^{3+} 被定量沉淀，其余四种离子留在溶液中

C. 六种离子均被沉淀

D. 由于 Al^{3+} 具有两性，故只有 $Fe(OH)_3$ 沉淀生成

8*. 液-液萃取分离法，其萃取过程的实质是（　　　）。

　　A. 将物质由疏水性转变为亲水性

　　B. 将物质由亲水性转变为疏水性

　　C. 将水合离子转化为配合物

　　D. 将水合离子转化为溶于有机试剂的沉淀

9. 在萃取分离中，达到平衡状态时，被萃取物质在有机相和水相中都具有一定的浓度，它们的浓度之比为（　　　）。

　　A. 稳定常数　　　　B. 物质的量　　　　　　C. 配合比　　　　　D. 分配系数

10*. 某溶液含 Fe^{3+} 10mg，将它萃取入某有机溶剂中，分配比 $D=99$。用等体积萃取一次，还剩余 Fe^{3+} 的质量 m 为（　　　），萃取百分率 E 为（　　　）。

　　A. $m=0.1mg$，$E=99\%$　　　　　　　　B. $m=0.2mg$，$E=90\%$

　　C. $m=0.01mg$，$E=99.9\%$　　　　　　D. $m=0.03mg$，$E=95\%$

11. 雾属于分散体系，其分散介质是（　　　）。

　　A. 固体　　　　　B. 气体　　　　　　C. 液体　　　　　　D. 气体或固体

12*. 用 30mL CCl_4 萃取等体积水溶液中的 I_2（分配比为8.5），下列何种萃取方法最为合理？（　　　）。

　　A. 30mL，1次　　B. 10mL，3次　　　C. 5mL，6次　　　D. 2mL，15次

13. 气体或溶液中的某组分在固体或溶液表面层的浓度与它在气体或溶液内层的浓度不同的现象称为（　　　）。

　　A. 解吸作用　　　B. 吸附作用　　　　C. 交换作用　　　D. 扩散作用

14*. 具有下列活性基团的树脂，何种为强酸性阳离子交换树脂？（　　　）

　　A. R—OH　　　B. $R—SO_3^-H^+$　　C. R—COOH　　　D. $R—NH_3^+OH^-$

15*. 具有下列活性基团的树脂，何种为弱酸性阳离子交换树脂？（　　　）

　　A. R—OH　　　B. $R—SO_3^-H^+$　　C. R—COOH　　　D. $R—NH_3^+OH^-$

16. 离子交换的亲和力是指（　　　）。

　　A. 离子在交换树脂上的吸附力　　　　　B. 离子在交换树脂上的交换能力

　　C. 离子在交换树脂上的吸引力　　　　　D. 交换树脂对离子的选择性吸收

17*. 在通常情况下，对于四组分系统，平衡时所具有的最大自由度数为（　　　）。

　　A. 3　　　　　　B. 4　　　　　　　　C. 5　　　　　　　　D. 6

18*. 将含有 K^+、Rb^+、Cs^+ 等离子的混合液通过强酸性阳离子交换树脂后，用稀 HCl 洗脱，它们流出交换柱的顺序是（　　　）。

　　A. Cs^+、Rb^+、K^+　　　　　　　　　B. Rb^+、Cs^+、K^+

　　C. K^+、Rb^+、Cs^+　　　　　　　　　D. K^+、Cs^+、Rb^+

19. 分散相和分散介质都是液体的是（　　　）。

　　A. 原油　　　　　B. 油漆　　　　　　C. 烟　　　　　　　D. 雾

20*. 提纯固体有机化合物适宜的方法是（　　　）。

　　A. 溶解后蒸馏分离　　　　　　　　　　B. 溶解后萃取分离

　　C. 溶解后重结晶分离　　　　　　　　　D. 溶解后洗涤分离

21*. Ca^{2+}、Fe^{3+}、Li^+、K^+ 等与阳离子交换树脂进行交换，其交换亲和力从大到小的

顺序是（　　　　）。

    A. $Fe^{3+}>Ca^{2+}>K^+>Li^+$　　　　　　　　B. $Fe^{3+}>Ca^{2+}>K^+=Li^+$

    C. $Fe^{3+}>Ca^{2+}>Li^+>K^+$　　　　　　　　D. $Li^+>K^+>Ca^{2+}>Fe^{3+}$

22 * * . 称取 1g 干燥的离子交换树脂，置于锥形瓶中，加入 100.0mL 0.1000mol/L NaOH 溶液，振荡后，放置过夜。吸取上层清液 25.00mL，以酚酞为指示剂，用 0.1000mol/L HCl 溶液滴定至终点，耗去 15.00mL HCl 溶液，该树脂对 OH^- 的交换容量（mmol/g）为（　　　　）。

    A. 1　　　　　　　B. 4　　　　　　　C. 8.5　　　　　　　D. 0.04

23. 相对比移值 R_f 是（　　　　）。

    A. 离子交换法分离有关组分的根据　　　　B. 发射光谱法定性鉴定某组分的依据

    C. 薄层色谱法定性鉴定某组分的依据　　　　D. 溶剂萃取法中的百分系数

24 * * . 用纸色谱法分离 Fe^{3+}、Cu^{2+}、Co^{2+} 时，以丙酮-正丁醇-浓盐酸为展开溶剂，溶剂渗透至前沿，离开原点的距离为 13.0cm，其中 Co^{2+} 的斑点中心离开原点的距离为 5.2cm，则 Co^{2+} 的比移值 R_f 为（　　　　）。

    A. 0.63　　　　　　B. 0.54　　　　　　C. 0.4　　　　　　D. 0.40

25 * . 气体吸收法测定 CO_2、O_2、CO 含量时，吸收顺序为（　　　　）。

    A. CO、CO_2、O_2　　　　　　　　　B. CO_2、O_2、CO

    C. CO_2、CO、O_2　　　　　　　　　D. CO、O_2、CO_2

26. 通常用（　　　　）来进行溶液中物质的萃取。

    A. 离子交换柱　　　　B. 分液漏斗　　　　C. 滴定管　　　　D. 柱中色谱

27 * * . 某萃取体系的萃取百分率为 98%，$V_有=V_水$，则分配系数为（　　　　）。

    A. 98　　　　　　　B. 94　　　　　　　C. 49　　　　　　　D. 24.5

28 * . 向含有 Ag^+、Hg_2^{2+}、Al^{3+}、Cd^{2+}、Sr^{2+} 的混合液中滴加稀盐酸，将有（　　　　）离子生成沉淀。

    A. Ag^+、Hg_2^{2+}　　　B. Ag^+、Cd^{2+} 和 Sr^{2+}　　　C. Al^{3+}、Sr^{2+}　　　D. 只有 Ag^+

29 * * . 某氢氧化物沉淀，既能溶于过量的氨水，又能溶于过量的 NaOH 溶液的离子是（　　　　）。

    A. Sn^{4+}　　　　　　B. Pb^{2+}　　　　　　C. Zn^{2+}　　　　　　D. Al^{3+}

30. 在相同温度及压力下，把一定体积的水分散成许多小水滴，经这一变化过程，以下性质保持不变的是（　　　　）。

    A. 总表面能　　　B. 比表面　　　C. 液面下的附加压力　　　D. 表面张力

31. 水平液面的附加压力为零，这是因为（　　　　）。

    A. 表面张力为零　　　　　　　　　　　B. 曲率半径为零

    C. 表面积太小　　　　　　　　　　　D. 曲率半径无限大

32 * . 对于弯曲液面产生的附加压力 Δp 一定（　　　　）。

    A. 大于零　　　　　　B. 等于零　　　　　　C. 小于零　　　　　　D. 不等于零

33 * . 当物质在水相和有机相中的溶解达到平衡时，有关系（　　　　）。

    A. $D=c_{A,有}/c_{A,水}$　　　　　　　　B. $K_D=[A]_有/[A]_水$

    C. $K_D=[A]_水/[A]_有$　　　　　　　　D. $D=K_D$

三、仪器分析

（一）紫外-可见分光光度法

1. 一束（　　　　）通过有色溶液时，溶液的吸光度与溶液浓度和液层厚度的乘积成正比。

A. 平行可见光　　　　B. 平行单色光　　　　C. 白光　　　　D. 紫外光

2. 在目视比色法中，常用的标准系列法是比较（　　　　）。

A. 入射光的强度　　　　　　　　　　B. 透过溶液后的强度

C. 透过溶液后的吸收光的强度　　　　D. 一定厚度溶液的颜色深浅

3. （　　　　）互为补色。

A. 黄与蓝　　　　B. 红与绿　　　　C. 橙与青　　　　D. 紫与青蓝

4. 硫酸铜溶液呈蓝色是由于它吸收了白光中的（　　　　）。

A. 红色光　　　　B. 橙色光　　　　C. 黄色光　　　　D. 蓝色光

5. 某溶液的吸光度 $A=0.500$，其百分透光度为（　　　　）。

A. 69.4　　　　B. 50.0　　　　C. 31.6　　　　D. 15.8

6. 摩尔吸光系数很大，则说明（　　　　）。

A. 该物质的浓度很大　　　　　　B. 光通过该物质溶液的光程长

C. 该物质对某波长光的吸收能力强　　　D. 测定该物质的方法的灵敏度低

7. 符合比耳定律的有色溶液稀释时，其最大的吸收峰的波长位置（　　　　）。

A. 向长波方向移动　　　　　　B. 向短波方向移动

C. 不移动，但峰高降低　　　　D. 无任何变化

8. 下述操作中正确的是（　　　　）。

A. 吸收池外壁挂水珠　　　　　　B. 手捏吸收池的光学面

C. 手捏吸收池的毛面　　　　　　D. 用报纸去擦吸收池外壁的水

9. 某有色溶液在某一波长下用 2cm 吸收池测得其吸光度为 0.750，若改用 0.5cm 和 3cm 的吸收池，则吸光度各为（　　　　）。

A. 0.188 和 1.125　　　　　　B. 0.108 和 1.105

C. 0.088 和 1.025　　　　　　D. 0.180 和 1.120

10. 用邻菲咯啉法测定锅炉水中的铁，pH 需控制在 4～6 之间，通常选择（　　　　）缓冲溶液较合适。

A. 邻苯二甲酸氢钾　　　　　　B. NH_3-NH_4Cl

C. $NaHCO_3$-Na_2CO_3　　　　D. HAc-NaAc

11. 紫外-可见分光光度法的适合检测波长范围是（　　　　）。

A. 400～760nm　　B. 200～400nm　　C. 200～760nm　　D. 200～1000nm

12. 邻二氮菲分光光度法测水中微量铁的试样中，参比溶液是采用（　　　　）。

A. 溶液参比　　　　B. 空白溶液　　　　C. 样品参比　　　　D. 褪色参比

13. 721 型分光光度计适用于（　　　　）。

A. 可见光区　　　　B. 紫外光区　　　　C. 红外光区　　　　D. 都适用

14. 在光学分析法中，采用钨灯作光源的是（　　　　）。

A. 原子光谱　　　　B. 紫外光谱　　　　C. 可见光谱　　　　D. 红外光谱

15. 分光光度分析中一组合格的吸收池透射比之差应该小于（　　　）。

　A. 1%　　　　　　　B. 2%　　　　　　　C. 0.1%　　　　　　　D. 0.5%

16. 721 型分光光度计底部干燥筒内的干燥剂要（　　　）。

　A. 定期更换　　　B. 使用时更换　　　C. 保持潮湿　　　　D. 没有具体要求

17. 人眼能感觉到的光称为可见光，其波长范围是（　　　）。

　A. 400～760nm　　B. 400～760nm　　C. 200～600nm　　D. 200～760nm

18. 721 型分光光度计不能测定（　　　）。

　A. 单组分溶液　　　　　　　　　　　B. 多组分溶液

　C. 吸收光波长大于 800nm 的溶液　　D. 较浓的溶液

19. 某化合物在乙醇中的 $\lambda_{max}=240nm$，$\varepsilon_{max}=13000L/(mol \cdot cm)$，则该 UV 吸收谱带的跃迁类型是（　　　）。

　A. $n \rightarrow \sigma^*$　　　B. $n \rightarrow \pi^*$　　　C. $\pi \rightarrow \pi^*$　　　D. $\sigma \rightarrow \sigma^*$

20. 摩尔吸光系数的单位为（　　　）。

　A. $mol \cdot cm/L$　　B. $L/(mol \cdot cm)$　　C. $mol/(L \cdot cm)$　　D. $cm/(mol \cdot L)$

21. 当未知样中含 Fe 量约为 $10\mu g/L$ 时，采用直接比较法定量时，标准溶液的浓度应为（　　　）。

　A. $20\mu g/L$　　　B. $15\mu g/L$　　　C. $11\mu g/L$　　　D. $5\mu g/L$

22*. 有甲、乙两个不同浓度的同一有色物质的溶液，用同一厚度的吸收池，在同一波长下测得的吸光度为：$A_{甲}=0.20$；$A_{乙}=0.30$。若甲的浓度为 $4.0 \times 10^{-4}\ mol/L$，则乙的浓度为（　　　）。

　A. $8.0 \times 10^{-4}\ mol/L$　　　　　　B. $6.0 \times 10^{-4}\ mol/L$

　C. $1.0 \times 10^{-4}\ mol/L$　　　　　　D. $2.0 \times 10^{-4}\ mol/L$

23*. 有两种不同有色溶液均符合朗伯-比耳定律，测定时若吸收池厚度、入射光强度及溶液浓度皆相等，以下说法正确的是（　　　）

　A. 透过光强度相等　　B. 吸光度相等　　C. 吸光系数相等　　D. 以上说法都不对

24*. 在分光光度测定中，如试样溶液有色，显色剂本身无色，溶液中除被测离子外，其他共存离子与显色剂不生色，此时应选（　　　）为参比。

　A. 溶剂空白　　　B. 试液空白　　　C. 试剂空白　　　D. 褪色参比

25*. 下列说法正确的是（　　　）。

　A. 透射比与浓度成直线关系　　　　　　B. 摩尔吸光系数随波长而改变

　C. 摩尔吸光系数随被测溶液的浓度而改变　　D. 光学玻璃吸收池适用于紫外光区

26*. 如果显色剂或其他试剂在测定波长有吸收，此时的参比溶液应采用（　　　）。

　A. 溶剂参比　　　B. 试剂参比　　　C. 试液参比　　　D. 褪色参比

27*. 下列化合物中，吸收波长最长的化合物是（　　　）。

　A. $CH_3(CH_2)_6CH_3$　　　　　　　　B. $(CH_3)_2C{=}CHCH_2CH{=}C(CH_3)_2$

　C. $CH_2{=}CHCH{=}CHCH_3$　　　　　D. $CH_2{=}CHCH{=}CHCH{=}CHCH_3$

28*. 有 A、B 两份不同浓度的有色物质溶液，A 溶液用 1.00cm 吸收池，B 溶液用 2.00cm 吸收池，在同一波长下测得的吸光度的值相等，则它们的浓度关系为（　　　）。

　A. A 是 B 的 1/2　　B. A 等于 B　　C. B 是 A 的 4 倍　　D. B 是 A 的 1/2

29*. 在示差光度法中，需要配制一个标准溶液作参比，用来（　　　）。

A. 扣除空白吸光度   B. 校正仪器的漂移   C. 扩展标尺   D. 扣除背景吸收

30*. 控制适当的吸光度范围的途径不可以是（   ）。

A. 调整称样量   B. 控制溶液的浓度   C. 改变光源   D. 改变定容体积

31*. 双光束分光光度计与单光束分光光度计相比，其突出优点是（   ）。

A. 可以扩大波长的应用范围   B. 可以采用快速响应的检测系统

C. 可以抵消吸收池所带来的误差   D. 可以抵消因光源的变化而产生的误差

32*. 某化合物在正己烷和乙醇中分别测得最大吸收波长为 $\lambda_{max}=317nm$ 和 $\lambda_{max}=305nm$，该吸收的跃迁类型为（   ）。

A. $\sigma \rightarrow \sigma^*$ B. $n \rightarrow \sigma^*$ C. $\pi \rightarrow \pi^*$ D. $n \rightarrow \pi^*$

33*. 用分光光度法测定样品中两组分含量时，若两组分吸收曲线重叠，其定量方法是根据（   ）建立的多组分光谱分析数学模型。

A. 朗伯定律   B. 朗伯定律和加和性原理

C. 比尔定律   D. 比尔定律和加和性原理

34*. 用硫氰酸盐作显色剂测定 Co^{2+} 时，Fe^{3+} 有干扰，可用（   ）作为掩蔽剂。

A. 氟化物   B. 氯化物   C. 氢氧化物   D. 硫化物

35*. 在分光光度法分析中，使用（   ）可以消除试剂的影响。

A. 用蒸馏水   B. 待测标准溶液   C. 试剂空白溶液   D. 任何溶液

36*. 吸光度为（   ）时，测量的浓度相对误差较小。

A. 吸光度越大   B. 吸光度越小   C. 0.2～0.7   D. 任意

37**. 下列为试液中两种组分对光的吸收曲线图，比色分光测定不存在互相干扰的是（   ）。

38*. 分光光度计测定中，工作曲线弯曲的主要原因可能是（   ）。

A. 溶液浓度太大   B. 溶液浓度太稀   C. 参比溶液有问题   D. 仪器有故障

39. 某溶液的吸光度 $A=0$，这时溶液的透射比（   ）。

A. $T=0$ B. $T=10\%$ C. $T=90\%$ D. $T=100\%$

40. 7230 型分光光度计适用于（   ）。

A. 可见光区   B. 紫外光区   C. 红外光区   D. 都适用

41**. 分光光度法中，影响显色反应最重要的因素是（   ）。

A. 显色温度   B. 显色时间   C. 显色剂用量   D. 溶液的酸度

42. 某溶液本身的颜色是红色，它吸收的颜色是（   ）。

A. 黄色   B. 绿色   C. 青色   D. 紫色

43*. 钨灯的可使用范围是（   ）nm。

A. 220～800   B. 380～760   C. 320～2500   D. 190～2500

44**. 有色溶液的摩尔吸光系数越大，则测定时的（   ）越高。

A. 灵敏度   B. 准确度   C. 精密度   D. 对比度

45＊＊. 下列诸因素中, 导致光的吸收定律偏离的是 (   )。

    A. 单色光　　　　　　　B. 透明溶液　　　　C. 浑浊溶液　　　D. 均匀稀溶液

46＊＊. 分光光度法分析中, 如果显色剂无色, 而被测试液中含有其他有色离子, 选择 (   ) 作为参比液可消除影响。

    A. 蒸馏水　　　　　　　　　　　　　　　B. 不加显色剂的待测液

    C. 掩蔽掉被测离子并加入显色剂的溶液　　　D. 掩蔽掉被测离子的待测液

47＊＊. 比色分析一般用于稀溶液, 当被测物质的浓度较高时, 采用 (   ) 能较正确地进行测定。

    A. 紫外分光光度法　　　　　　　　　　　B. 可见分光光度法

    C. 示差分光光度法　　　　　　　　　　　D. 双波长分光光度法

48＊. 有色溶液的浓度增加一倍时, 其最大吸收峰的波长 (   )。

    A. 增加一倍　　　　B. 减少一倍　　　　C. 不一定　　　D. 不变

49＊. 在 300nm 波长进行分光光度测定时, 应选用 (   ) 吸收池。

    A. 硬质玻璃　　　　B. 软质玻璃　　　　C. 石英　　　D. 透明塑料

50＊. 符合比尔定律的某溶液的吸光度为 A_0, 若将该溶液的浓度增加一倍, 则其吸光度等于 (   )。

    A. $2A_0$　　　　B. $2\lg A_0$　　　　C. $\dfrac{\lg A_0}{2}$　　　D. $\dfrac{A_0}{\lg 2}$

51＊＊. 某有色配合物溶液, 其吸光度为 A_1, 经第一次稀释后测得吸光度为 A_2, 再次稀释后测得吸光度为 A_3, 且 $A_1 - A_2 = 0.500$, $A_2 - A_3 = 0.250$, 则其透射比 $\tau_3 : \tau_2 : \tau_1$ 为 (   )。

    A. 5.62 : 3.16 : 1.78　　　　　　　　B. 5.62 : 3.16 : 1

    C. 1 : 3.16 : 5.62　　　　　　　　　D. 1.78 : 3.16 : 5.62

52＊. 在一定波长处, 用 2.0cm 吸收池测得某试液的透射百分比为 62％, 若改用 3.0cm 吸收池, 该试液的吸光度 A 应为 (   )。

    A. 0.032　　　　B. 0.38　　　　C. 0.31　　　D. 0.14

53＊. 对于两种有色络合物 M 和 N, 已知其透射比关系为 $\lg \tau_N - \lg \tau_M = 1$, 则其吸光度的关系为 (   )。

    A. $A_N - A_M = 1$　　B. $A_N - A_M = 2$　　C. $A_N - A_M = -2$　　D. $A_N - A_M = -1$

54＊. 某化合物浓度为 1 时, 在波长 λ_1 处, 用厚度为 1cm 的吸收池测量, 求得摩尔吸光系数为 ε_1; 在浓度为 3 时, 在波长 λ_1 处, 用厚度为 1cm 的吸收池测量, 求得摩尔吸光系数为 ε_2。则 ε_1 与 ε_2 之间的关系是 (   )。

    A. $\varepsilon_1 = \varepsilon_2$　　　　B. $\varepsilon_2 = 3\varepsilon_1$　　　　C. $\varepsilon_1 = 3\varepsilon_2$　　　D. $\varepsilon_2 > \varepsilon_1$

55＊. 在分光光度分析测定中, 被测物质测定相对误差的大小 (   )。

    A. 与透射比 τ 成反比　　　　B. 与透射比的绝对误差 ($\Delta\tau$) 成反比

    C. 与透射比 τ 成正比　　　　D. 只有当透射比在适当的范围之内才有较小的值

56＊. 在下面的显色反应 $M^{n+} + m HR \longrightarrow (MR_m)^{(m-n)-} + m H^+$ 中, 说法正确的是 (   )。

    A. 增加显色剂浓度, 摩尔吸光系数增大

    B. 减少 M^{n+} 的浓度, 摩尔吸光系数变小

C. 增加溶液酸度，透射百分比增大

D. 降低溶液酸度，摩尔吸光系数减小

57*. 差示光度法适用于（　　　　）。

A. 低含量组分的测定 　　　　　　　　　B. 高含量组分的测定

C. 干扰严重组分的测定 　　　　　　　　D. 高酸度条件下组分的测定

58**. 测定硫酸锌中微量锰时，在酸性溶液中用 KIO_4 将 Mn^{2+} 氧化成紫红色的 MnO_4^- 后进行光度测定。若采用纯金属锰标准溶液在相同条件下作标准曲线，则标准曲线的参比溶液应为（　　　　）。

A. 含 Zn^{2+} 的试液 　　　　B. 含 Zn^{2+} 的 KIO_4 溶液 　　　　C. 含锰的 KIO_4 溶液

D. 显色后取部分显色液，滴加 $NaNO_2$ 溶液至紫红色褪去后的溶液

59**. 测定铬基合金中的微量镁，常用铬黑 T 为显色剂，EBT 本身呈蓝色，与 Mg^{2+} 配位后，配合物呈酒红色。用分光光度法测定铬基合金中微量镁时宜选用的参比溶液是（　　　　）。

A. 含试液的溶液 　　　　　　　　　　　B. 蒸馏水

C. 含试液-EBT-EDTA 的溶液 　　　　　　D. 含 EDTA 的溶液

（二）原子吸收分光光度法

1. 原子吸收测量的信号是（　　　　）对特征谱线的吸收。

A. 分子 　　　　　　B. 原子 　　　　　　C. 电子 　　　　　　D. 中子

2*. 下列元素适合用富燃火焰测定的是（　　　　）。

A. Na 　　　　　　B. Cu 　　　　　　C. Cr 　　　　　　D. Mg

3. 原子吸收分析中常用（　　　　）配制溶液。

A. 一级水 　　　　　B. 二级水 　　　　　C. 三级水 　　　　　D. 四级水

4*. 用原子吸收分光光度法测定高纯 Zn 中的 Fe 含量时，应当采用（　　　　）的盐酸。

A. 优级纯 　　　　　B. 分析纯 　　　　　C. 工业级 　　　　　D. 化学纯

5. 原子吸收分光光度计的单色器安装位置在（　　　　）。

A. 空心阴极灯之后 　　B. 原子化器之前 　　C. 原子化器之后 　　D. 光电倍增管之后

6*. 氢化物原子化法与冷原子原子化法可分别测定（　　　　）。

A. 碱金属元素与稀土元素 　　　　　　　B. 碱金属元素与碱土金属元素

C. Hg 和 As 　　　　　　　　　　　　　D. As 和 Hg

7. 空心阴极灯的构造是（　　　　）。

A. 阴极为待测元素，阳极为铂丝，内充惰性气体

B. 阴极为待测元素，阳极为钨丝，内充氧气

C. 阳极为待测元素，阴极为钨丝，内抽真空

D. 阴极为待测元素，阳极为钨棒，内充低压惰性气体

8. 原子化器的作用是（　　　　）。

A. 将样品中的待测元素转化为基态原子 　　B. 点火产生高温使元素电离

C. 蒸发掉溶剂，使样品浓缩 　　　　　　D. 发射线光谱

9. 在原子吸收法中，测定元素的灵敏度、准确度及干扰等，在很大程度上取决于（　　　　）。

A. 空心阴极灯 　　　B. 原子化系统 　　　C. 分光系统 　　　D. 检测系统

10. 原子化器内直流发射干扰可采用（　　　　）消除。

A. 加入过量的易电离元素　　　　　　B. 采用高温火焰

C. 对光源进行调制　　　　　　　　　D. 加释放剂

11*. 空心阴极灯中对发射线宽度影响最大的因素是（　　　　）。

A. 阴极材料　　　　B. 灯电流　　　　C. 内充气体　　　　D. 真空度

12. 原子吸收分析中特征浓度的含义是（　　　　）。

A. 工作曲线的斜率　　　　　　　　　B. 工作曲线的截距

C. 1%吸收对应的待测元素的浓度　　　D. 三倍空白标准偏差对应的待测元素的浓度

13. 在原子吸收光谱法测钙时，加入 EDTA 是为了消除（　　　　）物质的干扰。

A. 磷酸　　　　B. 硫酸　　　　C. 镁　　　　D. 钾

14*. 原子吸收光谱测钾时加入铯的作用是（　　　　）。

A. 减小背景　　　B. 克服光谱干扰　　　C. 克服电离干扰　　　D. 提高火焰温度

15*. 下列哪种方法可以消除原子吸收光谱法的物理干扰？（　　　　）

A. 加释放剂　　　B. 扣除背景　　　C. 标准加入法　　　D. 加保护剂

16. 原子吸收分析中光源的作用是（　　　　）。

A. 发射待测元素基态原子所吸收的特征共振辐射

B. 提供试样蒸发和激发所需的能量

C. 产生紫外线

D. 在广泛的光谱区域内发射连续光谱

17. 空心阴极灯的主要操作参数是（　　　　）。

A. 灯电流　　　B. 阴极温度　　　C. 内充气体压力　　　D. 阴极溅射强度

18*. 在火焰原子化过程中，伴随着产生一系列的化学反应，下列哪一个反应是不可能发生的？（　　　　）

A. 解离　　　　B. 化合　　　　C. 还原　　　　D. 聚合

19*. 原子吸收光谱分析，对于易形成难熔氧化物的元素，可选用空气乙炔火焰中的（　　　　）。

A. 化学计量火焰　　　B. 电火花　　　C. 贫燃火焰　　　D. 富燃火焰

20*. 对于碱金属元素的分析，可选择（　　　　）分析。

A. 化学计量火焰　　　B. 笑气乙炔火焰　　　C. 贫燃火焰　　　D. 富燃火焰

21. 现代原子吸收分光光度计分光系统的组成主要是（　　　　）。

A. 棱镜＋凹面镜＋狭缝　　　　　　　B. 光栅＋凹面镜＋狭缝

C. 光栅＋平面反射镜＋狭缝　　　　　D. 光栅＋透镜＋狭缝

22. 原子吸收分光光度计分光系统中的关键部件是（　　　　）。

A. 入射狭缝　　　B. 平面反射镜　　　C. 色散元件　　　D. 出射狭缝

23*. WFX-2 型原子吸收分光光度计，其线色散率的倒数为 2nm/mm，在测定 Na 含量时，若光谱通带为 2nm，则单色器狭缝宽度（μm）为（　　　　）。

A. 0.1　　　　B. 0.15　　　　C. 0.5　　　　D. 1

24. 在原子吸收分光光度计中所用的检测器是（　　　　）。

A. 硒光电池　　　B. 光敏电阻　　　C. 光电管　　　D. 光电倍增管

25. 双光束原子吸收分光光度计与单光束原子吸收分光光度计相比，前者突出的优点是（　　　）。

 A. 可以扩大波长的应用范围   B. 便于采用最大的狭缝宽度

 C. 可以用于快速响应的检测系统   D. 可以抵消因光源的变化而产生的误差

26*. 消除物理干扰常用的方法是（　　　）。

 A. 配制与被测试样相似组成的标准样品   B. 标准加入法或稀释法

 C. 化学分离   D. 使用高温火焰

27*. 下列这些抑制干扰的措施，其中错误的是（　　　）。

 A. 为了克服电离干扰，可加入较大量易电离元素

 B. 加入过量的金属元素，与干扰元素形成更稳定或更难挥发的化合物

 C. 加入某种试剂，使待测元素与干扰元素生成难挥发的化合物

 D. 使用有机络合剂，使与之结合的金属元素能有效地原子化

28**. 以下测定条件的选择，正确的是（　　　）。

 A. 在实际工作中，总是选择元素的共振线作分析线

 B. 在保证稳定和合适光强输出的情况下，尽量选用最低的灯电流

 C. 对碱金属或碱土金属，宜选用乙炔-空气或乙炔-氧化亚氮火焰

 D. 在原子吸收分析中，谱线重叠概率较小，可以使用较宽的狭缝宽度

29. 原子吸收分析参数——光谱带宽涉及调节仪器的哪一部分？（　　　）

 A. 光源   B. 检测器   C. 分光系统   D. 原子化系统

30. 原子吸收的定量方法——标准加入法消除了下列哪种干扰？（　　　）

 A. 分子吸收   B. 背景吸收   C. 光散射   D. 基体效应

31*. 在波长小于 250nm 时，下列哪些无机酸产生很强的分子吸收光谱？（　　　）

 A. HCl   B. HNO_3 C. H_3PO_4 D. 王水

32*. 碱金属及碱土金属的盐类在紫外区都有很强的分子吸收带，可采用下列哪些措施加以消除？（　　　）

 A. 可在试样及标准溶液中加入同样浓度的盐类   B. 进行化学分离

 C. 采用背景校正技术   D. 另选测定波长

33*. 在原子吸收光谱分析中，在分析线附近有待测元素光谱干扰，应如何消除？（　　　）

 A. 减小狭缝   B. 另选波长   C. 用化学法分离   D. 扣除背景

34*. 下列火焰温度最高的火焰是（　　　）。

 A. 乙炔-氧化亚氮火焰   B. 空气-乙炔火焰

 C. 氢气-乙炔火焰   D. 天然气-空气火焰

35*. 下列哪一个不是影响原子吸收谱线变宽的因素？（　　　）

 A. 激发态原子的寿命   B. 压力   C. 温度   D. 原子运动速度

36*. 调节燃烧器高度是为了得到（　　　）。

 A. 吸光度最大   B. 透光度最大   C. 入射光强最大   D. 火焰温度最高

37*. 检出限不但和方法的灵敏度有关，并且与（　　　）有关。

 A. 进样量   B. 样品浓度   C. 工作曲线的线性   D. 噪声

38. 可以消除物理干扰的定量方法为（　　　）。

 A. 标准曲线法   B. 标准加入法   C. 内标法   D. 稀释法

39*. 原子吸收光谱分析法中的物理干扰可用下述（　　　　）的方法消除。

　　A. 扣除背景　　　　　　　　　　B. 加释放剂

　　C. 配制与待测试样组成相似的溶液　　　D. 加保护剂

40*. 在原子吸收光谱分析法中，要求标准溶液和试液的组成尽可能相似，且在整个分析过程中操作条件应保持不变的分析方法是（　　　　）。

　　A. 内标法　　　　B. 标准加入法　　　　C. 归一化法　　　　D. 标准曲线法

41. 火焰原子吸光光度法的测定工作原理是（　　　　）。

　　A. 比尔定律　　　B. 波尔兹曼方程式　　C. 罗马金公式　　　D. 光的色散原理

42. 富燃火焰的特点是，其具有（　　　　）。

　　A. 氧化性　　　　B. 还原性　　　　　C. 中性　　　　　D. 稳定性

43*. 使吸光度增大、测量结果偏高的干扰为（　　　　）。

　　A. 物理干扰　　　B. 化学干扰　　　　C. 电离干扰　　　　D. 背景干扰

44*. 火焰原子吸收光谱分析的定量方法有（　　　　）。〔其中：1. 标准曲线法；2. 内标法；3. 标准加入法；4. 公式法；5. 归一化法；6. 保留指数法〕

　　A. 1、3　　　　　B. 2、3、4　　　　　C. 3、4、5　　　　D. 4、5、6

45. 原子吸收分光光度计中最常用的光源为（　　　　）。

　　A. 空心阴极灯　　　B. 无极放电灯　　　C. 蒸气放电灯　　　　D. 氢灯

（三）电化学分析

1. 用酸度计以浓度直读法测试液的 pH，先用与试液 pH 相近的标准溶液（　　　　）。

　　A. 调零　　　　B. 消除干扰离子　　　　C. 定位　　　　D. 减免迟滞效应

2*. 在 25℃时，标准溶液与待测溶液的 pH 变化一个单位，电池电动势的变化为（　　　　）。

　　A. 0.058V　　　B. 58V　　　　　　C. 0.059V　　　　D. 59V

3*. 用 $AgNO_3$ 溶液电位滴定 0.009324mol/L KCl 溶液 25.00mL，在接近化学计量点时，测得滴定剂体积和电位值如下，则化学计量点时消耗 $AgNO_3$ 溶液的体积为（　　　　）。

$V(AgNO_3)$/mL	……	24.70	24.80	24.90	25.00	……
测得电位值/mV	……	230	253	286	316	……

　　A. 24.98mL　　　B. 24.12mL　　　　C. 24.88mL　　　　D. 24.84mL

4. 在电位滴定中，以 E-V（E 为电位，V 为滴定剂体积）作图绘制滴定曲线，滴定终点为（　　　　）。

　　A. 曲线的最大斜率点　　　　　　　B. 曲线的最小斜率点

　　C. E 为最大值的点　　　　　　　D. E 为最小值的点

5. pH 玻璃电极和 SCE 组成工作电池，25℃时测得 pH = 6.86 的标液电动势是 0.220V，而未知试液电动势 $E_x = 0.186$V，则未知试液 pH 为（　　　　）。

　　A. 7.60　　　　B. 4.60　　　　　　C. 6.28　　　　　D. 6.60

6. 电位滴定法中，用高锰酸钾标准溶液滴定 Fe^{2+}，宜选用（　　　　）作指示电极。

　　A. pH 玻璃电极　　B. 银电极　　　　C. 铂电极　　　　D. 氟电极

7*. 在直接电位法的装置中，将待测离子活度转换为对应的电极电位的组件是（　　　　）。

　　A. 离子计　　　B. 离子选择性电极　　　C. 参比电极　　　D. 电磁搅拌器

8. 用玻璃电极测量溶液的 pH 时，采用的定量分析方法为（　　　）。

　　A. 标准曲线法　　　　B. 直接比较法　　　　C. 增量法　　　　　　　D. 连续加入标准法

9*. 用 $AgNO_3$ 标准溶液来滴定 I^- 时，指示电极应选用（　　　）。

　　A. 铂电极　　　　　　B. 氟电极　　　　　　C. pH 玻璃电极　　　　D. 银电极

10. 在一定条件下，电极电位恒定的电极称为（　　　）。

　　A. 指示电极　　　　　B. 参比电极　　　　　C. 膜电极　　　　　　　D. 惰性电极

11. 严格来说，根据能斯特方程，电极电位与溶液中（　　　）成线性关系。

　　A. 离子浓度　　　　B. 离子浓度的对数　　　　C. 离子活度的对数　　　　D. 离子活度

12*. 离子选择性电极在一段时间内不用或新电极在使用前必须进行（　　　）。

　　A. 活化处理　　　　　　　　　　　　B. 用被测浓溶液浸泡

　　C. 在蒸馏水中浸泡 24h 以上　　　　D. 在 NaF 溶液中浸泡 24h 以上

13. Ag-AgCl 参比电极的电极电位取决于电极内部溶液中的（　　　）。

　　A. Ag^+ 活度　　　　B. Cl^- 活度　　　　C. AgCl 活度　　　　D. Ag^+ 和 Cl^- 活度

14. 用离子选择性电极进行测量时，需用磁力搅拌器搅拌溶液，这是为了（　　　）。

　　A. 减小浓差极化　　　　　　　　　B. 加快响应速度

　　C. 使电极表面保持干净　　　　　　D. 降低电极电阻

15. 在 25℃时，离子选择性电极对二价正离子的电极斜率是（　　　）。

　　A. 29.6mV　　　　　B. 59.2mV　　　　　C. 25.6mV　　　　　　D. 59.8mV

16*. 根据氟离子选择性电极的膜电位与内参比电极来分析，其电极内充液中一定含有（　　　）。

　　A. 一定浓度的 F^- 与 Cl^-　　　　　　B. 一定浓度的 H^+

　　C. 一定浓度的 F^- 与 H^+　　　　　　D. 一定浓度的 Cl^- 与 H^+

17**. 公式 $E=K'+\dfrac{0.0592}{n}\lg\alpha$ 是用离子选择性电极测定溶液中离子活度的理论基础，常数项 K' 是多项常数的集合，但不包括下列哪一项？（　　　）

　　A. 不对称电位　　　　　　　　　　B. 液接电位

　　C. 膜电位　　　　　　　　　　　　D. Ag-AgCl 内参比电极电位

18. 电位法的依据是（　　　）。

　　A. 朗伯-比尔定律　　　　　　　　　B. 能斯特方程

　　C. 法拉第一定律　　　　　　　　　　D. 法拉第二定律

19. 电位分析法中，由一个指示电极和一个参比电极与试液组成（　　　）。

　　A. 滴定池　　　　　　B. 电解池　　　　　　C. 原电池　　　　　　D. 电导池

20. 在电位滴定中，以 $\Delta E/\Delta V$-V 作图绘制曲线，滴定终点为（　　　）。

　　A. 曲线突跃的转折点　　　　　　　B. 曲线的最大斜率点

　　C. 曲线的最小斜率点　　　　　　　D. 曲线的斜率为零时的点

21. 测定水中微量氟，最为合适的方法有（　　　）。

　　A. 沉淀滴定法　　　　B. 离子选择电极法　　　C. 火焰光度法　　　D. 发射光谱法

22*. 在电位滴定法实验操作中，滴定进行至近化学计量点前后时，应每滴加（　　　）标准滴定溶液测量一次电池电动势（或 pH）。

　　A. 0.1mL　　　　　　B. 0.5mL　　　　　　C. 1mL　　　　　　D. 0.5～1 滴

23. 电位滴定与容量滴定的根本区别在于（　　　　）。

A. 滴定仪器不同　　　　　　　　　　　　B. 指示终点的方法不同

C. 滴定手续不同　　　　　　　　　　　　D. 标准溶液不同

24*. 用电位滴定法测定卤素时，滴定剂为 $AgNO_3$，指示电极用（　　　　）。

A. 银电极　　　　　　B. 铂电极　　　　　　C. 玻璃电极　　　　　　D. 甘汞电极

25. pH 玻璃电极使用前应在（　　　　）中浸泡 24h 以上。

A. 蒸馏水　　　　　　B. 酒精　　　　　　C. 浓 NaOH 溶液　　　　D. 浓 HCl 溶液

26. pH 玻璃电极在使用时，必须浸泡 24h 左右，目的是（　　　　）。

A. 消除内外水化胶层与干玻璃层之间的两个扩散电位

B. 减小玻璃膜和试液间的相界电位 $E_内$

C. 减小玻璃膜和内参比液间的相界电位 $E_外$

D. 减小不对称电位，使其趋于一稳定值

27. pH 玻璃电极膜电位的产生是由于（　　　　）。

A. H^+ 透过玻璃膜

B. H^+ 得到电子

C. Na^+ 得到电子

D. 溶液中 H^+ 和玻璃膜水合层中 H^+ 的交换作用

28. 测定溶液 pH 时，安装 pH 玻璃电极和饱和甘汞电极要求（　　　　）。

A. 饱和甘汞电极端部略高于 pH 玻璃电极端部

B. 饱和甘汞电极端部略低于 pH 玻璃电极端部

C. 两端电极端部一样高

D. 无任何要求

29. 用氟离子选择电极测定溶液中氟离子含量时，主要干扰离子是（　　　　）。

A. 其他卤素离子　　　B. NO_3^-　　　　　　C. Na^+　　　　　　D. OH^-

30. 电位滴定法是根据（　　　　）确定滴定终点的。

A. 指示剂颜色变化　　B. 电极电位　　　　　C. 电位突跃　　　　　D. 电位大小

31. 离子选择性电极的选择性主要取决于（　　　　）。

A. 离子浓度　　　　　　　　　　　　　　B. 电极膜活性材料的性质

C. 待测离子活度　　　　　　　　　　　　D. 测定温度

32*. 用银离子选择电极作指示电极，电位滴定测定氯离子含量时，如以饱和甘汞电极作为参比电极，双盐桥应选用的溶液为（　　　　）。

A. KNO_3　　　　　　B. KCl　　　　　　C. KBr　　　　　　D. KI

33*. 电位法测定溶液 pH 时，"定位"操作的作用是（　　　　）。

A. 消除温度的影响　　　　　　　　　　　B. 消除电极常数不一致造成的影响

C. 消除离子强度的影响　　　　　　　　　D. 消除参比电极的影响

34. 电位滴定法是以测量工作电池电位的变化为基础的，下列因素中对测定影响最大的是（　　　　）。

A. 内参比电极电位　　　　　　　　　　　B. 待测离子的活度

C. 液接电位　　　　　　　　　　　　　　D. 不对称电位

35. pH 计在测定溶液的 pH 时，选用温度补偿应设定为（　　　　）。

A. 25℃   B. 30℃   C. 任何温度   D. 被测溶液的温度

36**. 待测离子 i 与干扰离子 j，其选择性系数 $K_{i,j}$（   ），则说明电极对被测离子有选择性响应。

A. $\geqslant 1$ B. >1 C. <1 D. $=1$

37*. 用 Ce^{4+} 标准滴定溶液滴定 Fe^{2+} 应选择（   ）作指示电极。

A. pH 玻璃电极   B. 银电极   C. 氟离子选择性电极   D. 铂电极

38* 甘汞参比电极的电极电位随电极内 KCl 溶液浓度的增加而产生（   ）变化。

A. 增加   B. 减小   C. 不变   D. 两者无直接关系·

39*. 电导滴定法是根据滴定过程中由于化学反应所引起的溶液（   ）来确定滴定终点的。

A. 电导   B. 电导率   C. 电导变化   D. 电导率变化

40. 下列方法中不属于电化学分析法的是（   ）。

A. 电位分析法   B. 极谱分析法   C. 电子能谱法   D. 库仑滴定法

41. 在电位法中作为指示电极，其电位与被测离子的活（浓）度的关系是（   ）。

A. 无关   B. 成正比

C. 与被测离子活（浓）度的对数成正比   D. 符合能斯特方程

42*. $M_1 \mid M_1{}^{n+} \parallel M_2{}^{m+} \mid M_2$，在上述电池的图解表示式中，规定左边的电极为（   ）。

A. 正极   B. 参比电极   C. 阴极   D. 负极

43. 溶液的电导与测量温度的关系为（   ）。

A. 随溶液温度升高而增加   B. 随溶液温度升高而减小

C. 随溶液温度降低而增加   D. 与温度无关

44*. 下述电极属于均相膜电极的是（   ）。

A. 氨气敏电极   B. pH 玻璃电极

C. Ag_2S-CuS 掺入聚氯乙烯中制成的铜电极   D. 氟离子选择性电极

45. 甘汞电极的电位随氯离子浓度的变化而变化，25℃时饱和甘汞电极的电位为（   ）。

A. 0.2438V   B. 0.3337V   C. 0.2801V   D. 0.2000V

46**. 玻璃膜钠离子选择性电极对氢离子的选择性系数为 100，用钠电极测定 1×10^{-5} mol/L Na^+ 时，要使测定的相对误差小于 1%，则试液的 pH 应当大于（   ）。

A. 3   B. 5   C. 7   D. 9

47**. 玻璃膜钠离子选择性电极对钾离子的电位选择性系数为 0.002，这说明电极对钠离子的敏感度为对钾离子敏感度的（   ）。

A. 0.002   B. 500 倍   C. 2000 倍   D. 5000 倍

48**. 钾离子选择性电极的选择性系数为 $K_{K^+,Mg^{2+}} = 1.8 \times 10^{-5}$，用该电极测定浓度为 1.0×10^{-4} mol/L 的 K^+ 溶液，浓度为 1.0×10^{-2} mol/L 的 Mg^{2+} 溶液时，由 Mg^{2+} 引起 K^+ 的测定误差是（   ）。

A. 0.00018%   B. 134%   C. 1.8%   D. 3.6%

49. 实际测定溶液的 pH 时，一般采用（   ）校正电极及仪器。

A. 标准缓冲溶液   B. 电位计   C. 标准电极   D. 标准电池

50. 使 pH 玻璃电极产生"钠差"现象的原因是（　　　　）。

A. 玻璃膜在强碱性溶液中被腐蚀

B. 强碱性溶液中 Na^+ 浓度太高

C. 强碱性溶液中 OH^- 中和了玻璃膜上的 H^+

D. 大量 OH^- 占据了玻璃膜上的交换占位

51*. 测定溶液 pH 时，采用标准缓冲溶液校正电极，其目的是消除（　　　　）。

A. 不对称电位 　　　　　　　　　B. 液接电位

C. 不对称电位与液接电位 　　　　D. 温度的影响

52. pH 玻璃电极的不对称电位源于（　　　　）。

A. 内外玻璃膜表面特性不同 　　　B. 内外溶液中 H^+ 浓度不同

C. 内外溶液中 H^+ 的活度系数不同 　D. 内外参比电极不一样

53*. 离子选择性电极的选择性系数可用于（　　　　）。

A. 估计电极的检测限 　　　　　　B. 估计共存离子的干扰程度

C. 校正方法误差 　　　　　　　　D. 估计电极的线性响应范围

54. 用氟离子选择性电极测定水中的氟离子（含微量 Fe^{3+}、Al^{3+}、Ca^{2+}、Cl^-）时，加入总离子强度调节缓冲剂，其中柠檬酸根的作用是（　　　　）。

A. 控制溶液的 pH 在一定范围 　　B. 使标液与试液的离子强度保持一致

C. 掩蔽 Fe^{3+}、Al^{3+} 干扰离子 　　D. 加快响应时间

55*. 用离子选择性电极以标准曲线法进行定量分析时，要求（　　　　）。

A. 试液与标准系列溶液的离子强度相一致

B. 试液与标准系列溶液的离子强度大于1

C. 试液与标准系列溶液中待测离子活度相一致

D. 试液与标准系列溶液中待测离子强度相一致

56. 下列说法中，正确的是（　　　　）。

A. 氟离子选择性电极的电位值随试液中 F^- 浓度的增高而增加

B. 氟离子选择性电极的电位值随试液中 F^- 浓度的增高而减小

C. 氟离子选择性电极的电位与溶液中 OH^- 的浓度无关

D. 以上三种说法均不正确

57*. 用标准加入法进行定量分析时，对所加入的标准溶液的要求是（　　　　）。

A. 体积要足够大，浓度要足够高 　B. 体积要足够小，浓度要足够低

C. 体积要足够大，浓度要足够小 　D. 体积要足够小，浓度要足够高

58. 考虑氟离子选择性电极的膜特性，其使用的合适 pH 范围为（　　　　）。

A. 5～7 　　　　B. 8～10 　　　　C. 1～3 　　　　D. 3～5

（四）气相色谱法

1. 在气-液色谱固定相中，担体的作用是（　　　　）。

A. 提供大的表面支撑固定液 　　　B. 吸附样品

C. 分离样品 　　　　　　　　　　D. 脱附样品

2. 在气-固色谱中，各组分在吸附剂上分离的原理是（　　　　）。

A. 各组分的溶解度不一样 　　　　B. 各组分电负性不一样

C. 各组分颗粒大小不一样 　　　　D. 各组分的吸附能力不一样

3. 气-液色谱、液-液色谱皆属于（　　　　　）。

A. 吸附色谱　　　　　B. 凝胶色谱　　　　　C. 分配色谱　　　　　D. 离子色谱

4. 在气相色谱法中，可用作定量的参数是（　　　　　）。

A. 保留时间　　　　　B. 相对保留值　　　　C. 半峰宽　　　　　　D. 峰面积

5. 氢火焰检测器的检测依据是（　　　　　）。

A. 不同溶液折射率不同　　　　　　　　　B. 被测组分对紫外光的选择性吸收

C. 有机分子在氢氧焰中发生电离　　　　　D. 不同气体热导率不同

6. 下列有关高压气瓶的操作正确的选项是（　　　　　）。

A. 气阀打不开用铁器敲击　　　　　　　　B. 使用已过检定有效期的气瓶

C. 冬天气阀冻结时，用火烘烤　　　　　　D. 定期检查气瓶、压力表、安全阀

7. 气相色谱检测器的温度必须保证样品不出现（　　　　）现象。

A. 冷凝　　　　　　　B. 升华　　　　　　　C. 分解　　　　　　　D. 气化

8. 对于强腐蚀性组分，色谱分离柱可采用的载体为（　　　　　）。

A. 6201 载体　　　　　B. 101 白色载体　　　C. 氟载体　　　　　　D. 硅胶

9. 热丝型热导检测器的灵敏度随桥流增大而增高，在实际操作时应该是（　　　　　）。

A. 桥电流越大越好　　　　　　　　　　　B. 桥电流越小越好

C. 选择最高允许桥电流　　　　　　　　　D. 满足灵敏度前提下尽量用小桥流

10. 气液色谱法中，火焰离子化检测器（　　　　）优于热导检测器。

A. 装置简单化　　　　B. 灵敏度　　　　　　C. 适用范围　　　　　D. 分离效果

11. 毛细色谱柱（　　　　）优于填充色谱柱。

A. 气路简单化　　　　B. 灵敏度　　　　　　C. 适用范围　　　　　D. 分离效果

12. 在气-液色谱中，色谱柱使用的上限温度取决于（　　　　　）。

A. 试样中沸点最高组分的沸点　　　　　　B. 试样中沸点最低组分的沸点

C. 固定液的沸点　　　　　　　　　　　　D. 固定液的最高使用温度

13. 气相色谱仪器的主要组成部分包括（　　　　　）。

A. 载气系统、分光系统、色谱柱、检测器

B. 载气系统、进样系统、色谱柱、检测器

C. 载气系统、原子化装置、色谱柱、检测器

D. 载气系统、光源、色谱柱、检测器

14*．某人用气相色谱测定一有机试样，该试样为纯物质，但用归一化法测定的结果却为含量的 60%，其最可能的原因为（　　　　　）。

A. 计算错误　　　　　　　　　　　　　　B. 气化温度过高，试样分解为多个峰

C. 固定液流失　　　　　　　　　　　　　D. 检测器损坏

15. 在一定实验条件下，组分 i 与另一标准组分 s 的调整保留时间之比称为（　　　　）。

A. 死体积　　　　B. 调整保留体积　　　C. 相对保留值　　　D. 保留指数

16. 选择固定液的基本原则是（　　　　）原则。

A. 相似相溶　　　　B. 极性相同　　　　C. 官能团相同　　　　D. 沸点相同

17*．若只需做一个复杂样品中某个特殊组分的定量分析，用色谱法时，宜选用（　　　　）。

A. 归一化法　　　　B. 标准曲线法　　　　C. 外标法　　　　　D. 内标法

18. 在气相色谱中，直接表示组分在固定相中停留时间长短的保留参数是（　　　　）。

A. 保留时间　　　　B. 保留体积　　　　　C. 相对保留值　　　　D. 调整保留时间

19*. 在气-液色谱中，首先流出色谱柱的是（　　　　）。

A. 吸附能力小的组分　　　　　　　　B. 脱附能力大的组分

C. 溶解能力大的组分　　　　　　　　D. 挥发能力大的组分

20. 用气相色谱法定量分析样品组分时，分离度应至少为（　　　　）。

A. 0.5　　　　　B. 0.75　　　　　C. 1.0　　　　　D. 1.5

21. 固定相老化的目的是（　　　　）。

A. 除去表面吸附的水分　　　　　　　　　　B. 除去固定相中的粉状物质

C. 除去固定相中残余的溶剂及其他挥发性物质　　D. 提高分离效能

22. 氢火焰离子化检测器中，使用（　　　）作载气将得到较好的灵敏度。

A. H_2　　　　　B. N_2　　　　　C. He　　　　　D. Ar

23*. 下列关于色谱操作条件的叙述中，正确的是（　　　　）。

A. 载气的热导率尽可能与被测组分的热导率接近

B. 在最难分离的物质对能很好分离的条件下，尽可能采用较低的柱温

C. 气化室温度越高越好

D. 检测室温度应低于柱温

24. 关于范第姆特方程式，下列说法正确的是（　　　　）。

A. 载气最佳流速这一点，柱塔板高度最大

B. 载气最佳流速这一点，柱塔板高度最小

C. 塔板高度最小时，载气流速最小

D. 塔板高度最小时，载气流速最大

25. 相对校正因子是物质（i）与参比物质（s）的（　　　　）之比。

A. 保留值　　　　B. 绝对校正因子　　　　C. 峰面积　　　　D. 峰宽

26. 所谓检测器的线性范围是指（　　　　）。

A. 检测曲线呈直线部分的范围

B. 检测器响应呈线性时，最大允许进样量与最小允许进样量之比

C. 检测器响应呈线性时，最大允许进样量与最小允许进样量之差

D. 检测器最大允许进样量与最小检测量之比

27. 用气相色谱法进行定量分析时，要求每个组分都出峰的定量方法是（　　　　）。

A. 外标法　　　　B. 内标法　　　　C. 标准曲线法　　　　D. 归一化法

28. 涂渍固定液时，为了尽快使溶剂蒸发，可采用（　　　　）。

A. 炒干　　　　B. 烘箱烤　　　　C. 红外灯照　　　　D. 快速搅拌

29. 下述不符合制备色谱柱中对担体的要求是（　　　　）。

A. 表面应是化学活性的　　　B. 多孔性　　　C. 热稳定性好　　　D. 粒度均匀

30. 有机物在氢火焰中燃烧生成的离子，在电场作用下，能产生电讯号的器件是（　　　　）。

A. 热导检测器　　　　　　　　　　B. 火焰离子化检测器

C. 火焰光度检测器　　　　　　　　D. 电子捕获检测器

31. 气-液色谱中色谱柱的分离效能主要由（　　　　）决定。

A. 载体　　　　　B. 担体　　　　　C. 固定液　　　　　D. 固定相

32. 色谱峰在色谱图中的位置用（　　　　）来说明。

A. 保留值　　　　B. 峰高值　　　　C. 峰宽值　　　　D. 灵敏度

33. 在纸色谱时，试样中的各组分在流动相中（　　　　）大的物质，沿着流动相移动较长的距离。

A. 浓度　　　　　B. 溶解度　　　　C. 酸度　　　　　D. 黏度

34*. 在气相色谱分析中，采用内标法定量时，应通过文献或测定得到（　　　　）。

A. 内标物的绝对校正因子　　　　　　B. 待测组分的绝对校正因子

C. 内标物的相对校正因子　　　　　　D. 待测组分相对于内标物的相对校正因子

35*. 在气相色谱分析中，当用非极性固定液来分离非极性组分时，各组分的出峰顺序是（　　　　）。

A. 按质量的大小，质量小的组分先出　　　B. 按沸点的大小，沸点小的组分先出

C. 按极性的大小，极性小的组分先出　　　D. 无法确定

36*. 在加标回收试验中，决定加标量的依据是（　　　　）。

A. 称样质量　　　B. 取样体积　　　C. 样液浓度　　　D. 样液中待测组分的质量

37*. 启动气相色谱仪时，若使用热导池检测器，有如下操作步骤：1. 开载气；2. 气化室升温；3. 检测室升温；4. 色谱柱升温；5. 开桥电流；6. 开记录仪，下面（　　　　）的操作次序是绝对不允许的。

A. 2→3→4→5→6→1　　　　　　　B. 1→2→3→4→5→6

C. 1→2→3→4→6→5　　　　　　　D. 1→3→2→4→6→5

38*. TCD 的基本原理是依据被测组分与载气（　　　　）的不同。

A. 相对极性　　　B. 电阻率　　　　C. 相对密度　　　D. 热导率

39*. 影响热导池灵敏度的主要因素是（　　　　）。

A. 池体温度　　　B. 载气速度　　　C. 热丝电流　　　D. 池体形状

40*. 测定废水中苯含量时，采用气相色谱仪的检测器为（　　　　）。

A. FPD　　　　　B. FID　　　　　C. TCD　　　　　D. ECD

41*. 对所有物质均有响应的气相色谱检测器是（　　　　）。

A. FID 检测器　　B. 热导检测器　　C. 电导检测器　　D. 紫外检测器

42*. 用气相色谱法测定 O_2、N_2、CO、CH_4、HCl 等气体混合物时应选择的检测器是（　　　　）。

A. FID　　　　　B. TCD　　　　　C. ECD　　　　　D. FPD

43*. 用气相色谱法测定混合气体中的 H_2 含量时应选择的载气是（　　　　）。

A. H_2　　　　　B. N_2　　　　　C. He　　　　　D. CO_2

44*. 色谱分析中，分离非极性与极性混合组分，若选用非极性固定液，首先出峰的是（　　　　）。

A. 同沸点的极性组分　　　　　　　　B. 同沸点的非极性组分

C. 极性相近的高沸点组分　　　　　　D. 极性相近的低沸点组分

45*. 气-液色谱柱中，与分离度无关的因素是（　　　　）。

A. 增加柱长　　　　　　　　　　　　B. 改用更灵敏的检测器

C. 调节流速　　　　　　　　　　　　D. 改变固定液的化学性质

46*. 气化室的温度要求比柱温高（　　　　）。

A. 50℃以上　　　　　B. 100℃以上　　　　　C. 200℃以上　　　　　D. 30℃以上

47*. 气相色谱定性的依据是（　　　　）。

A. 物质的密度　　　　　　　　　　　B. 物质的沸点

C. 物质在气相色谱中的保留时间　　　　D. 物质的熔点

48*. 色谱分析的定量依据是组分的含量与（　　　）成正比。

A. 保留值　　　　　B. 峰宽　　　　　C. 峰面积　　　　　D. 半峰宽

49**. 三乙醇胺、丙腈醚等都属于（　　　）固定液。

A. 非极性　　　　　B. 中等极性　　　　　C. 强极性　　　　　D. 弱极性

50**. 对色谱用担体进行酸洗，主要去除（　　　　）。

A. —OH　　　　B. —X　　　　C. 无机杂质　　　　D. 担体表面铁等金属氯化物杂质

51*. 属于高分子微球系列固定相的为（　　　　）。

A. GDX　　　　　B. TDX　　　　　C. 13X　　　　　D. SQ

52. FID 是（　　　）的检测器。

A. 通用型　　　　　B. 测定无机物　　　　　C. 测定有机物　　　　　D. 测定水

53*. 色谱定量分析中需要准确进样的方法是（　　　　）。

A. 归一化法　　　　　B. 外标法　　　　　C. 内标法　　　　　D. 比较法

54*. 测定废水中极微量的 $CHCl_3$ 含量时，采用气相色谱仪的检测器为（　　　　）。

A. FPD　　　　　B. FID　　　　　C. TCD　　　　　D. ECD

55**. 分离甲苯、苯、乙苯混合物时采用的固定液为（　　　　）。

A. SE-30　　　B. 聚乙二醇 100000　　　C. 邻苯二甲酸二壬酯　　D. 十八烷

56. 气化室的作用是将样品瞬间气化为（　　　　）。

A. 固体　　　　　B. 液体　　　　　C. 气体　　　　　D. 水汽

57*. 为了提高气相色谱定性分析的准确度，常采用其他方法结合佐证，下列方法中不能提高定性分析准确度的是（　　　　）。

A. 使用相对保留值作为定性分析依据

B. 使用待测组分的特征化学反应进行佐证

C. 与其他仪器联机分析（如 GC-MS）

D. 选择灵敏度高的专用检测器

58*. 电子捕获检测器是（　　　）检测器。

A. 通用型

B. 对具有电负性的物质有响应的选择性

C. 对放射性物质有响应的选择性

D. 对含硫、磷化合物有高选择性和灵敏度

59*. 色谱定量中归一化法的要求是（　　　　）。

A. 样品中被测组分有响应，产生色谱峰

B. 大部分组分都有响应，产生色谱峰

C. 所有组分都有响应，并都产生色谱峰

D. 样品纯度很高

60 ＊＊. 在气相色谱法中, 调整保留值实际上反映了 (　　　) 部分的分子间的相互作用。

A. 组分与载气　　　　　　　　　　B. 组分与固定相

C. 组分与组分　　　　　　　　　　D. 组分与载气和固定相

61 ＊＊. 气-液色谱法中的色谱柱在使用时总是存在固定液流失的现象, 当固定液流失时, 可能发生的问题是 (　　　)。

A. 载气流速改变　　　　　　　　　B. 组分保留参数改变

C. 色谱柱柱效能下降　　　　　　　D. 检测器灵敏度下降

62 ＊＊. 在气-液色谱中, 色谱柱使用的下限温度 (　　　)。

A. 应该不低于试样中沸点最低组分的沸点

B. 应该不低于试样中各组分沸点的平均值

C. 应该超过固定液的熔点

D. 不应该超过固定液的熔点

63 ＊. 下列有关热导检测器的描述中, 正确的是 (　　　)。

A. 热导检测器是典型的选择性的质量型检测器

B. 对热导检测器来说, 桥电流增大, 电阻丝与池体间温差越大, 则灵敏度越大

C. 对热导检测器来说, 桥电流减小, 电阻丝与池体间温差越小, 则灵敏度越大

D. 热导检测器的灵敏度取决于试样组分相对分子质量的大小

64 ＊. 在气-液色谱法中, 当两组分的保留值完全一样时, 应采用哪一种操作才有可能将两组分分开? (　　　)

A. 改变载气流速　　　　　　　　　B. 增加色谱柱柱长

C. 改变柱温　　　　　　　　　　　D. 减小填料的粒度

65 ＊. 下列有关分离度的描述中, 正确的是 (　　　)。

A. 由分离度的计算式来看, 分离度与载气流速无关

B. 分离度取决于相对保留值, 与峰宽无关

C. 色谱峰峰宽与保留值差决定了分离度的大小

D. 高柱效一定具有高分离度

66 ＊. 两组分分离度 (R) 的数值越大, 则表明 (　　　)。

A. 样品中各组分分离越完全　　　　B. 两组分之间可插入的色谱峰越多

C. 两组分与其他组分分离得越好　　D. 色谱柱柱效能越高

67 ＊. 毛细管气相色谱分析时常采用 "分流进样" 操作, 其主要原因是 (　　　)。

A. 保证取样准确度　　　　　　　　B. 防止污染检测器

C. 与色谱柱容量相适应　　　　　　D. 保证样品完全气化

68 ＊＊. 在法庭上涉及审定一个非法的药品。起诉表明, 该非法药品经气相色谱分析测得的保留时间, 在相同条件下, 刚好与已知非法药品的保留时间一致。辩护证明, 有几个无毒的化合物与该非法药品具有相同的保留值。你认为用下列 (　　　) 鉴定为好。

A. 用加入已知物以增加峰高的办法

B. 利用相对保留值进行定性

C. 用保留值的双柱法进行定性

D. 利用文献保留指数进行定性

（五）高效液相色谱法

1*. 欲测定聚乙烯的分子量及分子量分布，应选用下列（   ）。

A. 液-液分配色谱   B. 液-固吸附色谱

C. 键合相色谱   D. 凝胶色谱

2*. 一般反相烷基键合固定相要求在 pH 为（   ）之间使用，pH 过大会引起基体硅胶的溶解。

A. 2～10   B. 3～6   C. 1～9   D. 2～8

3*. 流动相过滤必须使用（   ）粒径的过滤膜。

A. $0.5\mu m$ B. $0.45\mu m$ C. $0.6\mu m$ D. $0.55\mu m$

4**. 在液相色谱中，为了改变色谱柱的选择性，可以进行如下（   ）操作。

A. 改变流动相的种类或柱子   B. 改变固定相的种类或柱长

C. 改变固定相的种类和流动相的种类   D. 改变填料的粒度和柱长

5**. 在液相色谱中，范第姆特方程式的哪一项对柱效能的影响可以忽略？（   ）

A. 涡流扩散项   B. 分子扩散项

C. 移动流动相的传质阻力   D. 滞留流动相的传质阻力

6**. 根据速率理论，如何减小范第姆特方程式中涡流扩散项对柱效能的影响？（   ）

A. 增大填料粒度，将填料填充得紧而匀

B. 减小填料粒度，将填料填充得紧而匀

C. 增大填料粒度，将填料填充得无规则

D. 减小填料粒度，将填料填充得无规则

7*. 大多数情况下，为保证灵敏度，高效液相色谱常选用哪种检测器？（   ）

A. 荧光检测器   B. 二极管阵列检测器

C. 紫外-可见检测器   D. 蒸发光散射检测器

8. 一般评价烷基键合相色谱柱时所用的流动相为（   ）。

A. 甲醇/水（83/17）   B. 甲醇/水（57/43）

C. 正庚烷/异丙醇（93/7）   D. 乙腈/水（1.5/98.5）

9*. 一般评价烷基键合相色谱柱时所用的样品为（   ）。

A. 苯、萘、联苯、尿嘧啶   B. 苯、萘、联苯、菲

C. 苯、甲苯、二甲苯、三甲苯   D. 苯、甲苯、二甲苯、联苯

10. 下列检测器中，系列答案中两个都属于通用型检测器的是（   ）

A. PDA、RI   B. RID、ELSD

C. UV-Vis、PDA   D. FD、UV-Vis

11**. 在分离条件下，药物中间体吲哚羧酸产品中所有主、副产品及杂质都能分离，且在 254nm 下都出峰，可用何种定量方法？（   ）

A. 归一化法   B. 外标法   C. 内标法   D. 标准加入法

12*. 紫外检测时，单糖（如木糖）的液相色谱分析必须采用柱前衍生化法，衍生化过程较繁复，不能保证样品无损失，最好采用何种定量方法？（   ）

A. 归一化法   B. 外标法   C. 内标法   D. 标准加入法

13. 在凝胶（体积排阻）色谱中，先流出来的物质是（   ）。

A. 分子量较小的物质   B. 分子量较大的物质

C. 极性较小的物质   D. 极性较大的物质

14*. 分离下述化合物，宜采取以下哪些方法？（　　　　）

(1) 聚苯乙烯分子量分布   (2) 多环芳烃   (3) Ca^{2+}、Ba^{2+}、Mg^{2+}

A.（1）分配色谱 （2）反相色谱 （3）阴离子色谱

B.（1）凝胶色谱 （2）反相色谱 （3）阴离子色谱

C.（1）凝胶色谱 （2）反相色谱 （3）阳离子色谱

D.（1）凝胶色谱 （2）正相色谱 （3）阳离子色谱

15*. 高效液相色谱仪上清洗阀（放空阀）的作用是（　　　　）。

A. 清洗色谱柱   B. 清洗泵头与排除管路中的气泡

C. 清洗检测器   D. 清洗管路

16. 以下哪种高效液相色谱常选用的检测器不可以进行梯度洗脱？（　　　　）

A. 荧光检测器   B. 示差折射率检测器

C. 紫外-可见检测器   D. 蒸发光散射检测器

17*. 使用 $20\mu L$ 的定量管（LOOP）实现 $20\mu L$ 的精确进样，最好使用（　　　　）的进样器？

A. $20\mu L$ B. $25\mu L$ C. $50\mu L$ D. $100\mu L$

18. 用液-固色谱法分离极性组分，应选择的色谱条件是（　　　　）。

A. 流动相为极性溶剂   B. 吸附剂的含水量小些

C. 吸附剂的吸附活性低些   D. 用非极性溶剂做流动相

19. 在液-液分配色谱中，下列哪对固定相／流动相的组成符合正相色谱形式？（　　　　）

A. 甲醇／石油醚   B. 氯仿／水

C. 石蜡油／正己烷   D. 甲醇／水

20*. 下列哪对固定相/流动相可用来分离溶液中的 Ca^{2+}、Mg^{2+}、Cl^- 和 SO_4^{2-} ？（　　　　）

A. 葡聚糖/H_2O B. 树脂/H_2O C. 硅胶/氯仿   D. 石油醚/H_2O

21. 离子交换树脂的交联度对树脂性能有很大影响，交联度小，则（　　　　）。

A. 树脂的交换容量大   B. 树脂的选择性好

C. 树脂的网眼小   D. 对水的溶胀性差

22. 色谱峰的宽度决定于组分在色谱柱中的（　　　　）。

A. 保留值   B. 分配系数

C. 扩散速度   D. 理论塔板数

23. 衡量色谱柱对分离组分选择性的参数是（　　　　）。

A. 调整保留值   B. 相对保留值   C. 保留值   D. 分配比

24. 衡量色谱柱对被分离组分保留能力的重要参数是（　　　　）。

A. 调整保留值   B. 相对保留值   C. 保留值   D. 半峰宽

25*. 用薄层色谱法定性的主要参数是（　　　　）。

A. 分配系数   B. 分离因数   C. 分配次数   D. 比移值

26. 薄层色谱法属于（　　　　）。

A. 液-液色谱法   B. 液-固色谱法

C. 气-液色谱法   D. 气-固色谱法

27. 离子交换色谱适用于（　　　　）分离。

A. 无机物　　　　　　B. 电解质　　　　　　C. 小分子有机物　D. 大分子有机物

28. 俄国植物学家茨维特在研究植物色素的成分时，所采用的色谱方法属于（　　　　）。

A. 气-液色谱　　　　B. 气-固色谱　　　　　C. 液-液色谱　　　　D. 液-固色谱

29**. 在液-液分配柱色谱中，若某一含 a、b、c、d、e 组分的混合样品柱上分配系数分别为 105、85、300、50、200，组分流出柱的顺序应为（　　　　）。

A. a、b、c、d、e　　　　　　　　　B. c、d、a、b、e

C. b、d、c、a、e　　　　　　　　　D. d、b、a、e、c

30*. 在液相色谱中，不会显著影响分离效果的是（　　　　）。

A. 改变固定相种类　　　　　　　　B. 改变流动相流速

C. 改变流动相配比　　　　　　　　D. 改变流动相种类

31. 反相键合相色谱是指（　　　　）。

A. 固定相为极性，流动相为非极性

B. 固定相的极性远小于流动相的极性

C. 被键合的载体为极性，键合的官能团的极性小于载体极性

D. 被键合的载体为非极性，键合的官能团的极性大于载体极性

（六）红外光谱分析法

1. 一种能作为色散型红外光谱仪色散元件的材料为（　　　　）。

A. 玻璃　　　　　B. 石英　　　　　C. 卤化物晶体　　　　D. 有机玻璃

2. 醇羟基的红外光谱特征吸收峰为（　　　　）。

A. $1000cm^{-1}$　　　　　　　　　B. $2000\sim2500cm^{-1}$

C. $2000cm^{-1}$　　　　　　　　　D. $3600\sim3650cm^{-1}$

3. 红外吸收光谱的产生是由于（　　　　）。

A. 分子外层电子、振动、转动能级的跃迁

B. 原子外层电子、振动、转动能级的跃迁

C. 分子振动、转动能级的跃迁

D. 分子外层电子的能级跃迁

4. 红外吸收峰的强度，根据（　　　　）大小可粗略分为五级。

A. 吸光度 A　　　B. 透射比 t　　　C. 波长 λ　　　D. 波数 υ

5. 用红外吸收光谱法测定有机物结构时，试样应该是（　　　　）。

A. 单质　　　　　B. 纯物质　　　　　C. 混合物　　　　D. 任何试样

6*. 一个含氧化合物的红外光谱图在 $3600\sim3200cm^{-1}$ 有吸收峰，下列化合物最可能的是（　　　　）。

A. CH_3-CHO　　　　　　　　　　B. $CH_3-CO-CH_3$

C. $CH_3-CHOH-CH_3$　　　　　　　D. $CH_3-O-CH_2-CH_3$

7*. 对高聚物多用（　　　　）法制样后再进行红外吸收光谱测定。

A. 薄膜　　　　　B. 糊状　　　　　C. 压片　　　　　D. 混合

8. 一般来说，（　　　　）具有拉曼活性。

A. 分子的非对称性振动　　　　　　B. 分子的对称性振动

C. 极性基团的振动　　　　　　　　D. 非极性基团的振动

9. 在红外光谱的光源中，下列（　　　　）波长是氩离子激光器最常用的激发线的波长。

A. 285.2nm　　　　B. 422.7nm　　　　C. 488.0nm　　　　D. 534.5nm

10*. 若样品在空气中不稳定，在高温下容易升华，则红外样品的制备宜选用（　　　）。

A. 压片法　　　　B. 石蜡糊法　　　　C. 熔融成膜法　　　D. 漫反射法

11. 液体池的间隔片常由（　　　）材料制成，起着固定液体样品的作用。

A. 氯化钠　　　　B. 溴化钾　　　　C. 聚四氟乙烯　　　D. 金属制品

12*. 用红外光谱测试薄膜状聚合物样品时，可采用（　　　）。

A. 压片法　　　　B. 漫反射法　　　　C. 热裂解法　　　　D. 镜面反射法

13*. 红外光谱分析中，对含水样品的测试可采用（　　　）材料作载体。

A. NaCl　　　　B. KBr　　　　C. KRS-5　　　　D. 玻璃材料

14*. 用红外光谱测试不溶的高聚合物样品时，可采用（　　　）。

A. 压片法　　　　B. 漫反射法　　　　C. 热裂解法　　　　D. 镜面反射法

15*. 对于熔点较低的样品，最适宜的红外样品的制备应选用（　　　）。

A. 压片法　　　　B. 石蜡糊法　　　　C. 熔融成膜法　　　D. 漫反射法

16*. 下列红外光源中，（　　　）可用于远红外光区。

A. 碘钨灯　　　　B. 高压汞灯　　　　C. 能斯特灯　　　　D. 硅碳棒

17*. 下列红外透光材料中，（　　　）不可用在远红外光区。

A. LiF　　　　B. KBr　　　　C. NaCl　　　　D. KRS-5

18. 高莱池属于（　　　）。

A. 高真空热电偶检测器　　　　　　　B. 气体检测器

C. 测热辐射计　　　　　　　　　　　D. 光电导检测器

19. 目前 FTIR 仪器基本上为（　　　）仪器。

A. 单光道单光束　　　　　　　　　　B. 双光道单光束

C. 单光道双光束　　　　　　　　　　D. 双光道双光束

20. FTIR 中的核心部件是（　　　）。

A. 硅碳棒　　　　B. 迈克尔逊干涉仪　　　　C. DTGS　　　　D. 光楔

21. 红外光谱是（　　　）。

A. 分子光谱　　　　B. 原子光谱　　　　C. 吸收光谱　　　　D. 电子光谱

22**. 在下面各种振动模式中，不产生红外吸收带的是（　　　）。

A. 乙炔分子中的 —C≡C— 对称伸缩振动

B. 乙醚分子中的 C—O—C 不对称伸缩振动

C. CO_2 分子中的 C—O—C 对称伸缩振动

D. HCl 分子中的 H—Cl 键伸缩振动

23*. 有一含氧化合物，如用红外光谱判断它是否为羰基化合物，主要依据的谱带范围为（　　　）。

A. $3500\sim3200cm^{-1}$　　　　　　B. $1950\sim1650cm^{-1}$

C. $1500\sim1300cm^{-1}$　　　　　　D. $1000\sim650cm^{-1}$

24*. 有一含氮的化合物，如用红外光谱判断它是否为腈类物质时，主要依据的谱带范围为（　　　）。

A. 3500～3200cm^{-1} B. 2400～2100cm^{-1}

C. 1950～1650cm^{-1} D. 1000～650cm^{-1}

25**．用红外光谱图区别醛类化合物和酮类化合物，主要依据的谱带范围为（　　　）。

A. 3500～3200cm^{-1} B. 2900～2700cm^{-1}

C. 1950～1650cm^{-1} D. 1000～650cm^{-1}

26**．用红外光谱图区别醛类化合物和酯类化合物，主要依据的谱带范围为（　　　）。

A. 3500～3200cm^{-1} B. 2400～2100cm^{-1}

C. 1350～1000cm^{-1} D. 1000～650cm^{-1}

27**．用红外光谱图区别羧酸化合物和酯类化合物，主要依据的谱带范围为（　　　）。

A. 3400～3000cm^{-1} B. 2700～2400cm^{-1}

C. 1350～1000cm^{-1} D. 1200～900cm^{-1}

28*．下列物质不是红外光谱定量分析常用的内标物的是（　　　）。

A. $Pb(SCN)_2$ B. C_6Br_6 C. $Fe(SCN)_2$ D. $NaCl$

29**．$C_6H_5NO_2$ 的不饱和度为（　　　）。

A. 1   B. 3   C. 5   D. 6

30**．$C_{10}H_{10}O$ 的不饱和度为（　　　）。

A. 1   B. 3   C. 5   D. 6

（七）其他仪器分析方法

1. 原子发射光谱属于（　　　）。

A. 线光谱   B. 带光谱   C. 转动光谱   D. 振动光谱

2. 原子发射光谱的定性依据是（　　　）。

A. 谱线的强度   B. 谱线的位置   C. 谱线的宽度   D. 谱线的吸光度

3. 原子发射光谱的定量依据是（　　　）。

A. 谱线的强度   B. 谱线的位置   C. 谱线的宽度   D. 谱线的吸光度

4. 原子的共振发射线通常是（　　　）。

A. 强度最大的谱线   B. 中等强度的谱线

C. 强度最弱的谱线   D. 激发电位最高的谱线

5*．下列不是原子发射光谱仪激发光源的是（　　　）

A. 火花   B. 交流电弧   C. 电感耦合等离子体   D. 阴极放电管

6*．原子发射光谱采用标准光谱比较法定性，常用作标准光谱的是下列（　　　）元素。

A. 铜   B. 银   C. 钠   D. 铁

7*．下列关于原子发射光谱说法错误的是（　　　）。

A. 原子发射光谱的灵敏度高，其相对灵敏度可以达到 $0.1\mu g/g$

B. 原子发射光谱若使用 ICP 光源，其分析的准确度的相对误差可以控制在 1‰以下

C. 光谱分析所需的试样用量很少

D. 光谱的分析选择性好，能较好地定性鉴定元素的存在，但每次只能鉴定一种元素

8*．毛细管电泳是在（　　　）的推动下发生电泳现象的。

A. 重力   B. 溶液表面张力   C. 电场力   D. 磁场力

9*．在毛细管电泳中，移动速度最快的粒子是（　　　）。

A. 阴离子   B. 阳离子   C. 中性粒子   D. 离子对

10. 下列哪一个可作为毛细管电泳的检测器？（   ）

A. 热导池检测器   B. FID

C. 火焰光度检测器   D. 紫外可见吸收检测器

11*. 在 $CH_3CH_2CH_3$ 的 NMR 谱上，CH_2 的质子信号受 CH_3 的质子耦合分裂成（   ）。

A. 三重峰   B. 四重峰   C. 五重峰   D. 七重峰

12**. 下面四个化合物中，质子的化学位移最小的是（   ）。

A. CH_4 B. CH_3F C. CH_3Cl D. CH_3Br

13**. 以下四种核，能够用于核磁共振实验的是（   ）。

A. $^{18}F_9$ B. $^{12}C_6$ C. $^{16}O_8$ D. $^1H_1$

14*. 要测定 ^{14}N 和 ^{15}N 的天然丰度，宜采用哪一种分析方法？（   ）

A. 原子发射光谱   B. 气相色谱   C. 质谱   D. 核磁共振谱

15*. 指出下列哪种说法是正确的？（   ）

A. 质量数最大的峰为分子离子峰

B. 强度最大的峰为分子离子峰

C. 质量数第二大的峰为分子离子峰

D. 降低电离室的轰击能量，强度增加的峰为分子离子峰

16*. 在以下哪种情况下，离子无法从毛细管电泳中流出？（   ）

A. 电泳流与电渗流的速度与方向相同

B. 电泳流的速度大于电渗流的速度

C. 电泳流与电渗流方向相反

D. 电泳流速度与电渗流速度相等，方向相反

17*. 毛细管电泳最重要的应用领域是（   ）。

A. 无机离子分析   B. 有机离子分析

C. 生物大分子分析   D. 有机化合物结构分析

18*. 毛细管电泳中，组分能够被分离的基础是（   ）。

A. 分配系数的不同   B. 迁移速率的差异

C. 分子大小的差异   D. 电荷的差异

19*. 电渗流的流动方向取决于（   ）。

A. 电场   B. 溶液   C. 毛细管   D. 试样

20*. 已知成分的有机化合物的定量分析，宜采用（   ）方法分析。

A. 原子吸收   B. 气相色谱   C. 质谱   D. 核磁共振谱

21. 核磁共振波谱分析化合物结构依据的是（   ）。

A. 质荷比   B. 波数   C. 保留值   D. 化学位移

22*. 核磁共振波谱法在广义上说也是一种吸收光谱法，但是它与紫外-可见光谱法的本质区别是（   ）。

A. 吸收电磁辐射的频率区域不同   B. 检测信号的方式不同

C. 记录谱图的方式不同   D. 样品必须在磁场中测定

23**. 核磁共振波谱（氢谱）中，不能直接提供化合物结构信息的是（   ）。

A. 不同质子种类数   B. 同类质子个数

C. 化合物中双键的个数与位置   D. 相邻碳原子上质子的个数

24*. 质谱中分子离子峰能被进一步分解为多种碎片离子，其原因是（   ）。

A. 加速电场的作用   B. 碎片离子比分子离子更加稳定

C. 电子流的能量大   D. 分子之间相互碰撞

25**. 含 C、H、O 的有机化合物的分子离子峰的质荷比为（   ）。

A. 奇数   B. 偶数   C. 由仪器的离子源决定   D. 由仪器的质量分析器决定

四、工业分析

（一）采样、制样和分解

1. 水泥厂对水泥生料、石灰石等样品中二氧化硅的测定，一般采用（   ）分解试样。

A. 硫酸溶解   B. 盐酸溶解

C. 混合酸王水溶解   D. 碳酸钠作熔剂，半熔融解

2. 分样器的作用是（   ）。

A. 破碎样品   B. 分解样品   C. 缩分样品   D. 掺和样品

3. 工业废水样品采集后，保存时间愈短，则分析结果（   ）。

A. 愈可靠   B. 愈不可靠   C. 无影响   D. 影响很小

4. 从随机不均匀物料采样时，可（   ）。

A. 分层采样，并尽可能在不同特性值的各层中采出能代表该层物料的样品

B. 物料流动线上采样，采样的频率应高于物料特性值的变化须率，切忌两者同步

C. 随机采样，也可非随机采样

D. 任意部位进行，注意不带进杂质，避免引起物料的变化

5. 液体平均样品是指（   ）。

A. 一组部位样品

B. 容器内采得的全液位样品

C. 采得的一组部位样品按一定比例混合而成的样品

D. 均匀液体中随机采得的样品

6. 对某一商品煤进行采样时，以下三者所代表的煤样关系正确的是（   ）。

A. 子样＜总样＜采样单元   B. 采样单元＜子样＜总样

C. 子样＜采样单元＜总样   D. 总样＜采样单元＜子样

7*. 要测定水中微量金属离子采样水样时，应采用（   ）作为采样容器较好。

A. 玻璃瓶   B. 塑料瓶   C. 铂器皿   D. 铁制器皿

8*. 若要测定水中二氧化硅含量采集水样时，必须用（   ）作为采样容器取样。

A. 玻璃瓶   B. 塑料瓶   C. 铂器皿   D. 铁制器皿

9. 在采样点上采集的一定量的物料，称为（   ）。

A. 子样   B. 子样数目   C. 原始平均试样   D. 分析化验单位

10*. 欲采集固体非均匀物料，已知该物料中最大颗粒直径为 20mm，若取 $K=0.06$，则最低采集量应为（   ）。

A. 24kg   B. 1.2kg   C. 1.44kg   D. 0.072kg

11. 盐酸和硝酸以（　　　）的比例混合而成的混酸称为"王水"。

A. 1∶1　　　　　B. 1∶3　　　　　C. 3∶1　　　　　D. 3∶2

12*. 使用碳酸钠和碳酸钾的混合熔剂熔融试样宜在（　　　）坩埚进行。

A. 银　　　　　　B. 瓷　　　　　　C. 铂　　　　　　D. 金

13*. 已知以1000t煤为采样单元时，最少子样数为60个，则一批原煤3000t，应采取最少子样数为（　　　）。

A. 180个　　　　　B. 85个　　　　　C. 123个　　　　　D. 104个

14**. 现有样品4kg，经破碎后共需样品250g，那么应缩分（　　　）次。

A. 3　　　　　　B. 4　　　　　　C. 5　　　　　　D. 6

15**. 现有样品5kg，经破碎后共需样品100g，那么应缩分（　　　）次。

A. 3　　　　　　B. 4　　　　　　C. 5　　　　　　D. 6

16. 用氢氧化钠熔融分解试样时，应选的坩埚材料是（　　　）。

A. 银坩埚　　　　B. 镍坩埚　　　　C. 铂坩埚　　　　D. 瓷坩埚

17. 用过氧化钠熔融分解试样时，选用下列哪种坩埚材料？（　　　）

A. 银坩埚　　　　B. 镍坩埚　　　　C. 铂坩埚　　　　D. 铁坩埚

18*. 测定铝合金中的硅时，用下列哪种溶液溶解样品？（　　　）

A. HCl　　　　　B. 王水　　　　　C. NaOH　　　　　D. H_2SO_4

19. 槽车中的氯仿采样时，需用的采样器是（　　　）。

A. 采样勺　　　　B. 采样管　　　　C. 简易采样器　　　　D. 金属杜瓦瓶

20. 一批工业物料总体单元数为538桶，采样单元数应为（　　　）。

A. 23　　　　　　B. 24　　　　　　C. 25　　　　　　D. 26

21. 下列关于采样术语说法错误的是（　　　）。

A. 送往实验室供检验或测试而制备的样品称为实验室样品

B. 与实验室样品同时同样制备的样品称为备考样品

C. 用采样器从一个采样单元中一次取得的一定量物料称为分样

D. 合并所有采样的分样（子样）称为原始平均试样

22*. 下列关于采样叙述错误的是（　　　）。

A. 采样地点要有出入安全的通道和通风条件

B. 采样前必须了解所采集物质性质、安全操作的有关知识及处理方法

C. 采样设备必须洁净、干燥、严密

D. 采样设备必须用耐腐蚀的材料制造

23. 采集负压下的气体样品，必须使用的设备是（　　　）。

A. 减压阀　　　　B. 抽气泵　　　　C. 高压阀　　　　D. 三通活塞

24. 自袋、桶内采取细粒状物料样品时，应使用（　　　）。

A. 钢锹　　　　　B. 取样钻　　　　C. 取样阀　　　　D. 舌形铁铲

25*. 采集的水样中同时含有无机结合态和有机结合态金属，则可以用（　　　）分解。

A. 酸性消解　　　B. 干式消解　　　C. 改变价态消解　　　D. 高温消解

26*. 测定水样中的总汞含量时，样品处理必须用（　　　）方法。

A. 酸性消解　　　B. 干式消解　　　C. 改变价态消解　　　D. 高温消解

27*. 测定硅酸盐中钾含量时，分解试样的熔剂为（　　　）。

A. K_2CO_3 　　　　　B. 硼砂 　　　　　C. 过氧化钠 　　　　　D. 偏硼酸锂

28. 硼砂作为熔剂时，一般和（　　　　）按一定比例混合用于分解难分解的矿物。

A. K_2CO_3 　　　　　B. 氢氧化钠 　　　　　C. 过氧化钠 　　　　　D. 偏硼酸锂

29. 使用 HF 分解试样时，一般在下列哪种器皿中进行？（　　　　）

A. 银器皿 　　　　　B. 塑料器皿 　　　　　C. 玻璃器皿 　　　　　D. 瓷器皿

30*. 一批工业物料总体单元数为 800 桶，采样单元数应为（　　　　）。

A. 25 　　　　　B. 26 　　　　　C. 27 　　　　　D. 28

（二）物理常数测定

1. 熔点的测定中，应选用的设备是（　　　　）。

A. 提勒管 　　　　　B. 茹可夫瓶 　　　　　C. 比色管 　　　　　D. 滴定管

2. 测定挥发性有机液体的沸程时，100mL 液体样品的馏出体积应在（　　　　）以上，否则实验无效。

A. 80mL 　　　　　B. 90mL 　　　　　C. 98mL 　　　　　D. 60mL

3. 测定液体的折射率时，在目镜中应调节观察到下列（　　　　）图形式时才能读数。

A. 　　　　B. 　　　　C. 　　　　D.

4. 用密度瓶法测密度时，20℃纯水质量为 50.2506g，试样质量为 48.3600g，已知 20℃时纯水的密度为 0.9982g/cm³，则该试样密度为（　　　　）g/cm³。

A. 0.9606 　　　　　B. 1.0372 　　　　　C. 0.9641 　　　　　D. 1.0410

5. 下列黏度计能用于测定绝对黏度的是（　　　　）。

A. 恩氏黏度计 　　　B. 毛细管黏度计 　　　C. 旋转黏度计 　　　D. 赛氏黏度计

6. 下列叙述错误的是（　　　　）。

A. 折射率作为纯度的标志比沸点更可靠

B. 阿贝折射仪是根据临界折射现象设计的

C. 阿贝折射仪的测定范围在 1.3～1.8

D. 折射分析法可直接测定糖溶液的浓度

7. 测定物质的凝固点常用（　　　　）。

A. 称量瓶 　　　　　B. 燃烧瓶 　　　　　C. 茹可夫瓶 　　　　　D. 凯达尔烧瓶

8. 液体的沸程是指液体在规定条件下蒸馏，第一滴馏出物从冷凝管末端落下的瞬间至蒸馏瓶底最后一滴液体蒸发瞬间的温度间隔。在这个定义中，标准规定的条件是指（　　　　）。

A. 101.325kPa 　　B. 102.25kPa 　　C. 100.325kPa 　　D. 103.325kPa

9. 有机化合物的旋光性是由于（　　　　）产生的。

A. 有机化合物的分子中有不饱和键

B. 有机化合物的分子中引入了能形成氢键的官能团

C. 有机化合物的分子中含有不对称结构

D. 有机化合物的分子含有卤素

10. 关于有机溶剂的闪点，正确的说法是（　　　　）。

A. 沸点低的闪点高　　　　　　　　B. 大气压力升高时，闪点升高

C. 易蒸发物质含量高，闪点高　　　D. 温度升高，闪点随之升高

11. 毛细管法测熔点时，毛细管中样品的最上层面应靠在测量温度计的水银球（　　　　）。

　　A. 无一定要求　　　B. 上部　　　　　C. 下部　　　　　D. 中部

12. 测定沸程安装蒸馏装置时，使测量温度计水银球上端与蒸馏瓶和支管接合部的（　　　　）保持水平。

　　A. 无一定要求　　　B. 上沿　　　　　C. 下沿　　　　　D. 中部

13. 测定易挥发有机物的密度，不宜采用（　　　　）。

　　A. 密度瓶法　　　B. 韦氏天平法　　　C. 密度计法　　　D. 无特殊要求

14. 在油品闪点的测定中，测轻质油的闪点时应采用哪种方法？（　　　　）

　　A. 开口杯法　　　B. 闭口杯法　　　C. 两种方法均可

15*. 测定某右旋物质，用蒸馏水校正零点为 $-0.55°$，该物质溶液在旋光仪上读数为 $6.24°$，则其旋光度为（　　　　）。

　　A. $-6.79°$　　　B. $-5.69°$　　　C. $6.79°$　　　D. $5.69°$

16*. 下列试样既能用密度瓶法又能用韦氏天平法测定其密度的是（　　　　）。

　　A. 丙酮　　　　　B. 汽油　　　　　C. 乙醚　　　　　D. 甘油

17*. 通过下列筛网后颗粒最小的是（　　　　）。

　　A. 20 目　　　　　B. 40 目　　　　　C. 60 目　　　　　D. 80 目

18*. 某厂实验室测得该厂生产的产品熔点为 140.0℃，温度计露出塞外处的刻度 100℃，辅助温度计读数 40℃，室温 25℃，温度计校正值 $\Delta t_1 = -0.2$℃，校正后的熔点为（　　　　）。

　　A. 140.44℃　　　B. 140.54℃　　　C. 140.84℃　　　D. 140.64℃

19. 使用显微熔点仪测定熔点时需预置一个温度，该温度应比实际熔点（　　　　）。

　　A. 高　　　　　B. 低　　　　　C. 相等　　　　　D. 无所谓

20*. 在测定液体的沸点时，载热体液面、试样液面和温度计水银柱三者的高度要求正确的是（　　　　）。（从高到低依次排列）

　　A. 载热体液面　　　　试样液面　　　　温度计水银柱

　　B. 温度计水银柱　　　试样液面　　　　载热体液面

　　C. 载热体液面　　　　温度计水银柱　　试样液面

　　D. 温度计水银柱　　　载热体液面　　　试样液面

21. 下列有关熔点的说法错误的是（　　　　）。

　　A. 同系物中熔点随相对分子质量的增大而增高

　　B. 同系列化合物熔点随支链增加而增大

　　C. 分子中引入氢键后，熔点会升高

　　D. 分子结构越对称，熔点越高

22. 下列有关沸点的说法错误的是（　　　　）。

　　A. 在同系列中，相对分子质量增大，沸点增高，但递增值逐渐减小

　　B. 在脂肪族化合物的异构体中，直链异构体比有侧链的异构体的沸点高，侧链越多，沸点越高

C. 在醇、卤代物、硝基化合物的异构体中，伯异构体沸点最高，仲异构体次之，叔异构体最低

D. 在顺反异构体仲，顺式异构体有较大的偶极矩，其沸点比反式的高

23. 旋光度的大小主要决定于（　　　）。

A. 旋光性物质的分子结构　　　　　　　　B. 溶液的浓度

C. 液层厚度　　　　　　　　　　　　　　D. 入射时偏振光的波长

24. 下列测定熔点时载热体的选择原则错误的是（　　　）。

A. 载热体应选用沸点高于被测物全熔温度　　B. 性能稳定

C. 清澈透明　　　　　　　　　　　　　　D. 黏度大

25. 20℃水的运动黏度为 $1.0067×10^{-4}$ m^2/s，在毛细管黏度计的流动时间为 14.5 s，在 20℃时测得某试样在毛细管黏度计中的流动时间为 152s，该试样的运动黏度为（　　　）。

A. $1.06×10^{-3}m^2/s$　　　　　　　　　　B. $10.55×10^{-3}m^2/s$

C. $9.60×10^{-5}m^2/s$　　　　　　　　　　D. $9.60×10^{-6}m^2/s$

26. 使用韦氏天平测定某一挥发性液体的密度，已知天平平衡时，一号骑码在第八位，二号骑码在第七位，三号骑码在第九位，四号骑码在第一位，则该挥发性液体的密度为（　　　）g/mL。（已知水的密度为 0.9987g/mL，韦氏天平测定水时的读数为 0.9998）

A. 1.1358　　　B. 0.8781　　　C. 0.8791　　　D. 0.8801

27. 下列物质不能用密度瓶法进行测定的是（　　　）。

A. 丙三醇　　　B. 硫酸　　　C. 乙醇　　　D. 磷酸

28*. 某物质的理论熔点在 290℃左右，下列物质中的合适载热体为（　　　）。

A. 浓硫酸　　　B. 丙三醇　　　C. 液体石蜡　　　D. 有机硅油

29. 糖的分子都具有（　　　）。

A. 旋光性　　　B. 折光性　　　C. 透光性　　　D. 吸光性

（三）化工生产原料分析

1*. 欲测定高聚物的不饱和度，可以选用的方法是（　　　）。

A. 催化加氢法　　　B. ICl 加成法　　　C. 过氧酸加成法　　　D. 乌伯恩法

2*. 下列说法错误的是（　　　）。

A. 聚醚多元醇可用邻苯二甲酸酐酰化法测定其羟值

B. 硝酸铈铵法可在可见光区测定微量羟基化合物

C. 乙酰化法可以测定伯、仲胺的含量

D. 乙酰化法可以测定水溶液中的醇类

3*. 下列说法错误的是（　　　）。

A. 元素定量多用于结构分析

B. 氧化性物质的存在不影响羟胺肟化法测定羰基

C. 官能团定量多用于成分分析

D. 根据酰化成酯的反应能定量测定醇的含量

4*. 下列哪一种指示剂不适合重氮化法的终点判断？（　　　）

A. 结晶紫　　　B. 中性红　　　C. "永停法"　　　D. 淀粉碘化钾试纸

5*. 以下哪一种物质不可以用亚硫酸氢钠法测定其含量？（　　　）

A. 丙酮　　　B. 甲醛　　　C. 环己酮　　　D. 乙醛

6. 分析用水的质量要求中，不用进行检验的指标是（　　　）。

A. 阳离子　　　　　B. 密度　　　　　C. 电导率　　　　　D. pH

7*. 用硫酸钡重量法测定黄铁矿中硫的含量时，为排除 Fe^{3+}、Cu^{2+}，先将试液通过（　　）交换树脂，再进行测定。

A. 强碱性阴离子　　　B. 弱碱性阴离子　　　C. 强酸性阳离子　　　D. 弱酸性阳离子

8*. 用有机溶剂萃取分离某待分离组分，设试样水溶液体积为 $V_水$，含待分离组分 m_0（g），已知待分离组分在有机相和水相中的分配比为 D，如分别用体积为 $V_有$ 的有机萃取剂连续萃取两次后，则剩余在水相中的待分离组分质量 m_2（g）的表达式正确的是（　　　）。

A. $m_2 = m_1 \left(\dfrac{V_有}{DV_有 + V_水} \right)^2$ 　　　　　　B. $m_2 = m_0 \left(\dfrac{V_水}{DV_有 + V_水} \right)^2$

C. $m_2 = m_0 \left(\dfrac{V_水}{DV_有 + V_水} \right)$ 　　　　　　D. $m_2 = m_0 \left(\dfrac{V_水}{DV_有 + V_水} \right)^4$

9*. 在 40mL CO、CH_4、N_2 的混合气体中，加入过量的空气，经燃烧后，测得体积缩减了 42mL，生成 CO_2 36mL，气体中 CH_4 的体积分数为（　　　）。

A. 10%　　　　　B. 40%　　　　　C. 50%　　　　　D. 90%

10*. 气体吸收法测定 CO_2、O_2、CO 含量时，吸收顺序为（　　　）。

A. CO、CO_2、O_2 　　　　　　B. CO_2、O_2、CO

C. CO_2、CO、O_2 　　　　　　D. CO、O_2、CO_2

11*. CO 与 N_2 的混合气体 21mL，加入过量空气燃烧后，体积缩减了 2.6mL，CO 在原气体中的百分数为（　　　）。

A. $\varphi(CO) = 24.8\%$ 　　　　　　B. $\varphi(CO) = 54.8\%$

C. $\varphi(CO) = 75.2\%$ 　　　　　　D. $\varphi(CO) = 36.3\%$

12*. HNO_3 在下列哪种溶剂中酸性最强？（　　　）

A. H_2O　　　　　B. HAc　　　　　C. 液氨　　　　　D. H_2SO_4

13*. HNO_3 在下列哪种溶剂中时为碱？（　　　）

A. H_2O　　　　　B. HAc　　　　　C. 液氨　　　　　D. H_2SO_4

14. ICl 加成法测定油脂碘值时，使样品反应完全的试剂量为（　　　）。

A. 样品量的 2~2.5 倍　　　　　　B. 样品量的 1~1.5 倍

C. 样品量的 3~4 倍　　　　　　　D. 样品量的 0.5~0.8

15. 乙酸酐-乙酸钠法测羟基物时，用 NaOH 中和乙酸时不慎过量，造成结果（　　　）。

A. 偏大　　　　　B. 偏小　　　　　C. 不变　　　　　D. 无法判断

16. 费林试剂直接滴定法测定还原糖含量时，使终点灵敏所加的指示剂为（　　　）。

A. 中性红　　　　　B. 溴酚蓝　　　　　C. 酚酞　　　　　D. 亚甲基蓝

17**. ICl 加成法测油脂时，以 V_0、V 分别表示 $Na_2S_2O_3$ 滴定液的空白测定值与样品测定值，以下关系式正确的为（　　　）。

A. $V = (2 \sim 3)V_0$ 　　　　　　B. $V = (1/2 \sim 3/5)V_0$

C. $V_0 = (1 \sim 1.5)V$ 　　　　　　D. $V_0 = (3 \sim 5)V$

18. 费林试验要求的温度为（　　　）。

A. 室温　　　　　B. 直接加热　　　　　C. 沸水浴　　　　　D. 冰水浴

19. 测定煤中挥发分时，用下列哪种条件？（　　　）

A. 在稀薄的空气中受热　　　　　　B. 氧气流中燃烧

C. 隔绝空气受热　　　　　　　　　D. 高温快速加热

20. 用化学吸收法测定工业气体中 CO_2 含量时，要选择哪种吸收剂？（　　　　）

A. NaOH 溶液　　　B. KOH 溶液　　　C. $Ba(OH)_2$ 溶液　　D. 亚铜铵溶液

21*. 含 CO 与 N_2 的样气 10mL，在标准状态下加入过量氧气使 CO 完全燃烧后，气体体积减少了 2mL，样气中有 CO 多少毫升？（　　　　）

A. 2mL　　　　　B. 4mL　　　　　C. 6mL　　　　　D. 8mL

22*. 欲测过磷酸钙中有效磷的含量，制备分析试液应选用的抽取剂是（　　　　）。

A. 水、彼得曼试剂　　　　　　　　B. 水、2%柠檬酸溶液

C. 中性柠檬酸铵溶液　　　　　　　D. 蒸馏水

23. 用烘干法测定煤中的水分含量属于称量分析法的（　　　　）。

A. 沉淀法　　　B. 气化法　　　C. 电解法　　　D. 萃取法

24*. 小氮肥（指 NH_4HCO_3）中水分的测定适宜用哪种方法？（　　　　）

A. 干燥法　　　B. CaC_2 气体体积法　　　C. 有机溶剂蒸馏法　　　D. 卡尔-费休法

25. 下列燃烧方法中，不必加入燃烧所需的氧气的是（　　　　）。

A. 爆炸法　　　　　　　　　　　B. 缓慢燃烧法

C. 氧化铜燃烧法　　　　　　　　D. 爆炸法或缓慢燃烧法

26. 以下测定项目不属于煤样的工业组成的是（　　　　）。

A. 水分　　　B. 总硫　　　C. 固定碳　　　D. 挥发分

27. 不属于钢铁中五元素的是（　　　　）。

A. 硫　　　　B. 铁　　　　C. 锰　　　　D. 磷

E. 硅　　　　F. 碳

28. 韦氏法常用于测定油脂的碘值，韦氏液的主要成分是（　　　　）。

A. 氯化碘　　　B. 碘化钾　　　C. 氯化钾　　　D. 碘单质

29*. 高碘酸氧化法测甘油含量时，n（甘油）与 n（$Na_2S_2O_3$）之间的化学计量关系为（　　　　）。

A. n（甘油）$=1/2 \, n$（$Na_2S_2O_3$）　　　B. n（甘油）$=1/3 \, n$（$Na_2S_2O_3$）

C. n（甘油）$=1/4 \, n$（$Na_2S_2O_3$）　　　D. n（甘油）$=n$（$Na_2S_2O_3$）

30. 在测定废水中化学需氧量时，为了免去 Cl^- 的干扰，必须在回流时加入（　　　　）。

A. 硫酸汞　　　B. 氯化汞　　　C. 硫酸锌　　　D. 硫酸铜

31. 称量易挥发液体样品用（　　　　）。

A. 称量瓶　　　B. 安瓿球　　　C. 锥形瓶　　　D. 滴瓶

32. 氯气常用（　　　　）作吸收剂。

A. 碘标准溶液　　　B. 盐酸标准溶液　　　C. 碘化钾溶液　　　D. 乙酸锌溶液

33. 半水煤气中不被吸收、不能燃烧的部分视为（　　　　）。

A. 氯气　　　B. 硫化氢气体　　　C. 氮气　　　D. 惰性气体

34. 碘值是指（　　　　）。

A. 100g 样品相当于加碘的克数　　　　B. 1g 样品相当于加碘的克数

C. 100g 样品相当于加碘的毫克数　　　D. 1g 样品相当于加碘的毫克数

35. 羟值是指（　　　　）。

A. 100g 样品中的羟基相当于氢氧化钾的克数

B. 1g 样品中的羟基相当于氢氧化钾的克数

C. 100g 样品中的羟基相当于氢氧化钾的毫克数

D. 1g 样品中的羟基相当于氢氧化钾的毫克数

36*. 用高锰酸银热分解产物作催化剂测定碳氢，吸收管排列顺序是（　　　）。

A. 吸水管—除氮管—吸收二氧化碳管　　　B. 除氮管—吸水管—吸收二氧化碳管

C. 吸收二氧化碳管—除氮管—吸水管　　　D. 吸收二氧化碳管—吸水管—除氮管

37. 乙酐-吡啶-高氯酸法测醇时，酰化剂过量 50％以上才能反应完全，所以 NaOH 滴定剂的用量 V_0（空白测定值）与 V（样品测定值）之间的关系为（　　　）。

A. $V > 2/3\ V_0$　　　B. $V > 1/2\ V_0$　　　C. $V > 1/3\ V_0$　　　D. $V > 1/4\ V_0$

38. 高碘酸氧化法可测定（　　　）。

A. 伯醇　　　　　B. 仲醇　　　　　C. 叔醇　　　　　D. α-多羟基醇

39*. 下列分子中能产生紫外吸收的是（　　　）。

A. NaO　　　　　B. C_2H_2　　　　　C. CH_4　　　　　D. K_2O

40*. 测定煤中含硫量时，规定称样量为 3g，精确至 0.1g，则下列哪组数据表示的结果更合理？（　　　）

A. 0.042％　　　　B. 0.0420％　　　　C. 0.04198％　　　　D. 0.04％

41**. 用燃烧分解法测定碳和氢的含量时，若样品中含有少量的氮元素，吸收燃烧产物中的水、二氧化碳及氮氧化物的吸收管的安装顺序应该为（　　　）。

A. H_2O 吸收管，CO_2 吸收管，NO_x 吸收管

B. H_2O 吸收管，NO_x 吸收管，CO_2 吸收管

C. NO_x 吸收管，H_2O 吸收管，CO_2 吸收管

D. H_2O 吸收管，CO_2 吸收管，NO_x 吸收管

42. 用气化法测定某固体样中含水量可选（　　　）。

A. 低型称量瓶　　　B. 高型称量瓶　　　C. 表面皿　　　D. 烧杯

五、有机分析

（一）元素定量分析

1*. 氧瓶燃烧法测定有机硫含量，在 pH＝4 时，以吐啉为指示剂，用高氯酸钡标准溶液滴定，终点颜色难以辨认，可加入（　　　）做屏蔽剂，使终点由淡黄绿色变为玫瑰红色。

A. 六次甲基四胺　　　B. 次甲基蓝　　　C. 亚硫酸钠　　　D. 乙酸铅

2*. 重氮化法可以测定（　　　）。

A. 脂肪伯胺　　　B. 脂肪仲胺　　　C. 芳伯胺　　　D. 芳仲胺

3*. 用氧瓶燃烧法测定卤素含量时，试样分解后，燃烧瓶中棕色烟雾未消失即打开瓶塞，将使测定结果（　　　）。

A. 偏高　　　　　　　　　　B. 偏低

C. 偏高或偏低　　　　　　　D. 棕色物质与测定对象无关，不影响测定结果

4. 碘酸钾-碘化钾氧化法测定羧酸时，每一个羧基能产生（　　　）个碘分子。

A. 0.5　　　　　B. 1　　　　　C. 2　　　　　D. 3

5. 有机物在 CO_2 气流下通过氧化剂及金属铜燃烧管分解，其中氮元素转化

成（　　　）气体。

    A. 二氧化氮　　　　　　B. 一氧化氮　　　　　C. 一氧化二氮　　　　D. 氮气

6. 用燃烧分解法测定碳和氢的含量时，吸收燃烧产物中水和二氧化碳的顺序应该为（　　　）。

    A. 先吸收水　　　　　　　　　　　B. 先吸收二氧化碳

    C. 两者同时吸收　　　　　　　　　D. 先吸收哪个都一样

7**. 以下含氮化合物可以用凯达尔法测定的是（　　　）。

    A. TNT 炸药　　　　　B. 硫脲　　　　　C. 硫酸肼　　　　D. 氯化偶氮苯

8. 艾氏卡法测定全硫的方法中，艾氏卡试剂的组成为（　　　）。

    A. 1 份 MgO＋2 份 Na_2CO_3　　　　　　B. 2 份 MgO＋1 份 Na_2CO_3

    C. 1 份 MgO＋2 份 $Ca(OH)_2$　　　　　D. 2 份 MgO＋1 份 $Ca(OH)_2$

9. 氧瓶燃烧法所用的燃烧瓶是（　　　）。

    A. 透明玻璃瓶　　　　　　　　　　B. 硬质塑料瓶

    C. 硬质玻璃锥形磨口瓶　　　　　　D. 碘量瓶

10. 氧瓶燃烧法测定卤素含量时，常用（　　　）标准滴定溶液测定卤离子的含量。

    A. 硝酸汞　　　　B. 二苯卡巴腙　　　　C. 氢氧化钠　　　　D. 盐酸

11*. 凯达尔法测定硝基苯中氮含量，通常采用（　　　）催化剂。

    A. K_2SO_4＋$CuSO_4$　　　　　　　　B. K_2SO_4＋$CuSO_4$＋硒粉

    C. K_2SO_4＋$CuSO_4$＋H_2O_2　　　　D. 还原剂＋K_2SO_4＋$CuSO_4$

12*. 氧瓶燃烧法测定含磷有机硫化物，下列情况中使结果偏高的是（　　　）。

    A. 试样燃烧分解后溶液呈黄色　　　　B. 滴定前未加入氧化镁

    C. 滴定时未加入乙醇　　　　　　　　D. 滴定时 pH＜2

13*. 采用氧瓶燃烧法测定硫的含量，有机物中的硫转化为（　　　）。

    A. SO_3　　　　B. SO_2　　　　C. SO_3 与 SO_2 的混合物　　　　D. H_2S

14*. 尿素中总氮测定应选用下列哪种方法？（　　　）

    A. 沉淀滴定法　　　　　　　　　　B. 氧化还原滴定法

    C. 蒸馏后酸碱滴定法　　　　　　　D. 重量法

15. 含氮有机物样品处理时，一般用（　　　）裂解有机物，释放其中的氮元素。

    A. 浓硫酸　　　　B. 浓盐酸　　　　C. 苛性碱　　　　D. 熔融法

16. 测定有机化合物中硫含量时，样品处理后，以吐啉为指示剂，用高氯酸钡标准溶液滴定终点时溶液颜色为（　　　）。

    A. 蓝色　　　　B. 红色　　　　C. 绿色　　　　D. 黄色

17*. 测定有机化合物中的硫，可用氧瓶法分解试样，使硫转化为硫的氧化物，并在过氧化氢溶液中转化为 SO_4^{2-}，然后用吐啉作指示剂，$BaCl_2$ 标准溶液作滴定剂，在（　　　）介质中直接滴定。

    A. 水溶液　　　　B. 80%乙醇溶液　　　　C. 三氯甲烷溶液　　　　D. 冰醋酸溶液

18**. 用氧瓶燃烧法测定某含氯试样。称取试样 2.636g，滴定样品消耗 $Hg(NO_3)_2$ 标准溶液的体积为 26.26mL，空白测定消耗 $Hg(NO_3)_2$ 为 8.06mL，若 $Hg(NO_3)_2$ 标准溶液的浓度为 0.9807mol/L，则该试样中氯的质量分数是（　　　）。

    A. 48.34%　　　　B. 24.17%　　　　C. 34.81%　　　　D. 12.09%

19*. 有机溴化物燃烧分解后，用（　　　　）吸收。

A. 水　　　　B. 碱溶液　　　　C. 过氧化氢的碱溶液　　　　D. 硫酸肼和 KOH 混合液

20*. 用凯氏法测定有机物中氮含量，下列说法错误的是（　　　　）。

A. 在样品的分解过程中常加入硫酸铜作为反应的催化剂

B. 为加快样品分解的速度，应将分解温度控制在 500℃ 以上

C. 硒粉在分解反应中催化效能高，但要严格控制其用量

D. 在化合物较难分解时，可添加适量的过氧化氢以加速消化

21. 测定有机物中的卤素，目前应用最多的方法是（　　　　）。

A. 卡里乌斯封管法　　　　　　　　B. 过氧化氢分解法

C. 斯切潘诺夫法　　　　　　　　　D. 氧瓶燃烧法

22*. 氧瓶燃烧法分解有机试样时以（　　　　）为催化剂提高反应温度。

A. 铂丝　　　　B. 硝酸银　　　　C. 硫酸铜　　　　D. 过氧化钠

23. 氧瓶燃烧法分解有机试样时需称取试样 15mg，则需用（　　　　）mL 的燃烧瓶。

A. 100　　　　B. 250　　　　C. 500　　　　D. 1000

24*. 含碘的有机物在氧气中燃烧分解，所用的吸收液为（　　　　）。

A. KOH　　　　B. NaOH　　　　C. 硫酸肼和氢氧化钾混合溶液　　　　D. 硫酸肼

25. 氧瓶燃烧法分解有机试样时温度可以达到（　　　　）℃。

A. 400　　　　B. 800　　　　C. 1000　　　　D. 1200

26*. 下列有关氧瓶燃烧法说法错误的是（　　　　）。

A. 若吸收液中有黑色小颗粒或滤纸碎片，则可能试样未被完全分解，必须重做

B. 用硝酸中和时，吸收液变为黄色后结束该操作

C. 沸点较低的液体样品，可以直接滴在滤纸中央，与固体样品同样的方法处理

D. 沸点较高的液体样品，可以直接滴在滤纸中央，与固体样品同样的方法处理

27. 有机物中的碳元素主要用高温燃烧法进行测定，生成的二氧化碳一般用碱石棉吸收，碱石棉的组成为（　　　　）。

A. KOH 与石棉　　　B. NaOH 与石棉　　　C. Na_2CO_3 与石棉　　　D. 石棉

28*. 碳氢测定中，卤素与硫干扰测定，可以用高锰酸银热解产物来消除干扰，其中起作用的是（　　　　）。

A. Mn　　　　B. 活性 MnO_2　　　　C. Ag.　　　　D. O

29*. 碳氢测定中，氮干扰测定，可以用高锰酸银热解产物来消除干扰，其中起作用的是（　　　　）。

A. Mn　　　　B. 活性 MnO_2　　　　C. Ag　　　　D. O

30*. 下列关于有机物中碳氢测定说法错误的是（　　　　）。

A. 碱石棉能吸收二氧化碳和水，因此可以用碱石棉测定生成的二氧化碳和水的量

B. 高锰酸银热解产物既可作为催化剂，又能消除其他元素的干扰

C. 无水高氯酸镁吸收管必须安装在碱石棉管的前面

D. 高锰酸银和有机化合物不能直接接触加热

31*. 下列分析方法不属于卤素测定的是（　　　　）。

A. 凯达尔法　　　　　　　　　　　B. 卡里乌斯封管法

C. 氧瓶燃烧法　　　　　　　　　　D. 过氧化钠分解法

32*. 有机物中硫的测定，用高氯酸钡标准溶液以吐啉即 2（α-羟基-3,6-二磺酸-1-萘基偶氮）苯砷酸为指示剂，在 pH＝4 时，加入少量次甲基蓝做屏蔽剂，终点颜色为（　　　）。

A. 红色　　　　　B. 黄色　　　　　C. 蓝色　　　　　D. 玫瑰红色

33*. 用滴定法测定有机物中的硫时，P 的存在干扰测定，可以加入（　　　）加以消除。

A. 氧化钙　　　　B. 氧化镁　　　　C. 次甲基蓝　　　　D. 乙醇

34. 示差导热法自动元素分析仪不可以分析有机物试样中的（　　　）元素。

A. C　　　　　　B. H　　　　　　C. S　　　　　　D. N

35. 微库仑法元素分析仪通常用于测定（　　　）。

A. C　　　　　　B. H　　　　　　C. S　　　　　　D. N

（二）有机官能团分析

1*. 下列物质不能与 Br_2 的 CCl_4 溶液反应的是（　　　）。

A. 苯酚　　　　　B. 丙炔　　　　　C. 丙三醇　　　　D. 烯丙醇

2. 下列哪种试剂可以检验溴丁烷？（　　　）

A. 硝酸银溶液　　B. 氢氧化钠溶液　C. 高锰酸钾溶液　D. 水

3*. 有关卤代烃与硝酸银溶液反应的难易程度，正确的是（　　　）。

A. $R_3CCl > R_2CHCl > RCH_2Cl$

B. $R_2CHCl > RCH_2Cl > R_3CCl$

C. $R_3CCl > RCH_2Cl > R_2CHCl$

D. $RCH_2Cl > R_2CHCl > R_3CCl$

4**. 下列试剂能与硝酸铈溶液产生显色反应的是（　　　）。

A. 丙酮　　　　　B. 丙烯　　　　　C. 乙酸乙酯　　　D. 乙醇

5**. 下列试剂不能与硝酸铈溶液产生显色反应的是（　　　）。

A. 乙二醇　　　　B. 间苯二酚的水溶液　　　　C. 甘油　　　　D. 丙烯酸

6*. 下列物质中，与卢卡斯试剂反应速率最快的是（　　　）。

A. 正丙醇　　　　B. 正丁醇　　　　C. 叔丁醇　　　　D. 仲丁醇

7. 不能与三氯化铁试液产生颜色变化的是（　　　）。

A. 苯酚　　　　　B. 邻苯二酚　　　C. 苯甲醇　　　　D. 乙酰乙酸乙酯

8**. 下列物质中不能与 2,4-二硝基苯肼试剂产生黄色沉淀的是（　　　）。

A. 丙醛　　　　　B. 正丙醇　　　　C. 苯甲醛　　　　D. 丙酮

9*. 下列物质中能与费林试剂反应的是（　　　）。

A. 正丁醛　　　　B. 苯甲醛　　　　C. 正丁酮　　　　D. 乙酸

10*. 某化合物溶解性试验呈碱性，且溶于 5％的稀盐酸，与亚硝酸作用时有黄色油状物生成，该化合物为（　　　）。

A. 乙胺　　　　B. 脂肪族伯胺　　C. 脂肪族仲胺　　D. 脂肪族叔胺

11**. 下列物质不能与亚硝酸反应的是（　　　）。

A. 脂肪胺叔胺　　　　　　　　B. 脂肪族仲胺

C. 脂肪族伯胺　　　　　　　　D. N,N-二甲基苯胺

12*. 不能用于鉴别羧酸的方法有（　　　）。

A. KIO_3-KI 法　　B. 羟肟酸铁法　　C. 指示剂法　　　D. 高锰酸钾法

13*. 一般情况下，鉴别脂肪族伯、仲、叔胺的有效方法是（ 　　 ）。

A. 兴士堡试验　　B. 亚硝酸试验　　C. 卢卡斯试验　　D. 席夫试验

14*. 鉴别苯乙胺与对甲苯胺的试剂可用（ 　　 ）。

A. 亚硝酸　　　　B. 柠檬酸-乙酐　　C. Tollen 试剂　　D. 硝酸铈铵

15. 鉴别 $CH_3C\equiv CH$ 与 $CH_2=CH_2$，可采用下列（ 　　 ）试剂。

A. 甲醛-浓硫酸　　　　　　　　B. 硝酸银的氨溶液

C. 卤化氢　　　　　　　　　　D. 氯仿-三氯化铝

16. 鉴别甲苯与正己烷的化学方法是（ 　　 ）。

A. 溴水　　　　B. 硝酸银的氨溶液　　C. 高锰酸钾　　D. 氯仿-三氯化铝

17*. 官能团定量分析，为了使反应完全经常采用（ 　　 ）。

A. 试剂过量和加入催化剂　　　　B. 试剂过量和产物移走

C. 回流加热和加催化剂　　　　　D. 产物移走和加热

18*. 鉴别正溴丁烷、仲溴丁烷、叔溴丁烷的化学试剂是（ 　　 ）。

A. $AgNO_3/ROH$　　B. $NaOH/ROH$　　C. $NaOH/H_2O$　　D. Na

19*. 不含共轭结构的醛和酮与2,4-二硝基苯肼生成的腙的颜色一般为（ 　　 ）。

A. 黄色　　　　　B. 红色　　　　　C. 橙色　　　　　D. 蓝色

20. 下列方法中可以用来鉴别酯类物质的是（ 　　 ）。

A. 卢卡斯试验　　B. Tollen 试验　　C. 异羟肟酸试验　　D. 亚硝酸试验

21*. 肟化法测定羰基化合物，为了使反应完全通常试剂过量和（ 　　 ）。

A. 加入乙醇　　　　　　　　　B. 加入吡啶

C. 回流加热 30min　　　　　　D. 严格控制 pH＝4

22. 以下试剂中与卢卡斯试剂反应速率最快的是（ 　　 ）。

A. 苄醇　　　　B. 正丁醇　　　　C. 正丙醇　　　　D. 异丁醇

23. 下列物质中不能与溴水反应的是（ 　　 ）。

A. 对苯二酚　　B. β-萘酚　　C. 苯胺　　　　D. 水杨酸

24. 下列物质中不能与三氯化铁溶液反应的是（ 　　 ）。

A. 对苯二酚　　B. β-萘酚　　C. 苯胺　　　　D. 水杨酸

25. 下列物质中不能与 Tollen 试剂反应的是（ 　　 ）。

A. 对苯二酚　　B. 甲酸　　　　C. 甲醛　　　　D. 水杨醛

26. 下列物质中不能与品红醛试剂反应的是（ 　　 ）。

A. 对苯二酚　　B. 甲酸　　　　C. 甲醛　　　　D. 水杨醛

27. 下列物质中不能与二硝基苯肼试剂反应的是（ 　　 ）。

A. 苯甲酸　　　B. 苯甲酮　　　C. 乙酰乙酸乙酯　　D. 乙醛

28*. 下列物质中不能与费林试剂反应的是（ 　　 ）。

A. 乙醛　　　　B. 苯甲酮　　　C. 甲醛　　　　D. 异丁醛

29*. 下列物质中不能发生次碘酸试验的是（ 　　 ）。

A. 丙酮　　　　B. 苯甲酮　　　C. 仲丁醇　　　D. 甲醛

30*. 下列物质中能发生次碘酸试验的是（ 　　 ）。

A. 丁醇　　　　B. 正丁醛　　　C. 甲醛　　　　D. 乙醛

31. 有机化工产品中微量羰基化合物的测定，羰基化合物是以（ 　　 ）表示的。

A. 乙醛　　　　　　B. 苯乙酮　　　　　　C. 丙酮　　　　　　D. 乙醇

32. 下列试剂中可以用来鉴别羧酸的是（　　　　）。

A. 二硝基苯肼试剂　　B. 甲基红指示剂　　C. 乙酰氯试剂　　D. 三氯化铁试剂

33. 下列方法中可以用来鉴别酯类物质的方法是（　　　　）。

A. 品红-醛试验　　　B. 异羟肟酸试验　　C. Tollen 试验　　D. 甲基红试验

34. 下列物质中不能与苯磺酰氯反应的是（　　　　）。

A. 伯胺　　　　　　　B. 叔胺　　　　　　　C. 仲胺

35. 下列物质中能够与氢氧化亚铁反应的是（　　　　）。

A. 异丙醇　　　　　　B. 丙醇　　　　　C. 硝基乙烷　　　D. 甲苯

36. 下列物质中不能与氢氧化亚铁反应的是（　　　　）。

A. 硝基苯　　　　　　B. 硝基乙烷　　　　C. 苯胺　　　　　D. 2,4-二硝基氯苯

37. 下列物质可以与乙酸条件下的锌粉发生氧化还原反应的是（　　　　）。

A. 硝基化合物　　　　B. 醇类化合物　　　C. 芳香烃　　　　D. 脂肪醛

38. 下列物质中能与 Tollen 试剂发生反应的是（　　　　）。

A. 乙醛　　　　　　　B. 乙酸　　　　　C. 乙酸乙酯　　　D. 乙醚

39. 下列物质中能与品红醛试剂反应的是（　　　　）。

A. 丙醛　　　　　　　B. 丙酮　　　　　C. 丙酸　　　　　D. 间苯二酚

40. 下列物质中能与二硝基苯肼试剂反应的是（　　　　）。

A. 苯甲酸　　　　　　B. 苯甲酮　　　　C. 苯甲醚　　　　D. 苯甲醇

41. 官能团检验时，席夫试验要求的条件为（　　　　）。

A. 强碱性　　　　　　B. 弱碱性　　　　C. 弱酸性　　　　D. 中性

42*. 下列关于有机分析描述错误的是（　　　　）。

A. 有机分析中官能团的定量分析有更加重要的意义

B. 有机分析中的反应要严格控制反应的条件

C. 有机分析大部分需要在有机溶剂中进行

D. 有机分析中将有机物分离进行分别测定较为容易

43*. 乙酸酐-乙酸钠酰化法测羟基时，加入过量的碱的目的是（　　　　）。

A. 催化　　　　　B. 中和　　　　　C. 皂化　　　　　D. 氧化

44*. 肟化法测定羰基化合物加入吡啶的目的是（　　　　）。

A. 催化剂　　　　　　　　　　B. 调节溶液的酸度

C. 抑制逆反应发生　　　　　　D. 加快反应速度

45*. 测定淀粉中羰基含量时，在沸水浴中使淀粉完全糊化，冷却，调 pH 至 3.2，移入 500mL 带玻璃塞的锥形瓶中，精确加入 60mL 羟胺试剂，加塞，在（　　　　）℃下保持 4h。

A. 25　　　　　　　B. 30　　　　　　C. 40　　　　　　D. 60

46. 醛或酮的羰基与羟胺中的氨基缩合而成的化合物称为（　　　　）。

A. 肼　　　　　B. 肟　　　　　C. 腙　　　　　D. 巯基

47. 测定羰基时，常用肟化法，该方法是基于（　　　　）建立起来的。

A. 缩合反应　　　　B. 加成反应　　　　C. 氧化反应　　　D. 中和反应

48. 淀粉糊滴定法测定氧化淀粉中羧基含量，用 0.1mol/L NaOH 标准溶液滴定，用

（ 　　　 ）做指示剂。

A. 甲基红　　　　　　　B．甲基橙　　　　　　C．酚酞　　　　　　D．百里酚蓝

49＊＊．烯基化合物测定时，常用过量的氯化碘溶液和不饱和化合物分子中的双键进行定量的加成反应，反应完全后，加入碘化钾溶液，与剩余的氯化碘作用析出碘，以淀粉作指示剂，用硫代硫酸钠标准溶液滴定，同时做空白。这是利用（ 　　　 ）的原理。

A. 酸碱滴定法　　　　B．沉淀滴定法　　　　C．电位滴定法　　　　D．返滴定法

50＊．乙酰化法测定脂肪族醇的羟值时，消除酚和醛干扰的方法是（ 　　　 ）。

A. 邻苯二甲酸酐酰化法　　　　　　　　B．苯二甲酸酐酰化法
C. 乙酸酐-乙酸钠酰化法　　　　　　　　D．高锰酸钾氧化法

51＊＊．凯达尔法测有机物中氮含量时，称取样品 2.50g，消耗浓度为 0.9971mol/L 的 HCl 标准溶液的体积为 27.82mL，空白测定消耗 HCl 的体积为 2.73mL。则此样品中氮的质量分数是（ 　　　 ）。

A. 21.01%　　　　　B．28.02%　　　　C．14.01%　　　　D．7.00%

52＊＊．一个未知化合物，官能团鉴定实验时得到如下结果：①硝酸铈铵试验（＋）；②N-溴代丁二酰亚胺试验，结果为橙色；③红外光谱表明，在 3400cm^{-1} 有一较强的宽吸收峰。下面说法中正确的是（ 　　　 ）。

A. 该化合物可能是脂肪族伯醇，碳原子数在 10 以下
B. 该化合物可能是脂肪族仲醇，碳原子数在 10 以上
C. 该化合物可能是脂肪族仲醇，碳原子数在 10 以下
D. 该化合物可能是脂肪族伯胺，碳原子数在 10 以下

六、化验室管理

（一）化学试剂管理

1. 下列不属于危险品的是（ 　　　 ）。

A. 可燃性物质　　　B．易挥发物质　　　C．氧化性物质　　　D．有毒物质

2. 易燃易爆物质应存放于（ 　　　 ）。

A. 试剂架　　　　　B．普通冰箱　　　　C．通风橱　　　　　D．铁柜

3. 实验室中存放的瓶装易燃液体不能超过（ 　　　 ）。

A. 20L　　　　　　B．40L　　　　　　C．60L　　　　　　D．10L

4. 下列不属于药品库要求的是（ 　　　 ）。

A. 良好的通风　　　B．防爆电源　　　　C．灭火装置　　　　D．良好的光照

5＊．下列物质不能混放的是（ 　　　 ）。

A. 高氯酸与乙醇　　　　　　　　　　　B．碳酸钠与氢氧化钠
C. 盐酸与硝酸　　　　　　　　　　　　D．高锰酸钾与氢氧化钠

6＊．下列物质能混放的是（ 　　　 ）。

A. 高氯酸与乙醇　　　　　　　　　　　B．碳酸钠与氢氧化钠
C. 硝酸钾与醋酸钠　　　　　　　　　　D．高锰酸钾与硫酸

7. 腐蚀性试剂一般放在（ 　　　 ）器皿中。

A. 金属　　　　　　B．玻璃　　　　　　C．塑料　　　　　　D．石英

8. 硝酸银必须放置在（ 　　　 ）器皿中。

A. 黑色塑料瓶　　　　B. 白色玻璃瓶　　　　C. 棕色玻璃瓶　　　　D. 白色塑料瓶

9. NaOH 应放置在（　　　　）器皿中。

A. 黑色塑料瓶　　　　B. 白色玻璃瓶　　　　C. 棕色玻璃瓶　　　　D. 白色塑料瓶

10. $KMnO_4$ 应放置在（　　　　）器皿中。

A. 黑色塑料瓶　　　　B. 白色玻璃瓶　　　　C. 棕色玻璃瓶　　　　D. 白色塑料瓶

11. 下列哪种试剂不必保存在密封、阴暗处？（　　　　　）

A. 烯烃　　　　　　　B. 碳酸钠　　　　　　C. 四氢呋喃　　　　　D. 液体石蜡

12. 下列哪种试剂放置时间不能超过一年？（　　　　　）

A. 乙醚　　　　　　　B. 乙醇　　　　　　　C. 丙酮　　　　　　　D. 甲苯

13. 开瓶后的乙醚加入下列哪种试剂后能较长时间存放？（　　　　　）

A. 对苯二酚　　　　　B. 乙醇　　　　　　　C. 硫酸亚铁　　　　　D. 1,2,3-苯三酚

14*. 在见光条件下接触空气不会形成过氧化物的试剂是（　　　　　）。

A. 乙醚　　　　　　　B. 四氢呋喃　　　　　C. 液体石蜡　　　　　D. 甲苯

15. 下列有关试剂存放说法错误的是（　　　　　）。

A. 醚类化合物一般存放不能超过一年

B. 腐蚀性试剂宜存放在搪瓷桶中

C. 液体石蜡不需密封保存

D. 烯烃暴露在空气中易生成过氧化物而产生危险

16. 下列有关药品库说法错误的是（　　　　　）。

A. 药品库必须要有良好的通风设备

B. 药品库中的试剂存放必须有一定的规律

C. 药品库必须要有良好的光照条件

D. 药品库必须配备多种灭火设备

17. 无标签试剂应（　　　　　）。

A. 不再使用，但继续保存在药品库中

B. 当危险品重新鉴别后处理

C. 丢入垃圾箱中

D. 将所有无标签试剂集中混合后统一处理

18. 下列有关使用剧毒试剂的说法错误的是（　　　　　）。

A. 领用需经申请，并严格控制领用数量

B. 领用必须双人登记签字

C. 剧毒品应锁在专门的毒品柜中

D. 领用后未用完的试剂由领用人妥善保存

19. 可燃性有机试剂过期后一般采用（　　　　　）法进行处理。

A. 焚烧　　　B. 倒入下水道　　　C. 深坑掩埋　　　D. 加入合适试剂分解

20. 下列属于压缩气体的是（　　　　　）。

A. NH_3　　　　　B. O_2　　　　　C. CO_2　　　　　D. Cl_2

21. 下列属于液化气体的是（　　　　　）。

A. NH_3　　　　　B. O_2　　　　　C. H_2　　　　　D. N_2

22. 下列属于溶解气体的是（　　　　　）。

A. N_2 B. O_2 C. H_2S D. C_2H_2

23. 下列有关易爆试剂保管说法错误的是（   ）。

A. 易挥发易燃试剂应放在铁柜内

B. 易燃试剂保存应远离热源

C. 装有挥发性物质的药品最好用石蜡封住瓶塞

D. 严禁氧化剂和可燃物质一起研磨

24. 下列不属于易爆试剂的是（   ）。

A. 高氯酸盐   B. 亚硝基化合物   C. 重氮化合物   D. 硫化物

25. 关于易爆试剂说法错误的是（   ）。

A. 只有可燃性气体试剂才有爆炸极限

B. 爆炸极限是试剂可能发生爆炸的浓度范围

C. 易爆试剂必须在爆炸极限内才可能发生爆炸

D. 爆炸极限幅度越大，该试剂就越危险

26. 燃烧爆炸性固体试剂存放时室内温度不能超过（   ）℃。

A. 30   B. 35   C. 40   D. 20

27. 硝酸盐在存放时能与下列哪种物质放在一起？（   ）

A. 乙酸乙酯   B. 氯化亚锡   C. 硫氰化钡   D. 硝酸

（二）仪器管理

1. 实验室中天平的变动性增大最可能是下列（   ）条件的影响。

A. 温度过低   B. 湿度过小   C. 湿度过大   D. 气压过大

2. 实验室中光学仪器的性能变差，最可能是下列（   ）的影响。

A. 温度过低   B. 湿度过小   C. 湿度过大   D. 气压过大

3. 实验室中电子仪器的性能变差，最可能是下列（   ）的影响。

A. 温度过高   B. 湿度过小   C. 湿度过大   D. 温度过低

4. 实验室中对痕量分析仪器测定结果影响最大的因素是下列（   ）的影响。

A. 空气中微粒过多   B. 湿度过小   C. 湿度过大   D. 温度过低

5. 聚四氟乙烯材质的器皿使用的最大温度极限为（   ）℃。

A. 80   B. 250   C. 200   D. 300

6. 透明石英材质的器皿使用的最大温度极限为（   ）℃。

A. 500   B. 1250   C. 1100   D. 800

7. 高压聚乙烯材质的器皿使用的最大温度极限为（   ）℃。

A. 80   B. 250   C. 200   D. 300

8. 硼硅玻璃材质的器皿使用的最大温度极限为（   ）℃。

A. 800   B. 400   C. 600   D. 1000

9. 在测定痕量的（   ）物质时可以使用玻璃器皿。

A. K   B. Na   C. Al   D. Pb

10. 聚四氟乙烯材质的器皿在测定下列何种物质时不能使用？（   ）

A. N_2 B. Cl_2 C. HF   D. SiO_2

11. 聚乙烯材质的器皿适用于下列哪种物质的制备和储存？（   ）

A. N_2 B. O_2 C. CO_2 D. Cl_2

12. 下列哪个不是仪器实验室的要求？（　　　）

A. 防震　　　　　　　B. 防腐蚀　　　　　　C. 光照充足　　　　　　D. 防尘

13. 检查可燃气体管道或装置气路是否漏气，禁止使用（　　　）。

A. 火焰　　　　　　　　　　　　　B. 肥皂水

C. 十二烷基硫酸钠水溶液　　　　　D. 部分管道浸入水中的方法

14. 高压纯氩气体钢瓶的外表颜色是（　　　）。

A. 黑色　　　　　　　B. 白色　　　　　　C. 灰色　　　　　　D. 绿色

15. 下列关于仪器设备的技术管理描述错误的是（　　　）。

A. 仪器设备必须进行编号、入账和建卡

B. 仪器设备需定期进行技术鉴定和校验

C. 仪器设备必须合理地维护与保养

D. 仪器设备如出现故障则说明该设备的技术管理有问题

16. 下列关于气瓶存放错误的是（　　　）。

A. 应存放在阳光充足、干燥处

B. 应远离明火、远离热源

C. 应直立固定放置

D. 气瓶放置处要有良好的通风条件

17. 高压纯氧气体钢瓶的外表颜色是（　　　）。

A. 黑色　　　　　　　B. 白色　　　　　　C. 蓝色　　　　　　D. 绿色

18. 酸度计应在（　　　）的环境温度下放置。

A. 0～25℃　　　　　B. 15～60℃　　　　C. 5～45℃　　　　D. 20～25℃

19. 色谱仪器实验室要求空气的相对湿度为（　　　）。

A. ≤50%　　　　　　B. ≤20%　　　　　C. ≤80%　　　　　D. ≤65%

20*. 色谱柱老化的温度为（　　　）。

A. 80℃　　　　B. 120℃　　　　C. 实际操作温度以上 30℃　　　D. 无温度控制

21. 载气的纯度为（　　　）。

A. 99%　　　　B. 99.9%　　　　C. 98%　　　　D. 99.99%以上

22*. 使用原子吸收光谱仪时，防止"回火"的点火和熄火顺序是（　　　）。

A. 先开助燃气，后开燃气；先关燃气，再关助燃气

B. 先开燃气，再开助燃气；先关燃气，再关助燃气

C. 先开燃气，再开助燃气；先关助燃气，再关燃气

D. 先开助燃气，后开燃气；先关助燃气，再关燃气

23*. 空心阴极灯的工作电流应设置在其最大电流的（　　　）。

A. 80%～90%　　　　B. 90%～100%　　　　C. 20%～50%　　　　D. 40%～60%

24. 下列关于仪器管理描述错误的是（　　　）。

A. 仪器设备必须达到分析检验规程的要求

B. 保证仪器设备正常运行

C. 使各仪器设备能相互弥补、协同工作

D. 仪器使用中无需考虑成本问题

（三）检验质量管理

1. 在商品检测中，下列方法不属于根据商品数量检验的种类是（　　　　）。

A. 全数检验　　　　　B. 抽样检验　　　　　C. 第三方检验　　　　　D. 免于检验

2. 商品储存期间最主要的外界影响因素是（　　　　）。

A. 环境卫生　　　　　B. 温湿度　　　　　C. 微生物　　　　　D. 入库检验

3. 产品质量认证标志有（　　　　）。

A. 方圆标志　　　　　B. QS 标志　　　　　C. 合格标志　　　　　D. CCC 标志

4*. 在测定火腿肠中亚硝酸盐含量时，加入（　　　　）作蛋白质沉淀剂。

A. 硫酸钠　　　　　B. $CuSO_4$　　　　　C. 亚铁氰化钾和乙酸锌　D. 乙酸铅

5*. 在减压干燥时，称量皿中样品平铺后厚度不超过皿高的（　　　　）。

A. 1/2　　　　　B. 1/4　　　　　C. 1/5　　　　　D. 1/3

6. 灰分是标示（　　　　）的一项指标。

A. 无机成分总量

B. 有机成分

C. 污染的泥沙和铁、铝等氧化物的总量

7. 为评价果酱中果汁含量的多少，可测其（　　　　）的大小。

A. 总灰分　　　　　B. 水溶性灰分　　　　　C. 酸不溶性灰分

8*. 采用（　　　　）加速灰化的方法，必须做空白试验。

A. 滴加双氧水　　　　　B. 加入碳铵　　　　　C. 乙酸镁

9. 无灰滤纸是指（　　　　）。

A. 灰化后毫无灰分的定量滤纸　　　　　B. 灰化后其灰分小于 0.1mg

C. 灰化后其灰分在 1～3mg 之间　　　　　D. 灰化后其灰分不影响测定的滤纸

10. 测定葡萄的总酸度时，其测定结果以（　　　　）来表示。

A. 柠檬酸　　　　　B. 苹果酸　　　　　C. 酒石酸

11. （　　　　）测定是糖类定量的基础。

A. 还原糖　　　　　B. 非还原糖　　　　　C. 淀粉　　　　　D. 葡萄糖

12. 费林 A 液、B 液（　　　　）。

A. 分别贮存，临用时混合　　　　　B. 可混合贮存，临用时稀释

C. 分别贮存，临用时稀释并混合使用

13. 使空白测定值较低的样品处理方法是（　　　　）

A. 湿法消化　　　　　B. 干法灰化　　　　　C. 萃取　　　　　D. 蒸馏

14. 商品检验的方式有法定检验、公证检验和（　　　　）等。

A. 委托业务检验　　　　　B. 抽样检验　　　　　C. 出厂检验　　　　　D. 送检

15. 在减压干燥时，可选用（　　　　）称量皿。

A. 玻璃　　　　　B. 铝质　　　　　C. 石英　　　　　D. 塑料

多项选择题

一、 基础知识

1. ISO 9000 系列标准是关于（　　　　）方面的标准。

A. 质量管理　　　　B. 质量保证　　　　C. 产品质量　　　　D. 质量保证审核

2. 根据《中华人民共和国标准化法》规定，我国标准按层次分类法可分为（　　　　）。

A. 国家标准　　　　　　B. 行业标准　　　　　　C. 专业标准

D. 地方标准　　　　　　E. 企业标准

3. 下面给出各种标准的代号，属于国家标准的是（　　　　）。

A. "HG/T"　　　　　B. "GB"　　　　　C. "GB/T"　　　　　D. "DB/T"

4*. 我国企业产品质量检验可以采取下列哪些标准？（　　　　）

A. 国家标准和行业标准　　　　　　　B. 国际标准

C. 合同双方当事人约定的标准　　　　D. 企业自行制定的标准

5. 对下列需要统一的技术要求，应当制定标准的是（　　　　）。

A. 工业产品的品种、规格、质量、等级或者安全、卫生要求

B. 有关环境保护的各项技术要求和检验方法

C. 建设工程的设计、施工方法和安全要求

D. 有关工业生产、工程建设和环境保护的技术术语、符号、代号和制图方法

6. 计量法规有（　　　　）。

A. 《中华人民共和国计量法》

B. 《中华人民共和国计量法实施细则》

C. 《中华人民共和国强制检定的工作计量器具明细目录》

D. 《国务院关于在我国统一实行法定计量单位的命令》

7. 对于产品质量法下列表述正确的是（　　　　）。

A. 质量法中所称产品是指经过加工、制作，用于销售的产品

B. 在中华人民共和国境内从事产品生产、销售活动，必须遵守本法

C. 生产者应当对其生产的产品质量负责

D. 裸装的食品和其他根据产品的特点难以附加标识的裸装产品，可以不附加产品标识

8. 根据标准的审批和发布的权限及适用范围，下列哪些是正规的标准？（　　　　）

A. 国际标准　　　　B. 国家标准　　　　C. 外资企业标准　　　　D. 大学标准

9. 下列关于标准的叙述中，不正确的是（　　　　）。

A. 标准和标准化都是为在一定范围内获得最佳秩序而进行的一项有组织的活动

B. 标准化的活动内容指的是制定标准、发布标准与实施标准；当标准得以实施后，标准化活动也就消失了

C. 企业标准一定要比国家标准要求低，否则国家将废除该企业标准

D. 我国国家标准的代号是 GB ××××—××××

10*. 下列标准必须制定为强制性标准的是（　　　　）。

A. 分析（或检测）方法标准　　　　　　　　　B. 环保标准

C. 食品卫生标准 D. 国家标准

11. 标准化工作的任务是（ ）。

A. 制定标准 B. 实施标准 C. 监督标准 D. 修改标准

12*. 我国国家标准 GB 8978—1996《污水综合排放标准》中，把污染物在人体中能产生长远影响的物质称为"第一类污染物"，影响较小的称为"第二类污染物"。在下列污染物中，属于第一类污染物的有（ ）。

A. 氰化物 B. 挥发酚 C. 烷基汞 D. 铅

13*. 国家标准的制定对象包括（ ）。

A. 基本原料技术要求 B. 通用基础性技术要求

C. 重要产品技术要求 D. 工艺、工装、半成品技术要求

14. 下列属于分析方法标准中规范性技术要素的是（ ）。

A. 术语和定义 B. 总则 C. 试验方法 D. 检验规则

15. 我国标准采用国际标准的程度，分为（ ）。

A. 等同采用 B. 等效采用 C. 修改采用 D. 非等效采用

16. 标准物质最显著的特点是（ ）。

A. 具有量值准确性 B. 用于直接法配制标准滴定溶液

C. 用于计量目的 D. 用作基准物质标定待标溶液

17*. 用于统一量值的标准物质，包括（ ）。

A. 化学成分分析标准物质 B. 物理特性与物理化学特性测量标准物质

C. 工程技术特性测量标准物质 D. 基准物质

18. 下列属于标准物质特性的是（ ）。

A. 均匀性 B. 氧化性 C. 准确性 D. 稳定性

19*. 标准物质的主要用途有（ ）。

A. 用作校正物 B. 确定物质特性量值的工作标准

C. 质量安全体系保证 D. 检验和确认分析人员的操作技术和能力

20*. 标准物质可用于（ ）。

A. 仪器的校正 B. 方法的鉴定

C. 实验室内部的质量保证 D. 技术仲裁

21. 化学分析中选用标准物质应注意的问题是（ ）。

A. 以保证测量的可靠性为原则 B. 标准物质的有效期

C. 标准物质的不确定度 D. 标准物质的溯源性

22.《计量法》是国家管理计量工作的根本法，共 6 章 35 条，其基本内容包括（ ）。

A. 计量立法宗旨、调整范围 B. 计量单位制、计量器具管理

C. 计量监督、授权、认证 D. 家庭自用、教学示范用的计量器具的管理

E. 计量纠纷的处理、计量法律责任

23. 计量检测仪器上应设有醒目的标志，分别贴有合格证、准用证或停用证，它们依次用何种颜色表示？

A. 蓝色 B. 绿色 C. 黄色 D. 红色

24. 计量器具的标识有（ ）。

A. 有计量检定合格印、证

B. 有中文计量器具名称、生产厂厂名和厂址

C. 明显部位有"CMC"标志和《制造计量器具许可证》编号

D. 有明示采用的标准或计量检定规程

25*. 化验室检验质量保证体系的基本要素包括（　　　　　）。

A. 检验过程质量保证　　　　　　B. 检验人员素质保证

C. 检验仪器、设备、环境保证　　D. 检验质量申诉和检验事故处理

26. 下列哪几个单位名称属于 SI 国际单位制的基本单位名称？（　　　　）

A. 摩尔　　　　　　B. 克　　　　　　C. 秒　　　　　　D. 升

27. 物质的量浓度的单位名称是"摩尔每升"，其符号可允许的写法（非运算时）有（　　　　　）。

A. mol/升　　　　　B. 摩/升　　　　　C. mol/L　　　　　D. mol·L

28. 使用国内不能生产的进口标准物质时，必须满足以下条件（　　　　　）。

A. 在有效期内，并且有合格证书

B. 经过分析测试，证明性能符合要求

C. 使用新批号时，必须进行比对测试

D. 分析测试和比对测试的数据，必须归档保存，以便审查

29. 以下有关化学试剂的说法正确的是（　　　　　）。

A. 化学试剂的规格一般按试剂的纯度及杂质含量划分等级

B. 通用化学试剂是指优级纯、分析纯和化学纯这三种

C. 我国试剂标准的分析纯相当于 IUPAC 的 C 级和 D 级

D. 化学试剂的品种繁多，目前还没有统一的分类方法

30. 下列适合作为标定标准溶液的试剂是（　　　　　）。

A. 99.95% 以上的基准试剂　　　B. AR　　　C. CP　　　D. GR

31. 仪器分析一般用（　　　　）试剂。

A. 优级纯　　　　　B. 分析纯　　　　C. 化学纯　　　　D. 专用试剂

32. 引起化学试剂变质的原因主要有（　　　　　）。

A. 氧化和吸收二氧化碳　　B. 湿度　　　C. 见光分解　　D. 温度

33. 基准物质应具备的条件是（　　　　　）。

A. 稳定　　　　　　　　　　　　B. 有足够的纯度

C. 具有较大的摩尔质量　　　　　D. 物质的组成与化学式相符

34. 实验室水质检验的项目通常为（　　　　　）。

A. pH　　　　　　B. 吸光度　　　　　C. 颜色　　　　　D. 电导率

35*. 下列物质可用于直接配制标准溶液的是（　　　　　）。

A. 固体 $NaOH$(G. R.)　　　　　B. 浓 HCl(G. R.)

C. 固体 $K_2Cr_2O_7$(G. R.)　　　　D. 固体 KIO_3(G. R.)

E. 固体 $Na_2S_2O_3·5H_2O$ (A. R.)

36. 无机物鉴定反应具有如下特征（　　　　　）。

A. 溶液颜色的变化　　　　　　　B. 沉淀的生成或溶解

C. 气体的生成　　　　　　　　　D. 溶液分层

37*. 鉴定反应都是在一定的反应条件下发生的，其主要影响因素有以下几点（　　　　）。

A. 溶液的浓度　　　　　　　　　　B. 溶液的酸度

C. 溶液的温度　　　　　　　　　　D. 溶剂的影响

38*. Ag^+ 不能与下列哪些离子形成稳定的配合物？（　　　　）

A. CH_3COO^-　　　　B. NH_3　　　　C. CN^-　　　　D. OH^-

39*. $PbCrO_4$ 沉淀可溶解在下列（　　　　）中。

A. KOH 溶液　　　　　　　　　　B. NH_4Cl 溶液

C. HCl 溶液　　　　　　　　　　D. Na_2SO_4 溶液

40*. 鉴定 Cu^{2+} 一般可采用以下哪些方法？（　　　　）

A. $SnCl_2$-$C_6H_5NH_2$ 法　　　　　　B. KI-$CuSO_4$ 法

C. $K_4[Fe(CN)_6]$ 法　　　　　　D. 二硫代乙二酰胺法

41*. 鉴定 Hg^{2+} 一般可采用以下哪些方法？（　　　　）

A. $SnCl_2$-$C_6H_5NH_2$ 法　　　　　　B. KI-$CuSO_4$ 法

C. $K_4[Fe(CN)_6]$ 法　　　　　　D. 二硫代乙二酰胺法

42**. 阳离子第四组包括（　　　　）。

A. Mg^{2+}　　　　B. K^+　　　　C. Na^+　　　　D. NH_4^+

43**. 以下（　　　　）离子对四苯硼化钠法鉴定 K^+ 有干扰。

A. Mg^{2+}　　　　B. Ba^{2+}　　　　C. Na^+　　　　D. NH_4^+

44**. NH_4^+ 的鉴定方法有（　　　　）。

A. 乙酸铀酰锌钠沉淀法　　　　　　B. 气室-奈氏法

C. 氯化对硝基重氮苯法　　　　　　D. 亚硝酸钴钠法

45**. 以下（　　　　）可以用来鉴别 F^-。

A. 无色品红法　　　　　　　　　　B. KNO_2 法

C. 锆-茜素 S 法　　　　　　　　　D. Na_2SiO_3 法

46*. 在下列所述情况中，属于操作错误的是（　　　　）。

A. 称量时，分析天平零点稍有变动　　B. 仪器未洗涤干净

C. 称量易挥发样品时没有采取密封措施　D. 操作时有溶液溅出

47. 天平的计量性能主要有（　　　　）。

A. 稳定性　　　　B. 示值变动性　　　　C. 灵敏性　　　　D. 准确性

48. 在实验中要准确量取 20.00mL 溶液，可以使用的仪器有（　　　　）。

A. 量筒　　　　B. 滴定管　　　　C. 胶帽滴管　　　　D. 吸管

49**. 下述情况何者属于分析人员不应有的操作误差？（　　　　）

A. 称量用电子天平没有校正

B. 称量用砝码没有检定

C. 称量时未等称量物冷却至室温就进行称量

D. 滴定前用被滴定溶液洗涤锥形瓶

50. 在分析中做空白试验的目的是（　　　　）。

A. 提高精密度　　　　　　　　　　B. 提高准确度

C. 消除系统误差　　　　　　　　　D. 消除偶然误差

51**. 在实验中，遇到事故采取正确的措施是（　　　　）。

A. 不小心把药品溅到皮肤或眼内，应立即用大量清水冲洗

B. 若不慎吸入溴、氯等有毒气体或刺激的气体，可吸入少量的酒精和乙醚的混合蒸气来解毒

C. 割伤应立即用清水冲洗

D. 在实验中，衣服着火时，应就地躺下、奔跑或用湿衣服在身上抽打灭火

52**. 下列物质不能在烘箱中烘干（105～110℃）的有（　　　　）。

A. 无水硫酸钠　　　　　B. 氯化铵　　　　　C. 乙醚抽提物　　　　　D. 苯

53*. 下列误差属于系统误差的是（　　　　）。

A. 标准物质不合格　　　　B. 试样未经充分混合　　　　C. 称量时试样吸潮

D. 称量时读错砝码　　　　E. 滴定管未校准

54*. 某分析结果的精密度很好，准确度很差，可能是下列哪些原因造成的？（　　　　）

A. 称量记录有差错　　　　B. 砝码未校正　　　　C. 试剂不纯

D. 所用计量器具未校正　　　　E. 操作中样品有损失

55*. 在滴定分析中出现下列情况，导致系统误差的有（　　　　）。

A. 滴定管读数读错　　　　　　　　　　B. 滴定时有溶液溅出

C. 砝码未经校正　　　　　　　　　　　D. 所用试剂中含有干扰离子

E. 称量过程中天平零点略有变动　　　　F. 重量分析中，沉淀溶解损失

56*. 测定中出现下列情况，属于偶然误差的是（　　　　）。

A. 滴定时所加试剂中含有微量的被测物质

B. 某分析人员几次读取同一滴定管的读数不能取得一致

C. 滴定时发现有少量溶液溅出

D. 某人用同样的方法测定，但结果总不能一致

57. 下列论述正确的是（　　　　）。

A. 准确度是指多次测定结果相符合的程度

B. 精密度是指在相同条件下，多次测定结果相符合的程度

C. 准确度是指测定结果与真实值相接近的程度

D. 精密度是指测定结果与真实值相接近的程度

58*. 指出下列正确的叙述（　　　　）。

A. 误差是以真值为标准的，偏差是以平均值为标准的。实际工作中获得的所谓"误差"，实质上仍是偏差

B. 对某项测定来说，它的系统误差的大小是可以测量的

C. 对偶然误差来说，它的大小相等的正负误差出现的机会是相等的

D. 标准偏差是用数理统计方法处理测定的数据而获得的

E. 某测定的精密度愈好，则该测定的准确度愈好

59*. 在下列方法中可以减少分析中系统误差的是（　　　　）。

A. 增加平行试验的次数　　　　　　　B. 进行对照实验

C. 进行空白试验　　　　　　　　　　D. 进行仪器的校正

60**. 在下述情况下，何种情况对测定（或标定）结果产生正误差？（　　　　）

A. 以 HCl 标准溶液滴定某碱样，所用滴定管因未洗净，滴定时管内壁挂有液滴

B. 以 $K_2Cr_2O_7$ 为基准物，用碘量法标定 $Na_2S_2O_3$ 溶液的浓度时，滴定速度过快，并过

早读出滴定管读数

C. 用于标定标准浓度的基准物，在称量时吸潮了（标定时用直接法滴定）

D. 以 EDTA 标准溶液滴定钙镁含量时，滴定速度过快

61**. 在下列情况中，对测定结果产生负误差的是（　　　　）。

A. 以失去结果水的硼砂为基准物质标定盐酸溶液的浓度

B. 标定氢氧化钠溶液的邻苯二甲酸氢钾中含有少量邻苯二甲酸

C. 以 HCl 标准溶液滴定某碱样时，滴定完毕滴定管尖嘴处进入气泡

D. 测定某石料中钙镁含量时，试样在称量时吸潮了

62*. 下列有关平均值的置信区间的论述中，正确的有（　　　　）。

A. 同条件下测定次数越多，则置信区间越小

B. 同条件下平均值的数值越大，则置信区间越大

C. 同条件下测定的精密度越高，则置信区间越小

D. 给定的置信度越小，则置信区间也越小

63. 下列数据中，有效数字位数是四位的有（　　　　）。

A. 0.0520　　　　　B. pH＝10.30　　　　C. 10.030　　　　D. 40.02 ％

E. $1.006×10^8$

64*. 工业碳酸钠国家标准规定，优等品总碱量（以碳酸钠计）≥99.2％；氯化物（以 NaCl 计）≤0.70％；铁（Fe）含量≤0.004％；水不溶物含量≤0.04％。某分析人员分析一试样后在质量证明书上报出的结果错误的是（　　　　）。

A. 总碱量（以碳酸钠计）为 99.52％　　　B. 氯化物含量（以 NaCl 计）为 0.45％

C. 水不溶物含量为 0.02％　　　　　　　D. 铁（Fe）含量为 0.0022％

65*. 下列操作哪些是错误的？（　　　　）

A. 配制氢氧化钠标准滴定溶液时用量筒量水

B. 将 $AgNO_3$ 标准滴定溶液装在碱式滴定管中

C. 基准 Na_2CO_3 放在 270℃的烘箱中烘至恒重

D. 以 $K_2Cr_2O_7$ 基准溶液标定 $Na_2S_2O_2$ 溶液浓度时，将 $K_2Cr_2O_7$ 溶液装在滴定管中滴定

66. 配制溶液的方法有（　　　　）。

A. 标定配制法　　　B. 比较配制法　　　C. 直接法配制　　　D. 间接法配制

67. 下列溶液中，需储放于棕色细口瓶的标准滴定溶液有（　　　　）。

A. $AgNO_3$　　　　B. $Na_2S_2O_3$　　　　C. NaOH　　　　D. EDTA

68. 配好的溶液应贴上标签，标签上写上（　　　　）。

A. 名称　　　　　B. 浓度　　　　　C. 日期　　　　　D. 姓名

69. 指出下列物质中哪些只能用间接法配制一定浓度的标准溶液？（　　　　）

A. $KMnO_4$　　　　B. NaOH　　　　C. H_2SO_4　　　　D. $H_2C_2O_4·2H_2O$

70. 实验室可能存在的安全事故有（　　　　）。

A. 中毒　　　　　B. 着火、爆炸　　　　C. 触电　　　　D. 割伤

71. 浓硫酸烧伤后应及时（　　　　）处理。

A. 用医用酒精擦拭　　　　　　　　　　B. 用大量水冲洗

C. 用稀乙酸冲洗　　　　　　　　　　　　D. 用稀碳酸氢钠溶液冲洗

72. 引起实验室着火的因素有（　　　　　）。

A. 光照　　　　　　B. 助燃物　　　　　　C. 着火点　　　　　　D. 可燃物

73*. 关于灭火器，下列说法正确的是（　　　　　）。

A. 扑灭不同的着火对象应选用不同型号的灭火器

B. 油类着火应立即用水扑灭

C. 灭火器有一定的有效期

D. 应根据房间的面积或可能火灾的大小配置灭火器的数量

74. 实验室毒物主要从以下途径进入人体（　　　　　）。

A. 口腔摄入　　　　　　　　　　　　B. 接触毒物，皮肤渗入

C. 眼睛进入　　　　　　　　　　　　D. 呼吸道进入

75*. 实验室废液处理方法有（　　　　　）。

A. 有机溶剂用稀硝酸分解后排放

B. 无机酸碱类废液加入稀碱或酸中和后用大量水稀释后排放

C. 重金属废液用氢氧化物共沉淀后过滤沉淀，排放滤液

D. 六价铬废液用碱处理后排放

76. 有害气体在车间大量逸散时，分析员正确的做法是（　　　　　）。

A. 待在车间里不出去　　　　　　　　B. 用湿毛巾捂住口鼻顺风向跑出车间

C. 用湿毛巾捂住口鼻逆风向跑出车间　　D. 戴防毒面具跑出车间

77. 使用下列哪些试剂时必须在通风橱中进行，如不注意可能引起中毒？（　　　　　）

A. 浓硝酸　　　　B. 浓盐酸　　　　C. 浓高氯酸　　　　D. 浓氨水　　　　E. 稀硫酸

78*. 下列有关对 CO 中毒患者的救助措施正确的是（　　　　　）。

A. 迅速将其拖离现场　　B. 采取保暖措施　　C. 洗胃　　D. 实施人工呼吸

79*. 严禁用沙土灭火的物质有（　　　　　）。

A. 苦味酸　　　　　　B. 硫黄　　　　　　C. 雷汞　　　　D. 乙醇

80*. 电器设备着火，先切断电源，再用合适的灭火器灭火。合适的灭火器是指（　　　　　）。

A. 四氯化碳　　B. 干粉灭火器　　C. 二氧化碳灭火器　　D. 泡沫灭火器

81*. 温度计不小心打碎后，散落了汞的地面应（　　　　　）。

A. 撒硫黄粉　　　　　　　　　　　　B. 撒漂白粉

C. 洒 1％碘-1.5％碘化钾溶液　　　　　D. 洒 20％三氯化铁溶液

二、定量化学分析

1. 滴定分析法对化学反应的要求是（　　　　　）。

A. 反应必须按化学计量关系进行完全（达 99.9％）以上，没有副反应

B. 反应速度迅速

C. 有适当的方法确定滴定终点

D. 反应必须有颜色变化

2*. 关于基本单元说法错误的是（　　　　　）。

A. 基本单元必须是分子、离子、原子或官能团

B. 在不同的反应中，相同物质的基本单元不一定相同

C. 基本单元可以是分子、离子、原子、电子及其他粒子，或是这些粒子的特定组合

D. 为了简便，可以一律采用分子、离子、原子作为基本单元

3. 根据酸碱质子理论，（　　　　　）是酸。

A. NH_4^+ 　　　　　　B. NH_3 　　　　　C. HAc 　　　　　　D. HCOOH 　　　　　　E. Ac^-

4. 标定 NaOH 溶液常用的基准物有（　　　　　）。

A. 无水碳酸钠 　　　　　　B. 邻苯二甲酸氢钾 　　　　　　C. 硼砂

D. 二水草酸 　　　　　　E. 碳酸钙

5. 标定 HCl 溶液常用的基准物有（　　　　　）。

A. 无水 Na_2CO_3 　　　　　　　　　B. 硼砂（$Na_2B_4O_7 \cdot 10H_2O$）

C. 草酸（$H_2C_2O_4 \cdot 2H_2O$） 　　　　　D. $CaCO_3$

6. 在下列溶液中，可作为缓冲溶液的是（　　　　　）。

A. 弱酸及其盐溶液 　　　　　　　　B. 弱碱及其盐溶液

C. 高浓度的强酸或强碱溶液 　　　　　D. 中性化合物溶液

7*. 下列物质中，哪几种不能用标准强碱溶液直接滴定？（　　　　　）

A. 盐酸苯胺 $C_6H_5NH_2 \cdot HCl$（$C_6H_5NH_2$ 的 $K_b = 4.6 \times 10^{-10}$）

B. $(NH_4)_2SO_4$（$NH_3 \cdot H_2O$ 的 $K_b = 1.8 \times 10^{-5}$）

C. 邻苯二甲酸氢钾（邻苯二甲酸的 $K_a = 2.9 \times 10^{-6}$）

D. 苯酚（$K_a = 1.1 \times 10^{-10}$）

8*. 用 0.1mol/L NaOH 滴定 0.1mol/L HCOOH（$pK_a = 3.74$），对此滴定适用的指示剂是（　　　　　）。

A. 酚酞 　　　　B. 溴甲酚绿 　　　　C. 甲基橙 　　　　D. 百里酚蓝

9*. 与缓冲溶液的缓冲容量大小有关的因素是（　　　　　）。

A. 缓冲溶液的总浓度 　　　　　　B. 缓冲溶液的 pH

C. 缓冲溶液组分的浓度比 　　　　　D. 外加的酸量

10*. 双指示剂法测定精制盐水中 NaOH 和 Na_2CO_3 的含量，如滴定时第一滴定终点 HCl 标准滴定溶液过量，则下列说法正确的有（　　　　　）。

A. NaOH 的测定结果偏高 　　　　　B. Na_2CO_3 的测定结果偏低

C. 只影响 NaOH 的测定结果 　　　　D. 对 NaOH 和 Na_2CO_3 的测定结果无影响

11**. 在酸碱质子理论中，可作为酸的物质是（　　　　　）。

A. NH_4^+ 　　　　B. HCl 　　　　　C. HSO_4^- 　　　　D. OH^-

12*. 下列属于共轭酸碱对的是（　　　　　）。

A. HCO_3^- 和 CO_3^{2-} 　　　　　　B. H_2S 和 HS^-

C. HCl 和 Cl^- 　　　　　　　　　D. H_3O^+ 和 OH^-

13**. 下列各混合溶液，具有 pH 的缓冲能力的是（　　　　　）。

A. 100mL 1mol/L HAc＋100mL 1 mol/L NaOH

B. 100mL 1mol/L HCl＋200mL 2 mol/L $NH_3 \cdot H_2O$

C. 200mL 1mol/L HAc＋100mL 1 mol/L NaOH

D. 100mL 1mol/L NH_4Cl＋100mL 1 mol/L $NH_3 \cdot H_2O$

14*. 欲配制 pH 为 3 的缓冲溶液，应选择的弱酸及其弱酸盐是（　　　　　）。

A. 乙酸（$pK_a = 4.74$） 　　　　　　B. 甲酸（$pK_a = 3.74$）

C. 一氯乙酸（pK_a＝2.86）   D. 二氯乙酸（pK_a＝1.30）

15. 酸碱滴定误差的大小主要取决于（   ）。

A. 指示剂的性能   B. 滴定的速度

C. 溶液的浓度   D. 滴定管的性能

16. 酸碱滴定中常用的滴定剂有（   ）。

A. HCl、H_2SO_4 B. $NaOH$、KOH

C. H_2CO_3、KNO_3 D. HNO_3、H_2CO_3

17. 硅酸盐试样处理中，半熔（烧结）法与熔融法相比较，其优点为（   ）。

A. 熔剂用量少   B. 熔样时间短   C. 分解完全   D. 干扰少

18*. 用标准碱溶液滴定盐酸时，使测定结果偏低的原因为（   ）。

A. 锥形瓶不干净（有酸性物）   B. 滴定管有水珠

C. 移液管未用试剂洗   D. 酸液挂在瓶口上

19. 下列基准物质中，可用于标定 EDTA 的是（   ）。

A. 无水碳酸钠   B. 氧化锌   C. 碳酸钙   D. 重铬酸钾

20. EDTA 直接滴定法需符合（   ）。

A. $c(M)K'_{MY} \geqslant 10^{-6}$ B. $c(M)K'_{MY} \geqslant c(N)K'_{NY}$

C. $\dfrac{c(M)K'_{MY}}{c(N)K'_{NY}} \geqslant 10^5$ D. 要有某种指示剂可选用

21*. 欲测定石灰中的钙含量，可以用（   ）。

A. EDTA 滴定法   B. 酸碱滴定法

C. 重量法   D. 草酸盐-高锰酸钾滴定法

22*. 提高配位滴定的选择性可采用的方法是（   ）。

A. 增大滴定剂的浓度   B. 控制溶液温度

C. 控制溶液的酸度   D. 利用掩蔽剂消除干扰

23*. 在 EDTA（Y）配位滴定中，金属（M）离子指示剂（In）的应用条件是（   ）。

A. MIn 应有足够的稳定性，且 $K'_{MIn} \ll K'_{MY}$

B. In 与 MIn 应有显著不同的颜色

C. In 与 MIn 应当都能溶于水

D. MIn 应有足够的稳定性，且 $K'_{MIn} > K'_{MY}$

24. 目前配位滴定中常用的指示剂主要有（   ）。

A. 铬黑 T、二甲酚橙   B. PNA、酸性铬蓝 K

C. 钙指示剂   D. 甲基橙

25*. 在配位滴定中可使用的指示剂有（   ）。

A. 二甲酚橙   B. 铬黑 T   C. 溴甲酚绿   D. 二苯胺磺酸钠

26*. EDTA 与金属离子配位的主要特点有（   ）。

A. 因生成的配合物稳定性很高，故 EDTA 配位能力与溶液酸度无关

B. 能与大多数金属离子形成稳定的配合物

C. 无论金属离子有无颜色，均生成无色配合物

D. 生成的配合物大都易溶于水

27.** 在 EDTA 配位滴定中，若只存在酸效应，则下列说法正确的是（   ）。

A. 金属离子越易水解，则准确滴定要求的最低酸度就越高

B. 配合物稳定性越大，允许酸度越小

C. 加入缓冲溶液可使指示剂变色反应在一稳定的适宜酸度范围内

D. 加入缓冲溶液可使配合物条件稳定常数不随滴定的进行而明显变小

28. 在用基准氧化锌标定 EDTA 溶液时，下列哪些仪器需用操作溶液冲洗三遍？（　　　　）

A. 滴定管　　　　　B. 容量瓶　　　　　C. 移液管　　　　　D. 锥形瓶

29*. 可以在水溶液中用 NaOH 标准滴定溶液直接滴定的羧酸是（　　　　）。

A. 乙酸　　　　　B. 软脂酸　　　　　C. 草酸　　　　　D. 硬脂酸

30*. 水的硬度测定中，正确的测定条件包括（　　　　）。

A. 总硬度：$pH=10$，EBT 为指示剂

B. 钙硬度：$pH=12$，XO 为指示剂

C. 钙硬度：调 pH 之前，先加 HCl 酸化并煮沸

D. 钙硬度：NaOH 可任意过量加入

31*. 对于酸效应曲线，下列说法正确的有（　　　　）。

A. 利用酸效应曲线可确定单独滴定某种金属离子时所允许的最低酸度

B. 利用酸效应曲线可找出单独滴定某种金属离子时所允许的最高酸度

C. 利用酸效应曲线可判断混合金属离子溶液能否进行连续滴定

D. 酸效应曲线代表溶液的 pH 与溶液中 MY 的绝对稳定常数的对数值（$\lg K_{MY}$）以及溶液中 EDTA 的酸效应系数的对数值（$\lg \alpha$）之间的关系

32*. 碘量法中使用碘量瓶的目的是（　　　　）。

A. 防止碘的挥发　　　　　　　　　B. 防止溶液与空气接触

C. 提高测定的灵敏度　　　　　　　D. 防止溶液溅出

33. 在碘量法中为了减少 I_2 的挥发，常采用的措施有（　　　　）。

A. 使用碘量瓶

B. 滴定不能摇动，要滴完后摇

C. 适当加热增加 I_2 的溶解度，减少挥发

D. 加入过量 KI

E. 溶液酸度控制在 $pH>8$

34*. 配制 $Na_2S_2O_3$ 溶液时，应当用新煮沸并冷却后的纯水，其原因是（　　　　）。

A. 使水中杂质都被破坏　　　　　　B. 除去 NH_3

C. 除去 CO_2 和 O_2　　　　　　　D. 使重金属离子水解沉淀

E. 杀死细菌

35*. 在氧化还原滴定中，下列哪些说法不正确？（　　　　）

A. 用 $K_2Cr_2O_7$ 标定 $Na_2S_2O_3$ 时，用淀粉作指示剂，终点是从绿色到蓝色

B. 铈量法测定 Fe^{2+} 时，用邻二氮菲-亚铁作指示剂，终点是从橙红色变为浅蓝色

C. 用 $K_2Cr_2O_7$ 测定铁矿中含铁量时，依靠 $K_2Cr_2O_7$ 自身橙色指示终点

D. 二苯胺磺酸钠的还原形是无色的，而氧化形是紫色的

E. 溴酸钾法测定苯酚时，采用淀粉为指示剂，其滴定终点是蓝色褪去

36. 下列哪些物质不能用直接法配制标准溶液？（　　　　）

A. $K_2Cr_2O_7$　　　　B. $KMnO_4$　　　　C. I_2　　　　D. $Na_2S_2O_3 \cdot 5H_2O$

37. 被高锰酸钾溶液污染的滴定管可用（　　　　）溶液洗涤。

A. 铬酸洗液　　　　B. 碳酸钠　　　　C. 草酸　　　　D. 硫酸亚铁

38. 配制 $Na_2S_2O_3$ 标准溶液时，应用新煮沸的冷却蒸馏水并加入少量的 Na_2CO_3，其目的是（　　　　）。

A. 防止 $Na_2S_2O_3$ 氧化　　　　　　　　　B. 增加 $Na_2S_2O_3$ 溶解度

C. 驱除 CO_2　　　　　　　　　　　　　　D. 易于过滤

E. 杀死微生物

39. 间接碘量法分析过程中加入 KI 和少量 HCl 的目的是（　　　　）。

A. 防止碘的挥发　　　　　　　　　　　　　B. 加快反应速度

C. 增加碘在溶液中的溶解度　　　　　　　　D. 防止碘在碱性溶液中发生歧化反应

40*. 在酸性溶液中 $KBrO_3$ 与过量的 KI 反应，达到平衡时溶液中的（　　　　）。

A. 两电对 BrO_3^-/Br^- 与 $I_2/2I^-$ 的电位相等

B. 反应产物 I_2 与 KBr 的物质的量相等

C. 溶液中已无 BrO_3^- 存在

D. 反应中消耗的 $KBrO_3$ 的物质的量与产物 I_2 的物质的量之比为 $1:3$

41*. $Na_2S_2O_3$ 溶液不稳定的原因是（　　　　）。

A. 诱导作用　　　　　　　　　　　　　　　B. 还原性杂质的作用

C. H_2CO_3 的作用　　　　　　　　　　　　D. 空气的氧化作用

42. 在酸性介质中，以 $KMnO_4$ 溶液滴定草酸盐时，对滴定速度的要求错误的是（　　　　）。

A. 滴定开始时速度要快　　　　　　　　　　B. 开始时缓慢进行，以后逐渐加快

C. 开始时快，以后逐渐缓慢　　　　　　　　D. 始终缓慢进行

43*. 对于间接碘量法测定还原性物质，下列说法正确的有（　　　　）。

A. 被滴定的溶液应为中性或微酸性

B. 被滴定的溶液中应有适当过量的 KI

C. 近终点时加入指示剂，滴定终点时被滴定的溶液的蓝色刚好消失

D. 滴定速度可适当加快，摇动被滴定的溶液也应同时加剧

E. 被滴定的溶液中存在的 Cu^{2+} 对测定无影响

44*. 根据确定终点的方法不同，银量法分为（　　　　）。

A. 莫尔法　　　　B. 福尔哈德法　　　　C. 碘量法　　　　D. 法扬斯法

45*. 莫尔法主要用于测定（　　　　）。

A. Cl^-　　　　B. Br^-　　　　C. Ag^+　　　　D. Na^+

46*. 称量分析法根据分离试样中被测组分的途径不同，分为（　　　　）。

A. 沉淀称量法　　　　　　　　　　　　　　B. 气化称量法

C. 电解称量法　　　　　　　　　　　　　　D. 萃取称量法

47.** 下面影响沉淀纯净的叙述正确的是（　　　　）。

A. 溶液中杂质含量越高，表面吸附杂质的量越多

B. 温度越高，沉淀吸附杂质的量越多

C. 后沉淀随陈化时间增长而增加

D. 温度降低，后沉淀现象增大

48.** 下列选项中不利于形成晶形沉淀的是（　　　　）。

A. 沉淀应在较浓的热溶液中进行　　　　B. 沉淀过程应保持较低的过饱和度

C. 沉淀时应加入适量的电解质　　　　　D. 沉淀后加入热水稀释

49. 下面有关称量分析法的叙述正确的是（　　　　）。

A. 称量分析是定量分析方法之一

B. 称量分析法不需要基准物作比较

C. 称量分析法一般准确度较高

D. 操作简单，适用于常量组分和微量组分的测定

50＊＊．下列叙述中哪些是沉淀滴定反应必须符合的条件？（　　　　）

A. 沉淀反应要迅速、定量地完成

B. 沉淀的溶解度要不受外界条件的影响

C. 要有确定滴定反应终点的方法

D. 沉淀要有颜色

51. 在下列滴定方法中，哪些是沉淀滴定采用的方法？（　　　　）

A. 莫尔法　　　　B. 碘量法　　　　C. 福尔哈德法　　　　D. 高锰酸钾法

52. 下列哪些不是称量分析对称量形式的要求？（　　　　）

A. 性质要稳定增长　　　　　　　　　B. 颗粒要粗大

C. 相对分子质量要大　　　　　　　　D. 表面积要大

53. 在进行沉淀的操作中，属于形成晶形沉淀的操作有（　　　　）。

A. 在稀的和热的溶液中进行沉淀　　　B. 在热的和浓的溶液中进行沉淀

C. 在不断搅拌下向试液逐滴加入沉淀剂　D. 沉淀剂一次加入试液中

E. 对生成的沉淀进行水浴加热或存放

54＊．下列关于沉淀吸附的一般规律，哪些为正确的？（　　　　）

A. 离子价数高的比低的易吸附

B. 离子浓度愈大愈易被吸附

C. 沉淀颗粒愈大，吸附能力愈强

D. 能与构晶离子生成难溶盐沉淀的离子，优先被吸附

E. 温度愈高，愈有利于吸附

55＊．用称量法测定 $C_2O_4^{2-}$ 含量，在 CaC_2O_4 沉淀中有少量草酸镁（MgC_2O_4）沉淀，会对测定结果有何影响？（　　　　）

A. 产生正误差　　　　　　　　　　　B. 产生负误差

C. 降低准确度　　　　　　　　　　　D. 对结果无影响

56＊．沉淀完全后进行陈化是为了（　　　　）。

A. 使无定形沉淀转化为晶形沉淀　　　B. 使沉淀更为纯净

C. 加速沉淀作用　　　　　　　　　　D. 使沉淀颗粒变大

57＊．在称量分析中，称量形式应具备的条件是（　　　　）。

A. 摩尔质量大　　　　　　　　　　　B. 组成与化学式相符

C. 不受空气中 O_2、CO_2 及水的影响　　D. 与沉淀形式组成一致

58. 离子交换树脂的交联度对树脂性能有很大的影响，交联度小，则树脂（　　　　）。

A. 交换反应的速度快　　　　　　　　B. 对水的溶胀性能差

C. 机械强度高　　　　　　　　　　　D. 选择性差

E. 网眼小

59*. 用丁二酮肟作萃取剂，$CHCl_3$ 为溶剂，萃取 Ni^{2+} 时，Ni^{2+} 能从水相进入有机相的原因是（ ）。

A. Ni^{2+} 的电荷被中和 　　　　　　B. 水合离子的水分子被置换掉

C. 使溶质分子变大 　　　　　　　　D. 引入了疏水基团

E. 溶液的酸度发生了变化

60. 下列有关溶剂萃取率（$E\%$）的说法不正确的是（ ）。

A. $E\%$＝（被萃物在有机相中的总含量/被萃物在水相中的总含量）×100%

B. $E\%$＝（被萃物在有机相中的总量/被萃物在两相中的总量）×100%

C. $E\%$＝（被萃物在水相中的总含量/被萃物在有机相中的总含量）×100%

D. 分配比愈大，萃取效率愈大

E. 减少水的体积与有机溶剂体积的体积比可提高萃取效率

61*. 在酸性、中性、碱性溶液中都能使用的树脂是（ ）。

A. $-SO_3^- H^+$ 型 　　　　　　　　B. $-COOH$ 型

C. $-OH$ 型 　　　　　　　　　　　D. $-NH(CH_3)_2^+ OH^-$

E. $-NH_2$ 型

62. 实验室中，离子交换树脂常用于（ ）。

A. 鉴定阳离子 　　　　　　　　　　B. 富集微量物质

C. 作酸碱滴定的指示剂 　　　　　　D. 作干燥剂或气体净化剂

E. 净化水以制备纯水

63*. 下列何种化合物可用挥发或蒸馏法进行分离？（ ）

A. Fe_2O_3 　　　　　　　　　　　B. OsO_4

C. TiO_2 　　　　　　　　　　　　D. NH_3

E. SiF_4

64. 萃取效率与（ ）有关。

A. 分配比 　　　B. 分配系数 　　　C. 萃取次数 　　　D. 浓度

三、仪器分析

1. 影响摩尔吸光系数的因素是（ ）。

A. 比色皿厚度 　　　　　　　　　　B. 入射光波长

C. 有色物质的浓度 　　　　　　　　D. 溶液温度

2. 有色溶液稀释时，对最大吸收波长的位置下面描述错误的是（ ）。

A. 向长波方向移动 　　　　　　　　B. 向短波方向移动

C. 不移动但峰高降低 　　　　　　　D. 全部无变化

3. 摩尔吸光系数很大，则表明（ ）。

A. 该物质的浓度很大

B. 光通过该物质溶液的光程长

C. 该物质对某波长的光吸收能力很强

D. 测定该物质的方法的灵敏度高

4. 下列方法中属于分光光度分析的定量方法的是（ ）。

A. 工作曲线法 B. 直接比较法

C. 校正面积归一化法 D. 标准加入法

5. 在可见分光光度法中，当试液和显色剂均有颜色时，不可用作参比溶液的应当是（ ）。

A. 蒸馏水

B. 不加显色剂的试液

C. 只加显色剂的试液

D. 先用掩蔽剂将被测组分掩蔽以免与显色剂作用，再按试液测定方法加入显色剂及其他试剂后所得试液

6*. 下列操作中正确的是（ ）。

A. 手捏比色皿毛面

B. 可见-紫外分光光度计开机后马上就进行测量

C. 测定蒽醌含量时，必须打开分光光度计的氘灯

D. 测定液体化学品的色度时，沿比色管轴线方向比较颜色的深浅

7*. 紫外分光光度法对有机物进行定性分析的依据是（ ）等。

A. 峰的形状 B. 曲线坐标 C. 峰的数目 D. 峰的位置

8*. 一台分光光度计的校正应包括（ ）等。

A. 波长的校正 B. 吸光度的校正 C. 杂散光的校正 D. 吸收池的校正

9*. （ ）的作用是将光源发出的连续光谱分解为单色光。

A. 石英窗 B. 棱镜 C. 光栅 D. 吸收池

10*. 检验可见及紫外分光光度计波长正确性时，应分别绘制的吸收曲线是（ ）。

A. 甲苯蒸气 B. 苯蒸气 C. 镨钕滤光片 D. 重铬酸钾溶液

11*. 在分光光度法的测定中，测量条件的选择包括（ ）。

A. 选择合适的显色剂 B. 选择合适的测量波长

C. 选择合适的参比溶液 D. 选择吸光度的测量范围

12. 参比溶液的种类有（ ）。

A. 溶剂参比 B. 试剂参比 C. 试液参比 D. 褪色参比

13*. 当分光光度计 100% 点不稳定时，通常采用（ ）方法处理。

A. 查看光电管暗盒内是否受潮，更换干燥的硅胶

B. 对于受潮较重的仪器，可用吹风机对暗盒内、外吹热风，使潮气逐渐地从暗盒内跑掉

C. 更换波长

D. 更换光电管

14*. 分光光度计接通电源后，指示灯和光源灯都不亮，电流表无偏转的原因有（ ）。

A. 电源开头接触不良或已坏 B. 电流表坏

C. 保险丝断 D. 电源变压器初级线圈已断

15*. 分光光度计不能调零时，应采用（ ）办法尝试解决。

A. 修复光门部件 B. 调 100% 旋钮 C. 更换干燥剂 D. 检修电路

16*. 分光光度法中判断出测得的吸光度有问题，可能的原因包括（ ）。

A. 比色皿没有放正位置 B. 比色皿配套性不好

C. 比色皿毛面放于透光位置　　　　　　　D. 比色皿润洗不到位

17. 离子选择性电极直接电位法的定量方法有 （　　　　）。

A. 标准曲线法　　　　　　　　　　　　　B. 一次标准加入法

C. 多次标准加入法　　　　　　　　　　　D. 归一化法

18. 总离子强度调节缓冲剂的主要作用有 （　　　　）。

A. 保持试液和标准溶液恒定的离子强度

B. 保持试液在离子选择性电极适当的 pH 范围内，避免 H^+ 和 OH^- 的干扰

C. 消除被测离子的干扰

D. 消除迟滞效应

19. 影响电极电位准确测量的因素有 （　　　　）。

A. 参加电极反应的离子浓度　　　　　　　B. 溶液温度

C. 转移的电子数　　　　　　　　　　　　D. 大气压

20. 常用的参比电极是 （　　　　）。

A. 玻璃电极　　　　　　　　　　　　　　B. 气敏电极

C. 饱和甘汞电极　　　　　　　　　　　　D. 银-氯化银电极

E. 标准氢电极

21*. 使用甘汞电极时，操作正确的是 （　　　　）。

A. 使用时，先取下电极下端口的小胶帽，上侧加液口的小胶帽不必取下

B. 电极内饱和 KCl 溶液应完全浸没内电极，同时电极下端要有少量的 KCl 晶体

C. 电极弯管处不应有气泡

D. 电极下端的陶瓷芯毛细管应通畅

E. 当待测溶液中含有 Ag^+、S^{2-}、Cl^- 及高氯酸等物质时，应加置 KCl 盐桥

22. 下述电极属于膜电极的是 （　　　　）。

A. 甘汞电极　　　　　　　　　　　　　　B. 铂电极

C. pH 玻璃电极　　　　　　　　　　　　D. 氟离子选择性电极

23*. 用酸度计测定溶液 pH 时，仪器的校正方法有 （　　　　）。

A. 一点标校正法　　　　　　　　　　　　B. 温度校正法

C. 二点标校正法　　　　　　　　　　　　D. 电位校正法

24*. 电位滴定确定终点的方法有（　　　　）。

A. E-V 曲线法　　　　　　　　　　　　B. $\Delta E/\Delta V$-V 曲线法

C. 标准曲线法　　　　　　　　　　　　　D. 二级微商法

25. 离子强度调节缓冲剂可用来消除的影响有 （　　　　）。

A. 溶液酸度　　　　　B. 离子强度　　　　　C. 电极常数　　　　　D. 干扰离子

26*. 如果酸度计可以定位和测量，但到达平衡点缓慢，这可能由以下原因造成 （　　　　）。

A. 玻璃电极衰老　　　　　　　　　　　　B. 甘汞电极内饱和氯化钾溶液没有充满电极

C. 玻璃电极干燥太久未完全活化　　　　　D. 电极内导线断路

27*. 酸度计测量型号超出量程的故障排除方法有 （　　　　）。

A. 将电极继续活化　　　　　　　　　　　B. 更换电极

C. 把电极浸入溶液　　　　　　　　　　　D. 插入电极插头

28*. 酸度计无法调至缓冲溶液的数值，故障的原因可能为 （　　　　）。

A. 玻璃电极损坏　　　　　　　　　　B. 玻璃电极不对称电位太小

C. 缓冲溶液 pH 不正确　　　　　　　D. 电位器损坏

29*. PHS-3C 型酸度计使用时，常见故障主要发生在（　　　　）。

A. 电极插接处的污染、腐蚀　　　　B. 电极

C. 仪器信号输入端引线断开　　　　D. 所测溶液

30*. 校正酸度计时，若定位器能调 pH＝6.86 但不能调 pH＝4.00，可能的原因是（　　　　）。

A. 仪器输入端开路　　　　　　　　B. 电极失效

C. 斜率电位器损坏　　　　　　　　D. mV-pH 按键开关失效

31. 酸度计的结构一般由下列哪两部分组成？（　　　　）

A. 高阻抗毫伏计　　　　　　　　　B. 电极系统

C. 待测溶液　　　　　　　　　　　D. 温度补偿旋钮

32*. 在电位滴定中，滴定终点为（　　　　）。

A. E-V 曲线的最小斜率点　　　　B. E-V 曲线的最大斜率点

C. E 值最正的点　　　　　　　　　D. E 值最负的点

E. 二阶微商为零的点

33*. 为了使标准溶液的离子强度与试液的离子强度相同，通常采用的方法是（　　　　）。

A. 固定离子溶液的本底　　　　　　B. 加入离子强度调节剂

C. 向溶液中加入待测离子　　　　　D. 将标准溶液稀释

34. 下列关于离子选择系数描述正确的是（　　　　）。

A. 表示在相同实验条件下，产生相同电位的待测离子活度与干扰离子活度的比值

B. 越大越好

C. 越小越好

D. 是一个常数

35. 原子吸收光谱法的特点是（　　　　）。

A. 灵敏度高　　　　　　　　　　　B. 选择性好

C. 操作简便　　　　　　　　　　　D. 可进行多元素同时测定

36. 影响谱线宽度的因素有（　　　　）。

A. 自然宽度　　　B. 波长　　　　C. 温度　　　　D. 压力

37. 在原子吸收分析的火焰中，激发态与基态原子浓度之比与（　　　　）有关。

A. 火焰温度　　　　　　　　　　　B. 乙炔流量

C. 待测液浓度　　　　　　　　　　D. 激发态与基态能级差

38. 原子吸收常用光源为（　　　　）。

A. 氘灯　　　　　B. 钨灯　　　　C. 空心阴极灯　　　　D. 无极放电灯

39*. 对于易形成难熔氧化物的元素，可采用（　　　　）测定。

A. 空气-氢气火焰　　　　　　　　B. 空气-乙炔贫燃火焰

C. 氧化亚氮-乙炔火焰　　　　　　D. 空气-乙炔富燃火焰

40*. 化学干扰可采用（　　　　）消除。

A. 氧化亚氮-乙炔火焰　　　　　　B. 加入释放剂

C. 化学分离　　　　　　　　　　　D. 加入保护剂

41*. 火焰原子吸收常用样品处理方法（　　　　）。

A. 酸溶解　　　　　　B. 干灰化　　　　　　C. 湿消化　　　　　　D. 固体进样

42*. 有关火焰原子吸收与石墨炉原子吸收的说法下列正确的是（　　　　）。

A. 火焰原子吸收灵敏度大于石墨炉原子吸收

B. 火焰原子吸收精密度大于石墨炉原子吸收

C. 石墨炉原子吸收可以固体进样

D. 石墨炉原子吸收的背景干扰大于火焰原子吸收

43. 原子吸收测定常用标准加入法定量，其具有（　　　　）特点。

A. 可以消除光谱干扰　　　　　　B. 不适于大批量样品的测定

C. 可消除基体干扰　　　　　　　D. 不需要制作样品空白

44. 石墨炉原子化过程包括（　　　　）。

A. 灰化阶段　　　　B. 干燥阶段　　　　C. 原子化阶段　　　　D. 除残阶段

45. 火焰原子化包括以下哪几个步骤？（　　　　）

A. 电离阶段　　　　B. 雾化阶段　　　　C. 化合阶段　　　　D. 原子化阶段

46. 在原子吸收分光光度法中，与原子化器有关的干扰为（　　　　）。

A. 基体效应　　　　　　　　　　B. 背景吸收

C. 雾化时的气体压力　　　　　　D. 火焰成分对光的吸收

47**. 在下列措施中，（　　　　）不能消除物理干扰。

A. 配制与试液具有相同物理性质的标准溶液

B. 采用标准加入法测定

C. 适当降低火焰温度

D. 利用多通道原子吸收分光光度计

48*. 原子吸收法中消除化学干扰的方法有（　　　　）。

A. 使用高温火焰　　　　　　　　B. 加入释放剂

C. 加入保护剂　　　　　　　　　D. 化学分离干扰物质

49. 分子吸收光谱与原子吸收光谱的相同点有（　　　　）。

A. 都是在电磁射线作用下产生的吸收光谱

B. 都是核外层电子的跃迁

C. 它们的谱带半宽度都在 10nm 左右

D. 它们的波长范围均在近紫外到近红外区（180～1000nm）

50*. 原子吸收分析中，排除吸收线重叠干扰，宜采用（　　　　）。

A. 减小狭缝　　　　　　　　　　B. 另选定波长

C. 用化学方法分离　　　　　　　D. 用纯度较高的单元素灯

51*. 在原子吸收光谱法中，由于分子吸收和化学干扰，应尽量避免使用（　　　　）来处理样品。

A. H_2SO_4　　　　B. HNO_3　　　　C. H_3PO_4　　　　D. $HClO_4$

52*. 在原子吸收分析中，由于火焰发射背景信号很高，应采取下面（　　　　）措施。

A. 减小光谱通带　　　　　　　　B. 改变燃烧器高度

C. 加入有机试剂　　　　　　　　D. 使用高功率的光源

53. 下列元素可用氢化物原子化法进行测定的是（　　　　）。

A. Al　　　　　　　B. As　　　　　　　C. Pb　　　　　　　D. Mg

54. 原子吸收分析法中自吸与哪些因素有关?（　　　）

A. 激发电位　　　　B. 蒸气云的半径　　C. 光谱线的固有强度　　D. 跃迁概率

55*. 下列关于原子吸收法操作描述正确的是（　　　）。

A. 打开灯电源开关后，应慢慢将电流调至规定值

B. 空心阴极灯如长期搁置不用，将会因漏气、气体吸附等原因而不能正常使用，甚至不能点燃，所以，每隔3～4个月，应将不常用的灯通电点燃2～3h，以保持灯的性能并延长其使用寿命

C. 取放或装卸空心阴极灯时，应拿灯座，不要拿灯管，更不要碰灯的石英窗口，以防止灯管破裂或窗口被沾污，导致光能量下降

D. 空心阴极灯一旦打碎，阴极物质暴露在外面，为了防止阴极材料上的某些有害元素影响人体健康，应按规定对有害材料进行处理，切勿随便乱丢

56*. 原子吸收分光光度法分析样品时，出现仪器噪声过大、分析重现性差、读数漂移等故障，应采用的排除方法有（　　　）。

A. 更换光源灯，减小工作电流

B. 清除污物，清洗雾化器毛细管，重调雾化器

C. 清洗燃烧器，增加气源压力

D. 增加燃烧器预热时间，选择合适的火焰高度

57*. 导致原子吸收分光光度计噪声过大的原因中下列哪几个不正确?（　　　　）

A. 电压不稳定

B. 空心阴极灯有问题

C. 灯电流、狭缝、乙炔气和助燃气流量的设置不适当

D. 实验室附近有磁场干扰

58*. 原子吸收光谱仪的空心阴极灯亮，但发光强度无法调节，排除此故障的方法有（　　　）。

A. 用备用灯检查，确认灯坏，更换　　B. 重新调整光路系统

C. 增大灯电流　　　　　　　　　　　D. 根据电源电路图进行故障检查，排除

59*. 原子吸收分光光度计接通电源后，空心阴极灯亮，但高压开启后无能量显示，可通过（　　　）方法排除。

A. 更换空心阴极灯　　　　　　　　　B. 将灯的极性接正确

C. 找准波长　　　　　　　　　　　　D. 将增益开到最大进行检查

60*. 下列（　　　）条件可导致色谱分离度降低。

A. 增加固定液含量　　　　　　　　　B. 减慢进样速度

C. 增加气化室温度　　　　　　　　　D. 增加检测器温度

61. 下列组分中，在FID中有响应的是（　　　）。

A. 氦气　　　　　　B. 氮气　　　　　　　C. 甲烷　　　　　　　D. 甲醇

62*. 提高载气流速则（　　　）。

A. 保留时间增加　　　　　　　　　　B. 组分间分离变差

C. 峰宽变小　　　　　　　　　　　　D. 柱容量下降

63. 气相色谱分析中使用归一化法定量的前提是（　　　）。

A. 所有的组分都要被分离开　　　　　B. 所有的组分都要能流出色谱柱

C. 组分必须是有机物　　　　　　　　D. 检测器必须对所有组分产生响应

64. 气相色谱中与含量成正比的是（　　　　）。

A. 保留体积　　　　B. 保留时间　　　　C. 峰面积　　　　D. 峰高

65*. 下列气相色谱操作条件中，正确的是（　　　　）。

A. 气化温度愈高愈好

B. 使最难分离的物质对能很好分离的前提下，尽可能采用较低的柱温

C. 实际选择载气流速时，一般略低于最佳流速

D. 检测室温度应低于柱温

66*. 下列因素与相对质量校正因子 f' 有关的是（　　　　）。

A. 组分　　　　B. 固定相　　　　C. 标准物质　　　　D. 检测器类型

67*. 范第姆特方程式主要说明（　　　　）。

A. 板高的概念　　　　　　　　　　　B. 色谱分离操作条件的选择

C. 柱效降低的影响因素　　　　　　　D. 组分在两相间的分配情况

68*. 能被氢火焰检测器检测的组分是（　　　　）。

A. 四氯化碳　　　　B. 烯烃　　　　C. 烷烃　　　　D. 醇系物

69*. 固定液用量大对气相色谱过程的影响为（　　　　）。

A. 柱容量大　　　　　　　　　　　　B. 保留时间长

C. 峰宽加大　　　　　　　　　　　　D. 对检测器灵敏度要求提高

70*. 在气-液色谱填充柱的制备过程中，下列做法正确的是（　　　　）。

A. 一般选用柱内径为 3～4mm、柱长为 1～2m 长的不锈钢柱子

B. 一般常用的液载比是 25％左右

C. 新装填好的色谱柱即可接入色谱仪的气路中，用于进样分析

D. 在色谱柱的装填时，要保证固定相在色谱柱内填充均匀

71**. 气相色谱分离一个组分的分配系数取决于（　　　　）。

A. 固定液　　　　B. 柱温　　　　C. 载气流速　　　　D. 检测器

72**. 评价气相色谱检测器性能好坏的主要指标是（　　　　）。

A. 稳定性　　　B. 灵敏度　　　C. 检测器的线性范围　　　D. 检测器的体积大小

73**. 气相色谱仪在使用中若出现峰不对称，应如何排除？（　　　　）

A. 减少进样量　　　　　　　　　　　B. 增加进样量

C. 减少载气流量　　　　　　　　　　D. 确保气化室和检测器的温度合适

74**. 气相色谱仪的进样口密封垫漏气，将可能会出现（　　　　）。

A. 进样不出峰　　　　　　　　　　　B. 灵敏度显著下降

C. 部分波峰变小　　　　　　　　　　D. 所有出峰面积显著减小

75*. 氢火焰点不燃的原因可能是（　　　　）。

A. 氢气漏气或流量太小　　　　　　　B. 空气流量太小或空气大量漏气

C. 喷嘴漏气或被堵塞　　　　　　　　D. 点火极断路或碰圈

76**. 氢火焰未点燃时，"放大器调零"不能使放大器的输出调到记录仪的零点的故障
原因是（　　　　）。

A. 放大器失调　　　　　　　　　　　B. 离子室的收集极与外罩短路或绝缘不好

C. 放大器高阻部分受潮或污染 D. 收集极积水

77 **. 气相色谱基线若出现始终向下漂移，即"电平"值逐渐变小至负数，可能的原因是（　　　）。

A. 载气泄漏 B. 电路系统的故障
C. 载气柱前压力太大 D. 层析室温度过低

78 *. 气相色谱热导信号无法调零，排除的方法有（　　　）。

A. 检查控制线路 B. 更换热丝
C. 仔细检漏，重新连接 D. 修理放大器

79 **. 用气相色谱仪分析样品时不出峰，已初步判断出问题是在气路系统上，应进行以下哪些方面的检查与判断？（　　　）

A. 检查气瓶压力及柱出口流量 B. 对所有连接体检漏
C. 更换进样隔垫，看是否出峰 D. 检查开关

80 *. 用气相色谱仪分析样品，当载气漏气时，会出现（　　　）。

A. 气体稳压稳流不好 B. 气路产生的"鬼峰"
C. 峰的丢失 D. 峰数增加

81. 气液色谱分析中用于做固定液的物质必须符合以下要求（　　　）。

A. 极性物质 B. 沸点较高，不易挥发
C. 化学性质稳定 D. 不同组分必须有不同的分配系数

82. 影响气相色谱数据处理机所记录的色谱峰宽度的因素有（　　　）。

A. 色谱柱效能 B. 记录时的走纸速度
C. 色谱柱容量 D. 色谱柱的选择性

83 *. 固定相用量大，对气相色谱的影响为（　　　）。

A. 柱容量大 B. 保留时间长
C. 峰宽加大 D. 对检测器灵敏度要求提高

84 *. 为保护气相色谱柱，延长其使用寿命，以下方法可采取的是（　　　）。

A. 在适宜的温度范围内使用 B. 在 pH 为 2～10 的范围内使用
C. 流动相应过滤和脱气 D. 加保护柱

85 *. 色谱分析中需要测定校正因子的定量方法是（　　　）。

A. 外标法 B. 内标法 C. 内标标准曲线法 D. 归一化法

86 *. 高压输液系统一般包括（　　　）。

A. 贮液器 B. 高压输液泵 C. 过滤器
D. 梯度洗脱装置 E. 色谱柱

87 *. 下列离子受淋洗液 pH 影响较大的是（　　　）。

A. Cl^- B. F^- C. 胺类 D. 羧酸

88 *. 以抑制型电导检测器检测时，下列哪些物质可作为阴离子分析的淋洗液？

A. $NaHCO_3/Na_2CO_3$ B. 邻苯二甲酸 C. NaOH D. 氨基酸

89. 高效液相色谱仪与气相色谱仪比较增加了（　　　）。

A. 贮液器 B. 恒温器 C. 高压泵 D. 程序升温

90. 衡量色谱柱柱效能的指标是（　　　）。

A. 塔板高度 B. 分离度 C. 塔板数 D. 分配系数

91. 下列溶剂可作为反相键合相色谱的极性改性剂的有（　　　　）。

A. 正己烷　　　　　　B. 乙腈　　　　　　C. 甲醇　　　　　　D. 水

92. 高效液相色谱仪中的三个关键部件是（　　　　）。

A. 色谱柱　　　　　　B. 高压泵　　　　　　C. 检测器　　　　　　D. 数据处理系统

93. 高效液相色谱仪中的检测器主要为（　　　　）。

A. 紫外吸收检测器　　B. 红外检测器　　　　C. 差示折光检测器　　D. 电导检测器

94. 使用液相色谱仪时需要注意下列几项（　　　　）。

A. 使用预柱保护分析柱

B. 避免流动相组成及极性的剧烈变化

C. 流动相使用前必须经脱气和过滤处理

D. 压力降低是需要更换预柱的信号

95*. 下列有机化合物在 $1700 cm^{-1}$ 左右具有很强吸收峰的有（　　　　）。

A. 乙醇　　　　　　　B. 乙酸　　　　　　C. 乙酸乙酯　　　　D. 乙醚

96. 在红外光谱中，下列哪些因素能影响基团频率的位移和强度改变？（　　　　）

A. 电效应　　　　　　B. 氢键　　　　　　C. 振动的偶合　　　　D. 环的张力

97. 红外光谱常见的光源有（　　　　）。

A. 能斯特灯　　　　　B. 氘灯　　　　　　C. 碘钨灯　　　　　　D. 硅碳棒

98*. 下列对红外光谱仪的日常维护正确的是（　　　　）。

A. 红外光谱实验室要求温度适中，湿度不得超过 60％

B. 仪器使用的电源要远离火花发射源和大功率磁电设备，采用电源稳压设备，并应设置良好的接地线

C. 光源使用温度要适宜，不得过高，否则将缩短其寿命

D. 仪器应放在防震的台子上或安装在震动甚少的环境中

99. 用红外光谱测定固体样品时，常用的试样制备方法有（　　　　）。

A. 压片法　　　　　　B. 石蜡糊法　　　　C. 薄膜法

D. 熔融成膜法　　　　E. 漫反射法

100*. 对于含水样品的红外光谱测定，应选用（　　　　）作为载体。

A. KBr　　　　　　　B. KRS-5 窗片　　　　C. ZnSe　　　　　　D. CaF_2

101*. YYG-2 型冷原子荧光测汞仪如果无信号，原因可能是（　　　　）。

A. 汞灯及电源损坏　　　　　　B. 光电信号短路或开路

C. 无正 18V 低压输出　　　　　D. 蒸气嘴断裂，进样嘴气路堵塞或接头脱落

102. 库仑滴定法的特点是（　　　　）。

A. 不需基准物质　　　　　　　B. 需要基准物质

C. 适合复杂组分分析　　　　　D. 灵敏度高

四、工业分析

1. 玻璃、瓷器可用于处理（　　　　）。

A. 盐酸　　　　　　　B. 硝酸　　　　　　C. 氢氟酸　　　　　　D. 熔融氢氧化钠

2. 硅酸盐试样处理中，半熔（烧结）法与熔融法相比较，其优点为（　　　　）。

A. 熔剂用量少　　　B. 熔样时间短　　　C. 分解完全　　　　D. 干扰少

3. 采样探子适用于（　　　　）的采集。

A. 大颗粒　　　　　B. 块状物料　　　　　C. 小颗粒　　　　　D. 粉末状物料

4. 在下列有关留样的作用中，叙述正确的是（　　　　）。

A. 复核备考用　　　　　　　　　　B. 比对仪器、试剂、试验方法是否有随机误差

C. 查处检验用　　　　　　　　　　D. 考核分析人员检验数据时，作对照样品用

5. 试样的制备过程通常经过（　　　　）基本步骤。

A. 破碎　　　　　B. 混匀　　　　　C. 缩分　　　　　D. 筛分

6. 酸溶法分解试样通常选用的酸有（　　　　）。

A. 磷酸　　　　　B. 盐酸　　　　　C. 硝酸　　　　　D. 草酸

7*. 下列选项不正确的是（　　　　）。

A. 分解重晶石（$BaSO_4$），用碳酸钠作熔剂

B. 以过氧化钠作熔剂时使用瓷坩埚

C. 测定钢铁中的磷时，用硫酸作为溶剂

D. 以氢氧化钠作溶剂时使用铂坩埚

8. 从商业方面考虑，采样的主要目的是（　　　　）。

A. 验证样品是否符合合同的规定

B. 检查生产过程中泄漏的有害物质是否超过允许极限

C. 验证是否符合合同的规定

D. 保证产品销售质量，以满足用户的要求

9. 常用的毛细管熔点测定装置有（　　　　）。

A. 双浴式热浴　　　　　　　　　　B. 提勒管式热浴

C. 毛细管式热浴　　　　　　　　　D. 熔点管热浴

10. 下列物理常数的测定中，需要进行大气压力校正的是（　　　　）。

A. 恩氏黏度　　　　　B. 开口闪点　　　　　C. 熔点　　　　　D. 沸点

11. 沸程的测定中，下列是必需的设备有（　　　　）

A. 冷凝管　　　　　B. 蒸馏烧瓶　　　　　C. 热源　　　　　D. 温度计

12*.《中国药典》（2000 年版）规定测定碘值的药物是（　　　　）。

A. 羊毛脂　　　　　B. 硬脂酸　　　　　C. 十一烯酸　　　　　D. 液体石蜡

13. 开口杯和闭口杯闪点测定仪的区别是（　　　　）。

A. 仪器不同　　　　　　　　　　　B. 温度计不同

C. 加热和引火条件不同　　　　　　D. 坩埚不同

14*. 用密度瓶法测定液体密度时应注意的事项有（　　　　）。

A. 操作必须缓慢　　　　　　　　　B. 防止实验过程中沾污密度瓶

C. 盛装样品时密度瓶必须干燥　　　D. 密度瓶盛装液体后不能有气泡

15*. 物质中混有杂质时通常导致（　　　　）。

A. 熔点上升　　　　　B. 熔点下降　　　　　C. 熔程变窄　　　　　D. 熔程变宽

16. 萃取效率与（　　　　）有关。

A. 分配比　　　　　B. 分配系数　　　　　C. 萃取次数　　　　　D. 浓度

17. 凯氏定氮法测定有机氮含量全过程包括（　　　　）等步骤。

A. 消化　　　　　B. 碱化蒸馏　　　　　C. 吸收　　　　　D. 滴定

18. 非水酸碱滴定中，常用的滴定剂是（　　　）。

A. 盐酸的乙酸溶液　　　　　　　　　B. 高氯酸的乙酸溶液

C. 氢氧化钠的二甲基甲酰胺溶液　　　D. 甲醇钠的二甲基甲酰胺溶液

19. 喹钼柠酮试剂由（　　　）多种物质共同组成。

A. 钼酸铵　　　　　B. 喹啉　　　　　C. 柠檬酸　　　　　D. 钼酸钠

E. 有机碱喹啉　　　F. 柠檬酸钠　　　G. 丙酮　　　　　　H. 丁酮

20. 对半水煤气的分析结果有影响的是（　　　）。

A. 半水煤气含量的变化　　　　　　　B. 半水煤气采样

C. 环境湿度或气候的改变　　　　　　D. 环境温度或气压的改变

21*. 钾肥中氧化钾的测定方法有（　　　）。

A. 四苯硼酸钾质量法　　　　　　　　B. 磷钼酸喹啉质量法

C. 四苯硼酸钠容量法　　　　　　　　D. 磷钼酸铵容量法

22. 费休试剂是测定微量水的标准溶液，它的组成有（　　　）。

A. SO_2 和 I_2　　　　B. 吡啶　　　　C. 丙酮　　　　D. 甲醇

23*. 下列叙述不正确的是（　　　）。

A. 皂化法测酯，可用皂化值和酯值表示结果

B. 酯值包含游离酸所耗 KOH 的量

C. 酯值＝酸值＋皂化值

D. 皂化法测酯，碱的浓度越大越好

24*. 下列试样中，可以选用 HIO_4 氧化法测定其含量的是（　　　）。

A. 乙二醇　　　　B. 葡萄糖　　　　C. 果糖　　　　D. 乙酸酐

25*. 有机氯农药残留量的测定方法主要有（　　　）。

A. 气相色谱法　　　B. 容量分析法　　　C. 薄层色谱法　　　D. 原子吸收法

26*. 用溴加成法测定不饱和键时，避免取代反应的注意事项是（　　　）。

A. 避免光照　　　B. 低温　　　C. 无时间考虑　　　D. 滴定时不要振荡

27*. 肟化法测定醛和酮时，终点确定困难的原因是（　　　）。

A. 构成缓冲体系　　　　　　　B. pH 太小

C. 没有合适的指示剂　　　　　D. 突跃范围小

28*. 肥料中氨态氮的测定方法有（　　　）。

A. 甲醛法　　　B. 铁粉还原法　　　C. 蒸馏滴定法　　　D. 酸量法

29*. 乙酰化法测定羟基时，常加入吡啶，其作用是（　　　）。

A. 中和反应生成的乙酸　　　　　B. 防止乙酸挥发

C. 将乙酸移走，破坏化学平衡　　D. 作催化剂

30*. 重氮法测定苯胺含量，确定滴定终点可以采用的方法是（　　　）。

A. 碘化钾-淀粉外指示剂　　　　　　B. 中性红指示剂

C. 中性红和亚甲基蓝混合指示剂　　　D. 永停终点法指示终点

31*. 乙酸酐-吡啶-高氯酸乙酰化法测羟基含量时，吡啶的作用是（　　　）。

A. 作有机溶剂　　　B. 作有机碱　　　C. 作催化剂　　　D. 作干燥剂

32. 酚羟基可用（　　　）测定。

A. 非水滴定法　　　B. 溴量法　　　C. 比色法　　　D. 重铬酸钾氧化法

33*. 含羰基的化合物，其羰基可用 （　　　　） 试剂测定其含量。

A. NaOH　　　　　　B. $HClO_4$　　　　　C. 铁氰酸钾　　　　　D. 高锰酸钾

34*. 有机化合物中羟基含量的测定方法有 （　　　　）。

A. 酰化法　　　　　B. 高碘酸氧化法　　C. 溴化法　　　　　D. 气相色谱法

35*. 测定羰基化合物的通常方法有 （　　　　）。

A. 羟胺肟化法、银离子氧化法

B. 氧瓶燃烧法、次碘酸钠氧化法

C. 2,4-二硝基苯肼法、亚硫酸氢钠法

D. 碘量法、硫代硫酸钠法

36*. 下列可以用中和法 （直接或间接） 测定其含量的有机化合物有 （　　　　）。

A. 甲酸　　　　　　B. 甲苯　　　　　　C. 甲醇　　　　　　D. 苯胺

37. 下列说法正确的是 （　　　　）。

A. 韦氏法测油脂碘值　　　　　　B. 乙酰化法测季戊四醇

C. 肟化法测丙酮　　　　　　　　D. 亚硫酸钠法测甲醛

38*. 测定羧酸衍生物的方法有 （　　　　）。

A. 水解中和法　　　　　　　　　B. 水解沉淀滴定法

C. 分光光度法　　　　　　　　　D. 气相色谱法

39. 韦氏法测定油脂碘值时加成反应的条件是 （　　　　）。

A. 避光　　　　　　B. 密闭　　　　　　C. 仪器干燥　　　　D. 加催化剂

五、有机分析

1. 采用燃烧分解法测定有机物中碳和氢含量时，常用的吸水剂是 （　　　　）。

A. 无水氯化钙　　　B. 高氯酸镁　　　　C. 碱石棉　　　　　D. 浓硫酸

2. 有机物中卤素含量的测定常用的方法有 （　　　　）。

A. 克达尔法、过氧化钠分解法

B. 氧瓶燃烧法、过氧化钠分解法

C. 卡里乌斯封管法、斯切潘诺夫法

D. 碱熔法、杜马法

3. 用福尔哈德法测定有机物中 Cl^- 时，宜加入硝基苯，其作用是 （　　　　）。

A. 将沉淀包住，以免部分 Cl^- 由沉淀转入溶液

B. 阻止氯化银发生沉淀转化反应

C. 催化作用

D. 指示剂

4. 用氧瓶燃烧法测定有机化合物中的卤素含量时，下面叙述中不正确的是 （　　　　）。

A. 氧瓶燃烧法测定有机卤含量，以二苯卡巴腙作指示剂，用硝酸汞标准溶液滴定吸收液中的卤离子时，终点颜色由紫红色变为黄色

B. 一般情况下，有机氯化物燃烧分解后，可用过氧化氢的碱液吸收；有机溴化物分解后，可用水或碱液吸收

C. 汞量法测定有机碘化物时，硝酸汞标准溶液可用标准碘代苯甲酸进行标定

D. 碘量法测定有机碘化物时，分解吸收后的溶液可用乙酸-乙酸钠缓冲溶液调节 pH

5. 氧瓶燃烧法测定有机元素时，瓶中铂丝所起的作用为（　　　　）。

A. 氧化　　　　　　B. 还原　　　　　　C. 催化　　　　　　D. 支撑

6*. 含碘有机物用氧瓶燃烧法分解试样后，用 KOH 吸收，得到的混合物有（　　　　）。

A. $Na_2S_2O_3$　　　B. KI　　　　　　C. I_2　　　　　　D. KIO_3

7*. 定量测定石油产品的不饱和度可以采用（　　　　）。

A. 卤素加成法　　　B. 催化加氢法　　　C. 汞盐加成法　　　D. 氧加成法

8*. 含溴有机物用氧瓶燃烧法分解试样后，得到的混合物有（　　　　）。

A. $Na_2S_2O_3$　　　B. HBr　　　　　　C. Br_2　　　　　　D. $HBrO_3$

9*. 采用氧瓶燃烧法测定有机化合物中硫的含量时，为了使终点变色敏锐，常采取的措施是（　　　　）。

A. 加入少量的亚甲基蓝溶液作屏蔽剂

B. 用亚甲基蓝作指示剂

C. 滴定在乙醇或异丙醇介质中进行

D. 加入少量溴酚蓝的乙醇溶液作屏蔽剂

10*. 有关氧瓶燃烧法测定有机物中硫的叙述正确的是（　　　　）。

A. 有机硫化物在氧瓶中燃烧分解

B. 滴定在乙醇或异丙醇介质中进行

C. 磷不干扰测定

D. 终点时溶液由红色变为黄色

11*. 下列属于采用氧化分解法测定有机化合物中硫的是（　　　　）

A. 封管燃烧分解法　　　　　　　　B. 接触燃烧法

C. 弹筒熔融法　　　　　　　　　　D. 氧瓶燃烧法

12*. 克达尔法测有机物中氮含量时，常用的催化剂有（　　　　）。

A. 硫酸铜　　　　　B. 硒粉　　　　　C. 氧化汞　　　　　D. 汞

13*. 克达尔法测有机物中氮含量时，用硒粉作催化剂效率高，但如果硒粉用量太多，会造成（　　　　）。

A. 测定结果偏低　　　B. 测定结果偏高　　　C. 氮损失　　　　　D. 氮增多

14*. 示差热导法自动元素分析仪可以测定下列元素中的（　　　　）。

A. N　　　B. H　　　C. C　　　D. 卤素　　　E. S

15*. 微库仑法元素分析仪可以测定下列元素中的（　　　　）。

A. S　　　　　　　B. H　　　　　　C. C　　　　　　D. 卤素

16*. 可以用来鉴别苯酚与苯甲醇的化学试剂可以是（　　　　）。

A. 三氯化铁溶液　　　B. 高锰酸钾溶液　　　C. 浓盐酸　　　D. 溴水

17*. 以下试剂中，可以用来鉴别伯、仲、叔醇的是（　　　　）。

A. 三氯化铁溶液　　　　　　　　B. 高锰酸钾-2,4-二硝基苯肼溶液

C. 卢卡斯溶液　　　　　　　　　D. 溴水

18*. 下列物质中能与碘化钠的丙酮溶液反应，产生卤化钠沉淀的是（　　　　）。

A. 氟苯　　　　　B. 烯丙基氯　　　　　C. 溴丁烷　　　　　D. 间溴二苯

19*. 下列物质中能与氯化铁试液产生颜色变化的是（　　　　）。

A. 对二苯酚　　　B. 苯甲醛　　　　　C. 丁酮　　　　　D. 间硝基苯酚

20*．下列物质中能与溴水产生黄色沉淀的是（　　　　）。

A. 丙醛　　　　　B. 苯酚　　　　　C. 苯甲酮　　　　　D. 邻氯苯酚

21*．下列物质中能与2,4-二硝基苯肼反应产生沉淀的是（　　　　）。

A. 异丙醇　　　　B. 水杨醛　　　　C. 苯乙酮　　　　D. 间氯苯酚

22**．下列物质中不能与银氨溶液产生银镜反应的是（　　　　）。

A. 丙醛　　　　　B. 甲酸　　　　　C. 丙酮　　　　　D. 乙酸

23*．下列物质中不能发生碘仿反应的是（　　　　）。

A. 丙酮　　　　　B. 丁酮　　　　　C. 丙醇　　　　　D. 乙酸

24*．下列物质中能与席夫试剂（品红醛试剂）发生反应的是（　　　　）。

A. 甲醛　　　　　B. 乙醚　　　　　C. 丁醇　　　　　D. 丙酸

25*．下列物质中能与费林试剂反应的是（　　　　）。

A. 叔丁醇　　　　B. 正丁醛　　　　C. 甲醛　　　　　D. 丙酮

26*．下列官能团鉴定试验时，必须用干燥试管的有（　　　　）。

A. 卢卡斯试验　　B. 席夫试验　　　C. 亚硝酸试验　　D. 碘化钠/丙酮试验

27*．为了控制加卤素时取代反应的方向，可以采用的方法有（　　　　）。

A. 用Cl_2为取代剂，加快反应进行

B. 采用ICl等活性较小的作为取代剂

C. 反应在低温、密闭、避光（光对取代反应有催化作用）的条件下进行

D. 反应在高温、光照（光对取代反应有催化作用）的条件下进行

28*．能与氢氧化钠水溶液反应的有（　　　　）。

A. 乙醇　　　　　B. 环烷酸　　　　C. 脂肪酸　　　　D. 苯酚

29*．下列化合物中能发生碘仿反应的有（　　　　）。

A. 丙酮　　　　　B. 甲醇　　　　　C. 正丙醇　　　　D. 乙醇

30．丁酮的定性分析可选用的试剂是（　　　　）。

A. 托伦试剂　　　B. 碘仿反应　　　C. 2,4-二硝基苯肼　　D. 饱和亚硫酸钠

31．检验有机化合物中是否有双键，可选用的试剂有（　　　　）。

A. $NaClO$溶液　　B. 浓盐酸　　　　C. $KMnO_4$溶液　　D. Br_2/CCl_4溶液

32．用溴加成法测定不饱和键时，避免取代反应的注意事项是（　　　　）。

A. 避免光照　　　B. 低温　　　　　C. 无时间考虑　　　D. 滴定时不要振荡

33*．鉴定烯烃或炔烃，可用下列方法中的（　　　　）。

A. 溴-四氯化碳混合试剂反应　　　　　B. 高锰酸钾溶液反应

C. 炔化银法　　　　　　　　　　　　　D. 过氧气化氢法

34．有机物系统鉴定报告中的"初步分析"项应填写的内容有（　　　　）。

A. 物理状态　　　B. 熔点　　　　　C. 气味　　　　　D. 颜色

35*．下列有机化合物可以用酸碱滴定法测定的有（　　　　）。

A. 吡啶　　　　　B. 乙酸　　　　　C. 乙酸酐　　　　D. 乙醛

36*．下列有机化合物可以用氧化还原滴定法测定的有（　　　　）。

A. 过氧酸　　　　B. 亚硝基化合物　C. 乙酸酐　　　　D. 乙醚

37*．下列针对有机化合物官能团定量分析中采取的措施正确的是（　　　　）。

A. 将不溶于水的试样溶解在有机溶剂中

B. 经常采取回流加热和加催化剂，以加快反应速率

C. 采取试剂过量、产物移走的方法，并且多数采用返滴定进行测定

D. 严格控制反应条件，减少副反应发生

六、化验室管理

1. 在维护和保养仪器设备时，应坚持"三防四定"的原则，即要做到（　　　）。

A. 定人保管　　　　B. 定点存放　　　　C. 定人使用　　　　D. 定期检修

2. 0.2mol/L 的下列标准溶液应贮存于聚乙烯塑料瓶中的有（　　　）

A. KOH　　　　　　B. EDTA　　　　　C. NaOH　　　　　D. 硝酸银

3. 化验室检验质量保证体系的基本要素包括（　　　）。

A. 检验过程质量保证

B. 检验人员素质保证

C. 检验仪器、设备、环境保证

D. 检验质量申诉和检验事故处理

4*. 应贮存在棕色瓶的标准溶液有（　　　）。

A. $AgNO_3$　　　　B. NaOH　　　　C. $Na_2S_2O_3$　　　　D. $KMnO_4$

E. $K_2Cr_2O_7$　　　F. EDTA　　　　G. $KBrO_3\text{-}KBr$　　　H. I_2

5*. 建立化验室质量管理体系的基本要求包括（　　　）。

A. 明确质量形成过程　　　　　　　B. 配备必要的人员和物质资源

C. 形成检测有关的程序文件　　　　D. 检测操作和记录

E. 确立质量控制体系

6. 产品质量的监督检查包括（　　　）。

A. 国家监督　　　　　　　　　　　B. 社会组织监督

C. 生产者监督　　　　　　　　　　D. 消费者监督

7. 在试剂选取时，以下操作正确的是（　　　）。

A. 取用试剂时应注意保持清洁

B. 固体试剂可直接用手拿

C. 量取准确的溶液可用量筒

D. 在分析工作中，所选用试剂的浓度及用量都要适当

8*. 取用液体试剂时应注意保持试剂清洁，因此要做到（　　　）。

A. 打开瓶塞后，瓶塞不许任意放置，防止沾污，取完试剂后立即盖好

B. 应采用"倒出"的方法，不能用吸管直接吸取，防止带入污物或水

C. 公用试剂用完后应立即放回原处，以免影响他人使用

D. 标签要朝向手心，以防液体流出腐蚀标签

9. 高压气瓶使用时下列操作错误的是（　　　）。

A. 使用时倾倒　　　　　　　　　　B. 开启时安装减压阀

C. 用沾满油的手接触氧气　　　　　D. 操作高压钢瓶时站在瓶出口侧面

10. 在使用化学试剂时应（　　　）。

A. 根据试验的需要选用不同级别的试剂

B. 配制好的溶液应放在试剂瓶中，贴上相应的标签

C. 剧毒实际使用时应严格登记制度

D. 从试剂瓶中取出的试剂用完后多余的部分应放回试剂瓶中

11. 化验室检验质量保证体系的基本要素包括（　　　　）。

A. 检验过程质量保证　　　　　　　　B. 检验人员素质保证

C. 检验仪器、设备、环境保证　　　　D. 检验质量申诉和检验事故处理

12. 化工企业产品标准由概述部分、正文部分、补充部分组成，其中正文部分包括（　　　　）。

A. 封面与首页　　　B. 目次　　　C. 产品标准名称　　　D. 技术要求　　　E. 引言

13. 关于实验室仪器设备的购置错误的是（　　　　）。

A. 根据需要随用随买

B. 根据仪器市场的状况选择购买最新型号、功能全面的仪器

C. 依据实验室的需要编制仪器购置计划，有计划、有步骤地购置仪器

D. 首先考虑价格因素

14. 仪器日常事务管理包括（　　　　）

A. 对每台仪器进行登记注册　　　　　B. 配备专人管理

C. 实行使用登记制度　　　　　　　　D. 建立损坏赔偿制度

15. 应列为固定资产进行专项管理的是（　　　　）

A. 一般仪器

B. 低值仪器设备

C. 耐用期一年以上且非易损耗的一般仪器设备

D. 价值在 800 元以上的仪器设备

16. 关于大型精密仪器设备的管理主要包括（　　　　）。

A. 计划管理　　　B. 技术管理　　　C. 经济管理　　　D. 使用管理考核

17. 下列需要定期进行计量检定的仪器设备是（　　　　）。

A. 分析天平　　　B. 滴定管　　　C. 电炉　　　D. 烧杯

18[*]. 电热恒温干燥箱在使用时应（　　　　）。

A. 检查仪器接地良好

B. 移液管、容量瓶烘干时应用低温

C. 易燃易爆样品开门状态烘干

D. 样品应放在称量瓶或托盘内烘干，不宜直接将样品放在格架上烘干

19[*]. 阿贝折光仪操作时应注意（　　　　）。

A. 在开始测定前，必须先用标准试样校对读数

B. 测定过程应保持温度恒定

C. 调节棱镜组旋钮，使明暗界线与叉丝中心重合

D. 读出折射率值，读至小数点后 2 位

20[*]. 酸度计的正确使用（　　　　）。

A. 指示电极用玻璃电极

B. 用标准缓冲溶液"定位"

C. 玻璃电极上的污垢可用无水乙醇、洗液等清洗

D. 样品的 pH 应与标准缓冲溶液的 pH 相近

21. 属于法定药品质量标准的有（　　　　）。

A. 中国药典   B. 局颁标准

C. 临床试验用药品标准   D. 药厂内部标准

E. 医院自制药品标准

22. 在药典标准中，同时具有鉴别和纯度检查意义的项目是（　　　　）。

A. 熔点   B. 吸收系数

C. 色谱法的 t_R D. 比旋度

E. 氯化物检查

23. 检验报告应有以下内容（　　　　）。

A. 供试品名称   B. 外观性状

C. 取样日期   D. 送检人签章

E. 复核人签章

24. 商品在出库时，应贯彻先产先出（　　　　）

A. 近效期先出   B. 按批号出货   C. 无规则出货   D. 按制度出货

25. 全面质量管理包括（　　　　）

A. 全面质量管理   B. 全过程质量管理

C. 全员参加的质量管理   D. 全方位质量管理

26. PDCA 循环是指（　　　　）

A. Plan 计划   B. Do 实施   C. Check 检查   D. Action 处理

27. 6S 管理法的内容包括（　　　　）。

A. SEIRI（整理）   B. SEITON（整顿）   C. SEISO（清扫）

D. SEIKETSU（清洁）   E. SHITSUKE（素养）   F. SAFETY（安全）

28. 不合格品的处理方法包括（　　　　）。

A. 条件特采   B. 返工   C. 挑选   D. 条件收货

29. 在内贸商品检验中最常用的检验依据是（　　　　）。

A. 质量标准   B. 统检细则   C. 检验细则   D. 购销合同

30. 不知原因可疑值取舍的方法有（　　　　）。

A. 四倍法   B. 校正法   C. Q 检验法   D. 标准物质法

31. 酒的卫生检验指标有（　　　　）。

A. 酒精度   B. 甲醇   C. 杂醇油   D. 固形物

32. 仓库空气除尘的方法有（　　　　）。

A. 过滤除尘   B. 吸附除尘   C. 静电除尘   D. 旋风除尘器

33. 属于食品人工干燥法的有（　　　　）。

A. 日晒干燥   B. 风吹干燥   C. 喷雾干燥   D. 真空干燥

34. 国际上认同的我国采用国际标准的情况是（　　　　）。

A. 完全采用   B. 等同采用   C. 等效采用   D. 参照采用

35. 保存分析实验室用水可采用（　　　　）。

A. 一级水用玻璃瓶   B. 二级水用聚乙烯瓶

C. 三级水用玻璃瓶   D. 二级水用聚氯乙烯瓶

36. 化学试剂的存放方法为（　　　　）。

A. 按照纯度存放   B. 按照危险级别存放

C. 按照固体液体不同状态存放   D. 按照名称存放

判 断 题

一、基础知识

(一) 计量和标准化基础知识

1. 标准编写的总原则就是必须符合 GB/T 1.1—2000。（　）

2. 经安全生产教育和培训的人员可上岗作业。（　）

3. 认真负责，实事求是，坚持原则，一丝不苟地依据标准进行检验和判定是化学检验工的职业守则内容之一。（　）

4. 质量检验工作人员应坚持持证上岗制度，以保证检验工作的质量。（　）

5. 化学检验工职业道德的基本要求包括：忠于职守、钻研技术、遵章守纪、团结互助、勤俭节约、关心企业、勇于创新等。（　）

6*. 分析工作者只需严格遵守采取均匀固体样品的技术标准的规定。（　）

7. 国际标准是世界各国进行贸易的基本准则和基本要求，我国《标准化法》规定："国家必须采用国际标准。"（　）

8.《中华人民共和国标准化法》于 1989 年 4 月 1 日发布实施。（　）

9. 国家标准是企业必须执行的标准。（　）

10. 计量法规包括计量管理法规和计量技术法规两部分。（　）

11. 计量基准由国务院计量行政部门负责批准和颁发证书。（　）

12. 产品标准的实施一定要和计量工作、质量管理工作紧密结合起来。（　）

13.《中华人民共和国产品质量法》中所称的产品是指经加工、制作，用于销售的产品。（　）

14*.《中华人民共和国产品质量法》不适用于建筑工程，但是，本法适用于建设工程使用的建筑材料、建筑构配件和设备。（　）

15. 质量体系只管理产品质量，对产品负责。（　）

16. 产品质量水平划分为优等品、一等品、二等品和三等品四个等级。（　）

17*. ISO 的定义是为进行合格认证工作而建立的一套程序和管理制度。（　）

18. 我国的标准等级分为国家标准、行业标准和企业标准三级。（　）

19. 按照标准化的对象性质，一般可将标准分成为三大类：技术标准、管理标准和工作标准。（　）

20. 国家强制标准代号为 GB。（　）

21. GB 2946—1992，其中 GB 代表工业标准。（　）

22. 国际标准代号为 ISO，我国国家标准代号为 GB。（　）

23. 按《中华人民共和国标准化法》规定，我国标准分为四级，即国家标准、行业标准、地方标准和企业标准。（　）

24. 我国国家标准的代号是 GB ××××—××。（　）

25. 中华人民共和国强制性国家标准的代号是 GB/T。（　）

26. ISO 9000 族标准是环境管理体系系列标准的总称。（　）

27.《中国文献分类法》于 1989 年 7 月试行。（　）

28. 标准和标准化都是为在一定范围内获得最佳秩序而进行的一项有组织的活动。

（　　）

29. 标准化的目的是在一定范围内获得最佳秩序。 （　　）

30＊. GB 3935.1—1996 定义标准化为：为在一定的范围内获得最佳程序，对活动或其结果规定共同的和重复使用的规则、导则或特性文件。该文件经协商一致制定并经一个公认机构的批准。 （　　）

31. GB/T、ISO 分别是强制性国家标准、国际标准的代号。 （　　）

32. 标准化工作的任务是制定标准、组织实施标准和对标准的实施进行监督。 （　　）

33. 标准要求越严格，标准的技术水平越高。 （　　）

34. 国家标准是国内最先进的标准。 （　　）

35＊. 国外先进标准是指未经 ISO 确认并公布的其他国际组织的标准、发达国家的国家标准、区域性组织的标准。 （　　）

36. ISO 是世界上最大的国际标准化机构，负责制定和批准所有技术领域的各种技术标准。 （　　）

37＊. GB/T 200001—2002 标准化工作指南第 1 部分定义标准为：为在一定的范围内获得最佳程序，经协商一致制定并由公认机构批准，共同使用的和重复使用的一种规范性文件。 （　　）

38. 在日本的 PPM 管理体系中，PPM 的含义是百万分之一和完美的产品质量。 （　　）

39. ISO 14000 指的是质量管理体系，ISO 9000 指的是环境管理体系。 （　　）

40. 企业标准一定要比国家标准要求低，否则国家将废除该企业标准。 （　　）

41. 质量活动结果的见证性文件资料是质量记录。 （　　）

42. 企业有权不采用国家标准中的推荐性标准。 （　　）

（二）计量检定和法定计量单位

1＊. 计量检定是指评定计量器具的计量特性，确定其是否符合法定要求所进行的全部工作。 （　　）

2. 计量检定是一项法制性很强的工作。 （　　）

3＊. 非强制性检定是指由计量器具使用单位自己或委托具有社会公用计量标准或授权的计量检定机构，依法进行的一种检定。 （　　）

4＊. 强制检定属于法制检定，是对计量器具依法管理的一种形式，要受法律的约束。而非强制性检定不属于法制检定，不需要受法律的约束。 （　　）

5. 计量是为实现单位统一、量值准确可靠而进行的科技、法制和管理活动。 （　　）

6. 计量器具的检定具有法制性，是计量管理范畴的执法行为，而计量器具的校准不具有法制性，是企业自愿行为。 （　　）

7＊. 计量器具的检定不判断测量器具合格与否，但可确定测量器具的某一性能是否符合预期的要求；而计量器具的校准对所检的测量器具作出合格与否的结论。 （　　）

8. 量值溯源是指自下而上通过不间断的校准而构成溯源体系。量值传递是指自上而下通过逐级检定而构成检定系统。 （　　）

9＊. 使用有刻度的计量玻璃仪器，手不能握着有刻度的地方，是因为手的热量会传导到玻璃及溶液中，使其变热，体积膨胀，计量不准。 （　　）

10. 国际单位就是我国的法定计量单位。 （　　）

11. 法定计量单位是国家以法令的形式，明确规定并且允许在全国范围内统一实行的计量单位。　　　　　　　　　　　　　　　　　　　　　　　　　　（　　）

12*. 计量器具的检定标识为红色说明多功能检测设备的某些功能已失效，但检测工作所用功能正常，且经校准合格者。　　　　　　　　　　　　　　　（　　）

13. 计量器具的检定周期是指计量器具相邻两次检定之间的时间间隔。（　　）

14. 体积单位(L)是我国法定计量单位中的非国际单位。　　　　　　（　　）

15. 产品质量认证是为进行合格认证工作而建立的一套程序和管理制度。（　　）

16. 天平和砝码应定时检定，按照规定最长检定周期不超过一年。　（　　）

17. 千克的符号是 kg，k 为词头，g 是基本单位。　　　　　　　　（　　）

18. 滴定管、移液管和容量瓶校准的方法有绝对校正法和相对校准法。（　　）

19. 长度的基本单位是 km(千米)。　　　　　　　　　　　　　　　（　　）

20. 质量的基本单位是 kg(千克)。　　　　　　　　　　　　　　　（　　）

21. 牛顿是导出单位。　　　　　　　　　　　　　　　　　　　　（　　）

22. 重量的单位名称为千克(公斤)，单位符号为 Kg。　　　　　　　（　　）

23. 砝码使用一定时间(一般为一年)后应对其质量进行校准。　　　（　　）

24. 某些 SI 导出单位具有国际计量大会通过的专门名称和符号，如热和能量的单位通常用焦耳(J)代替牛顿米(N•m)。　　　　　　　　　　　　　　（　　）

25. 由 SI 单位与词头组合构成的单位是 SI 单位的导出单位。　　　（　　）

26. 计量单位的名称，一般是指它的中文名称，用于叙述性文字和口述中，不得用于公式、数据表、图、刻度盘等处。　　　　　　　　　　　　　　　（　　）

27. 单位符号一律用正体字母，除来源于人名的单位符号第一个字母要大写外，其余均为小写字母。　　　　　　　　　　　　　　　　　　　　　　　　（　　）

28. 不得使用重叠词头，如只能写 nm，而不能写 mμm。　　　　　（　　）

29. 米是光在真空中 (1/299792458)s 时间间隔内所经路径的长度。　（　　）

30. 我国将标准物质分为两个级别：一级标准物质和二级标准物质。（　　）

(三) 试剂与实验室用水

1. 在分析化学实验中常用化学纯的试剂。　　　　　　　　　　　（　　）

2. 国家规定实验室用水分为四级。　　　　　　　　　　　　　　（　　）

3. 一级水的杂质含量比二级水的多。　　　　　　　　　　　　　（　　）

4. 高效液相色谱分析用水一般选用三级水。　　　　　　　　　　（　　）

5. 蒸馏法制高纯水，可用石英蒸馏器，经亚沸蒸馏制得。　　　　（　　）

6. 使用不含二氧化碳的水，可将蒸馏水煮沸后冷却制得。　　　　（　　）

7. 分析用水应选用纯度最高的蒸馏水。　　　　　　　　　　　　（　　）

8. 检验水的纯度通常用酸碱滴定法。　　　　　　　　　　　　　（　　）

9. 应根据分析任务、分析要求选用不同纯度的化学试剂。　　　　（　　）

10. 分析纯的试剂其纯度高于优级纯。　　　　　　　　　　　　　（　　）

11. 用于标定的化学试剂常用纯度级别为分析纯。　　　　　　　　（　　）

12. 化学纯试剂的标签为红色。　　　　　　　　　　　　　　　　（　　）

13*. 存放化学试剂的仓库应密闭不通风，以防试剂挥发。　　　　（　　）

14. 所有试剂一律分类存放，严格分区。　　　　　　　　　　　　（　　）

15＊．强氧化剂不应与有机溶剂一起存放，避免发生燃烧或爆炸。　　　（　　）

16. 实验室不应存放大量化学试剂，应随用随领。　　　（　　）

17. 分析用一级水应保存在普通玻璃容器内。　　　（　　）

18＊．剧毒试剂如氰化钾、三氧化二砷等应设专人管理，建立领用手续。　　　（　　）

19. 液体试剂应存放在广口瓶中。　　　（　　）

20. 一些见光分解的试剂保存在白色试剂瓶中。　　　（　　）

（四）常见离子分析

1＊．阳离子第一组的混合沉淀中，将 $PbCl_2$ 与 Hg_2Cl_2、$AgCl$ 分离的最佳方法是在混合沉淀中加入热水。　　　（　　）

2＊．阳离子第一组的混合沉淀中，加入 NaOH 可将 $AgCl$ 沉淀溶解分离出其他沉淀。

（　　）

3. 半微量定性分析中经常使用的仪器是离心管、离心机、点滴板和表面皿等。　（　　）

4. 在一定条件下，鉴定反应能检出某组分的最小质量称为检出限量。　　　（　　）

5＊．灵敏度是指某一鉴定反应灵敏的程度，它表示鉴定反应所能检出待检组分的最低量。

（　　）

6. 第一组阳离子的组试剂是 6mol/L HCl。　　　（　　）

7＊＊．鉴别 Pb^{2+} 的方法可以采用在乙酸介质中加入 K_2CrO_4，观察是否有黄色 $PbCrO_4$ 沉淀生成进行判断。　　　（　　）

8＊．$AgCl$、Hg_2Cl_2 和 $PbCl_2$ 三种沉淀中，只有 $AgCl$ 可以溶解在 $NH_3 \cdot H_2O$ 中。

（　　）

9＊．采用邻二氮菲法检验 Fe^{2+} 时，在酸性介质中，观察是否有蓝色络合物生成。

（　　）

10＊．沉淀阳离子第四组所采用的组试剂是 $(NH_4)_2CO_3$。　　　（　　）

11. 同一温度下，CaC_2O_4 比 $CaCO_3$ 更加难溶于水。　　　（　　）

12＊．Ca^{2+} 焰色反应呈砖红色，Ba^{2+} 焰色反应呈黄绿色，K^+ 焰色反应呈浅紫色，Na^+ 焰色反应呈黄色。　　　（　　）

13＊．Ni^{2+} 可采用丁二酮肟法和二硫代乙二酰胺法进行鉴别分析。　　　（　　）

14＊＊．采用过铬酸法鉴定 Cr^{3+} 时，一般在 NaOH 体系中用 H_2O_2 氧化，并加入戊醇萃取显色，出现颜色为红色。　　　（　　）

15＊．采用 EDTA 法鉴别 Cr^{3+} 时，溶液呈现的颜色是紫色。　　　（　　）

16＊．采用奈氏试剂鉴别铵离子，在表面皿的边缘出现红棕色。　　　（　　）

17. 鉴定反应只要保证灵敏度高，不必考虑其选择性。　　　（　　）

18＊．对照试验是指用已知组分的溶液代替试液，与试液用同样方法进行试验。（　　）

19＊．空白试验可以检查试剂、蒸馏水或器皿中是否含有被检离子。　　　（　　）

20＊．无机离子的分析程序可以分为分别分析和系统分析两种。　　　（　　）

21. 在酸性介质下，NO_2^- 与 I^- 可以稳定共存。　　　（　　）

22＊．硫离子与亚硫酸根离子可以使 I_2-淀粉溶液变蓝。　　　（　　）

23＊．NO_2^- 可以使 I_2-淀粉溶液变蓝，而 PO_4^{3-} 与 SO_4^{2-} 则不能。　　　（　　）

24＊＊．$AgCl$、$AgBr$ 和 AgI 沉淀均可溶于 $(NH_4)_2CO_3$ 溶液。　　　（　　）

25**. NO_2^- 的鉴定可以采用 KI 法和对氨基苯磺酸-α-萘胺法。 （　　）

（五）实验室常用仪器和设备

1*. 试管是最常用的仪器，可用于盛放少量化学试剂，进行简单的、少量物质间的化学反应，可进行加热。 （　　）

2. 用试管进行化学反应时，反应物体积一般不超过试管总容量的 2/3。 （　　）

3. 烧杯加热时应垫石棉网或放入水浴锅内，不宜直接用火加热。 （　　）

4. 蒸馏时，烧瓶内应放入沸石或碎瓷片，目的是将溶液混合均匀。 （　　）

5. 坩埚可在泥三角上直接加热。 （　　）

6*. 试剂瓶可分为广口瓶和细口瓶，细口瓶用于盛放固体药品，广口瓶用于盛放液体药品。 （　　）

7*. 滴瓶常用于盛放少量液体试剂，例如盛放浓碱液及常用的指示剂。 （　　）

8*. 灼烧后的坩埚内药品需要干燥时，须趁热将坩埚放入干燥器中。 （　　）

9. 干燥器用一段时间后内部的硅胶会吸水变成蓝色，这时应更换硅胶。 （　　）

10. 在打开干燥器盖时，要一手扶住干燥器，一手握住盖柄，稳稳平推。 （　　）

11. 用量筒量取液体时，量筒应放在平整的桌面上，视线与量筒内凹液面的最低处平齐。 （　　）

12. 在用容量瓶配制溶液时，先将固体试剂称量后倒入容量瓶，加溶剂溶解后定容，摇匀。 （　　）

13. 容量瓶配制溶液，用溶剂稀释到刻度，盖好盖，用右手手掌抵住瓶底，将瓶上下转动、摇匀即可。 （　　）

14. 刻有"吹"字的移液管，移液时最后须将残留液吹入容器内。 （　　）

15. 取用砝码应按"由大到小"的顺序添换，砝码用完后应及时核准放回原处。 （　　）

16*. 用分析天平称量样品质量，所有被称物体必须放在称量瓶内或表面皿内，若所称物质是易吸潮和在空气中易变化的，则应放入称量瓶内并加盖。 （　　）

17. 在无玻璃棒时，可临时用玻璃温度计代替玻璃棒搅拌溶液。 （　　）

18. 做石油分馏实验时，水银温度计的水银球应插入蒸馏液体中。 （　　）

19*. 用来分离互不混溶的两种液体和某些反应随时滴加液体的器具常使用长颈漏斗。 （　　）

20*. 进行萃取操作时，可以右手按住分液漏斗的玻璃塞，左手固定住玻璃活塞上下转动或振荡。 （　　）

21. 马弗炉是实验室常用的利用电热丝加热产生高温的器具，最高使用温度为 950℃。 （　　）

22. 酒精灯是实验室的简单加热设备，点灯时可用火柴或打火机引燃，熄灭时用嘴吹灭。 （　　）

23. 在定期检定天平时应同时对所配砝码一同检定。 （　　）

24*. 取用 9.00mL 液体，应使用 10mL 量筒量取。 （　　）

25. 酸式滴定管尖部出口被凡士林堵塞可用小火烘烤熔化疏通。 （　　）

26. 计量检定标签红色表示该仪器停用。 （　　）

（六）误差理论和数据处理知识

1. 所谓终点误差是由于操作者终点判断失误或操作不熟练而引起的。 （　　）

2*. 滴定分析的相对误差一般要求为小于 0.1%，滴定时消耗的标准溶液体积应控制在 10～15mL。 （　　）

3*. 测定的精密度好，但准确度不一定好，消除了系统误差后，精密度好的，结果准确度就好。 （　　）

4. 分析测定结果的偶然误差可通过适当增加平行测定次数来减免。 （　　）

5. 将 7.63350 修约为四位有效数字的结果是 7.634。 （　　）

6. 标准偏差可以使大偏差能更显著地反映出来。 （　　）

7. 测量的准确度要求较高时，容量瓶在使用前应进行体积校正。 （　　）

8. 在 3～10 次的分析测定中，离群值的取舍常用 $4\bar{d}$ 法检验；显著性差异的检验方法在分析工作中常用的是 t 检验法和 F 检验法。 （　　）

9*. 在没有系统误差的前提条件下，总体平均值就是真实值。 （　　）

10. 两位分析者同时测定某一试样中硫的质量分数，称取试样均为 3.5g，分别报告结果如下：甲：0.042%，0.041%；乙：0.04099%，0.04201%。甲的报告是合理的。 （　　）

11*. 在没有偶然误差的前提条件下，总体平均值与真实值相同。 （　　）

12*. 在进行某鉴定反应时，得不到肯定结果，如怀疑试剂已变质，应做对照试验。 （　　）

13*. 以 S_2 大/S_2 小的比较来确定两组数据之间是否有显著性差异的检验法称为 F 检验法。 （　　）

14*. 用 Q 检验法舍弃一个可疑值后，应对其余数据继续检验，直至无可疑值为止。 （　　）

15**. 测定石灰中铁的质量分数（%），已知 4 次测定结果为：1.59、1.53、1.54 和 1.83。利用 Q 检验法判断出第四个结果应弃去。已知 $Q_{0.90,4}=0.76$。 （　　）

16. 随机误差呈现正态分布。 （　　）

17. 做空白试验，可以减少滴定分析中的偶然误差。 （　　）

18. 容量瓶与移液管不配套会引起偶然误差。 （　　）

19*. 误差是指测定值与真实值之间的差值，误差相等说明测定结果的准确度相等。 （　　）

20. 定量分析工作要求测定结果的误差在企业要求允许误差范围内。 （　　）

21. 用标准（偏）差表示的测量不确定度称为扩展不确定度。 （　　）

22. 准确度精密度只是对测量结果的定性描述，不确定度才是对测量结果的定量描述。 （　　）

23. 11.48g 换算为毫克的正确写法是 11480mg。 （　　）

24. 在消除系统误差的前提下，平行测定的次数越多，平均值越接近真值。 （　　）

25. 以 S^2 大/S^2 小的比较来确定两组数据之间是否有显著性差异的检验法称为 T 检验法。 （　　）

26. 测定次数越多，求得的置信区间越宽，即测定平均值与总体平均值越接近。 （　　）

27. 化学分析中，置信度越大，置信区间就越大。 （　　）

28. 线性回归中的相关系数 d 是用来作为判断两个变量之间相关关系的一个量度。 （　　）

29. Q 检验法适用于测定次数为 $3 \leqslant n \leqslant 10$ 时的测试。 （　　）

（七）溶液的制备

1. 直接法配制标准溶液必须使用基准试剂。 （　　）

2. 国标规定，一般滴定分析用标准溶液在常温（15～25℃）下使用两个月后，必须重新标定浓度。 （　　）

3. 凡是优级纯的物质都可用于直接法配制标准溶液。 （　　）

4. 将 20.000g Na_2CO_3 准确配制成 1L 溶液，其物质的量浓度 $c(Na_2CO_3) = 0.1886mol/L$。[$M(Na_2CO_3) = 106g/mol$] （　　）

5. 溶解基准物质时用移液管移取 20～30mL 水加入。 （　　）

6. 1L 溶液中含有 98.08g H_2SO_4，则 $c\left(\frac{1}{2}H_2SO_4\right) = 2mol/L$。 （　　）

7. 用浓溶液配制稀溶液的计算依据是稀释前后溶质的物质的量不变。 （　　）

8*. 玻璃器皿不可盛放浓碱液，但可以盛放酸性溶液。 （　　）

9*. 分析纯的 NaCl 试剂，如不做任何处理，用来标定 $AgNO_3$ 溶液的浓度，结果会偏高。 （　　）

10*. 配制硫酸、盐酸和硝酸溶液时都应在搅拌条件下将酸缓慢注入水中。 （　　）

11. 配制酸碱标准溶液时，用吸量管量取 HCl，用台秤称取 NaOH。 （　　）

12. 盐酸标准滴定溶液可用精制的草酸标定。 （　　）

13*. 以硼砂标定盐酸溶液时，硼砂的基本单元是 $Na_2B_4O_7 \cdot 10H_2O$。 （　　）

14*. 盐酸和硼酸都可以用 NaOH 标准溶液直接滴定。 （　　）

15. 直接法配制标准溶液必须使用基准试剂。 （　　）

16. 基准物质可用于直接配制标准溶液，也可用于标定溶液的浓度。 （　　）

17. 一般把 B 级标准试剂用于滴定分析标准溶液的配制。 （　　）

18*. $K_2Cr_2O_7$ 标准溶液常采用直接配制法。 （　　）

19. 配制标准溶液必须使用基准试剂。 （　　）

20. 用来直接配制标准溶液的物质称为基准物质，$KMnO_4$ 是基准物质。 （　　）

（八）实验室安全及环保知识

1. 分析实验室中产生的"三废"，其处理原则是：有回收价值的应回收，不能回收的可直接排放。 （　　）

2. 实验室内不许进食，只能饮水。 （　　）

3*. 实验室的废液、废纸应该分开放置，分别处理。 （　　）

4. 样品用硝酸硝化处理时，应在通风橱内进行。 （　　）

5. 电气设备着火时可及时用湿毛巾盖灭。 （　　）

6*. 灭火器内充的灭火剂过一定时间后会减少，当压力降低到一定程度时，需及时更换、填装。 （　　）

7*. 含有氰化物的溶液用后用酸处理，再用水稀释后倒入下水道。 （　　）

8. 废液应避光、远离热源，以免加速废液的化学反应。 （　　）

9. 贮存废液的容器必须贴上明显的标签，标明种类、贮存时间等。 （　　）

10. 废液应用密闭容器贮存，防止挥发性气体逸出而污染环境。 （　　）

11. 用于回收的废液应分别用洁净的容器盛装。 （　　）

12. 化学分析实验室可以吸烟，但是仪器分析实验室严禁吸烟。 （　　）

13. 浓硝酸、浓硫酸的稀释，应在通风橱中进行。 （　　）

14. 稀释浓硫酸，应将蒸馏水在缓慢搅拌下倒入浓硫酸中。 （　　）

15*. 各种易燃易爆的有机溶剂在加热时应用普通电炉，在其上加一个石棉板。（　　）

16. 实验室的电源插座、插头不得用湿手直接插拔。（　　）

17. 电气设备着火时应使用泡沫灭火器熄灭火焰。（　　）

18**. 1211灭火器适用于扑灭油类、有机溶剂、精密仪器、文物档案等火灾。（　　）

19. 试验过程中如出现酸烧伤，可用稀乙酸溶液清洗伤口，然后用大量水冲洗。（　　）

20*. 实验室常用的压缩气体如氢气、乙炔等易燃易爆气体，使用时先检查管路气密性。（　　）

21. 高温烫伤可采用高锰酸钾溶液冲洗伤口，再涂上烫伤膏。（　　）

22*. 高压钢瓶开启时先检查是否安装减压阀，没有减压阀的钢瓶不得打开。（　　）

23*. 实验室灭火器应放在人员不易发觉的场所，以防被盗。（　　）

24. 乙炔、氢气钢瓶与原子吸收或气相色谱仪放在同一房间，方便使用。（　　）

25*. 大型仪器房间通风以开窗通风为主，实验室在设计时应预留通风口，实验完毕后打开通风口通风。（　　）

26. 进入实验室必须穿实验服。（　　）

27. 实验室对鞋没有特殊要求，可以穿拖鞋进入实验室。（　　）

28*. 试验过程中打破水银温度计，可及时将撒落的汞收集到下水道。（　　）

29. A类火灾是指燃烧面积很大、造成危害严重的火灾。（　　）

30*. 一氧化碳中毒的患者应马上移至新鲜空气处，保暖并注射兴奋剂。（　　）

二、定量化学分析

(一) 化学分析法基本知识

1. 在滴定分析中，滴定终点与化学计量点是一致的。（　　）

2*. 所有的化学反应，都可以用平衡移动原理来判断化学反应的移动方向。（　　）

3. 变色范围必须全部在滴定突跃范围内的酸碱指示剂才可用来指示滴定终点。（　　）

4. 根据等物质的量规则，只要两种物质完全反应，它们物质的量就相等。（　　）

5*. 对于某一 HCl 溶液来说，$T(NaOH/HCl) = T(NH_3 \cdot H_2O/HCl)$。（　　）

6*. 物质的量浓度会随基本单元的不同而变化。（　　）

7*. 两物质在化学反应中恰好完全作用，那么它们的物质的量一定相等。（　　）

8. 在进行滴定分析过程中，我们将用标准物质标定或直接配制的已知准确浓度的试剂溶液称为"标准滴定溶液"。（　　）

9. 标准溶液就是滴定剂。（　　）

10. 滴定分析法以化学反应为基础，根据所利用的化学反应的不同，滴定分析一般可分为四大类：酸碱滴定法、配位滴定法、氧化还原滴定法和称量分析法。（　　）

11. 滴定分析虽然能利用各种类型的反应，但不是所有反应都可以用于滴定分析。（　　）

12. 可以采用直接滴定法用 NaOH 标准滴定溶液直接滴定 HAc、HCl、H_2SO_4 等试样。（　　）

13. 等物质的量规则是指对于一定的化学反应，在任何时刻所消耗的反应物的物质的量均相等。（　　）

14. 滴定分析结果计算的根据是标准溶液的浓度和滴定时消耗的溶液体积。（　　）

15*. 当用标准 HCl 溶液滴定 $CaCO_3$ 样品时，在化学计量点时，$n\left(\dfrac{1}{2}CaCO_3\right) = 2n(HCl)$。 （　　）

16*. 用同一浓度的 $H_2C_2O_4$ 标准溶液，分别滴定等体积的 $KMnO_4$ 和 $NaOH$ 两种溶液，化学计量点时如果消耗的标准溶液体积相等，说明 $NaOH$ 溶液的浓度是 $KMnO_4$ 溶液浓度的 5 倍。 （　　）

17*. 滴定反应为：$aA + bB \longrightarrow cC + dD$，被测物质 B 的质量 $m_B = c_A V_A \dfrac{b}{a} M_B$。 （　　）

18*. 滴定分析的相对误差一般可达到 0.1% 左右，用 50mL 滴定管滴定时，所耗用溶液的体积应控制在 20mL 以上。 （　　）

19*. H_2SO_4 的基本单元一定是 $\dfrac{1}{2}H_2SO_4$。 （　　）

（二）酸碱滴定法

1*. 在酸碱滴定中，用错了指示剂，不会产生明显误差。 （　　）

2**. 酸碱物质有几级电离，就有几个突跃。 （　　）

3**. 用双指示剂法分析混合碱时，如其组成是纯的 Na_2CO_3，则 HCl 消耗量 V_1 和 V_2 的关系是 $V_1 > V_2$。 （　　）

4*. 常用的酸碱指示剂是一些有机弱酸或弱碱。 （　　）

5. 酸碱反应是离子交换反应，氧化还原反应是电子转移反应。 （　　）

6. 根据酸碱质子理论，只要能给出质子的物质就是酸，只要能接受质子的物质就是碱。 （　　）

7. 酸碱滴定中有时需要用颜色变化明显的变色范围较窄的指示剂即混合指示剂。 （　　）

8. 配制酸碱标准溶液时，直接用量筒量取 HCl，用天平称取 $NaOH$。 （　　）

9. 酚酞和甲基橙都可用作强碱滴定弱酸的指示剂。 （　　）

10. 缓冲溶液在任何 pH 条件下都能起缓冲作用。 （　　）

11. 双指示剂就是混合指示剂。 （　　）

12*. $H_2C_2O_4$ 的两步离解常数为 $K_{a1} = 5.6 \times 10^{-2}$，$K_{a2} = 5.1 \times 10^{-5}$，因此不能分步滴定。 （　　）

13*. 酸碱的滴定突跃与酸碱的电离级数无关，无论酸碱有几级电离，都只有一个滴定突跃。 （　　）

14*. 常见的酸碱指示剂大多是有机弱酸或有机弱碱，其共轭酸碱对具有不同的结构，且颜色不同。 （　　）

15*. 用 $NaOH$ 标准溶液标定 HCl 溶液浓度时，以酚酞作指示剂，若 $NaOH$ 溶液因贮存不当吸收了 CO_2，则测定结果偏高。 （　　）

16*. 酸碱滴定法测定分子量较大的难溶于水的羧酸时，可采用中性乙醇为溶剂。 （　　）

17*. H_2SO_4 是二元酸，因此用 $NaOH$ 滴定有两个突跃。 （　　）

18*. 双指示剂法测定混合碱含量，已知试样消耗标准滴定溶液盐酸的体积 $V_1 > V_2$，则混合碱的组成为 $Na_2CO_3 + NaOH$。 （　　）

19*. 选择缓冲溶液时，要求缓冲溶液对分析反应没有干扰，其 pH 应该在所要求的酸度范围之内。 （　　）

20*. 强酸滴定弱碱达到化学计量点时溶液 pH＞7。 （　　）

21*. 常用的酸碱指示剂，大多是弱酸或弱碱，所以滴加指示剂的多少及时间的早晚不会影响分析结果。 （　　）

22*. K_2SiF_6 法测定硅酸盐中硅的含量，滴定时，应选择酚酞作指示剂。 （　　）

23**. 用因保存不当而部分分化的基准试剂 $H_2C_2O_4 \cdot 2H_2O$ 标定 NaOH 溶液的浓度时，结果偏高；若用此 NaOH 溶液测定某有机酸的摩尔质量，则结果偏低。 （　　）

24**. 用因吸潮带有少量结晶水的基准试剂 Na_2CO_3 标定 HCl 溶液的浓度时，结果偏高；若用此 HCl 溶液测定某有机碱的摩尔质量，结果也偏高。 （　　）

25**. $H_2C_2O_4$ 的两步离解常数为 $K_{a1}=5.6\times10^{-2}$，$K_{a2}=5.1\times10^{-5}$，因此它能被分步滴定。 （　　）

26*. 用 NaOH 标准溶液标定 HCl 溶液浓度时，以酚酞作指示剂，若 NaOH 溶液因贮存不当吸收了 CO_2，则测定结果偏低。 （　　）

27*. 缓冲容量的大小决定于缓冲组分的总浓度和组分的浓度比值。 （　　）

28*. 在酸碱滴定中，突跃范围的大小只与酸碱指示剂的性质有关，而与标准滴定溶液和被滴定溶液的浓度无关。 （　　）

29*. 化学计量点前后，滴定体积在 ±0.1% 相对误差范围内溶液 pH 的变化，在分析化学中称为滴定的 pH 突跃范围。 （　　）

30*. 在选择酸碱指示剂时，主要是以滴定曲线上的滴定突跃范围为依据，因此，最理想的酸碱指示剂应该恰好在滴定反应的化学计量点变色。 （　　）

31*. 酸碱指示剂颜色变化的内因是指示剂本身结构的变化，外因是溶液 pH 的变化。 （　　）

32. 通常情况下所称的酸度就是指酸的浓度。 （　　）

33*. 在酸碱滴定中，溶液浓度越大，其滴定突跃范围也就越大。 （　　）

34*. 酚酞为单色指示剂，故酚酞在酸性溶液中无色，而在碱性溶液中为红色。 （　　）

35*. 缓冲溶液常用于对酸起缓冲作用的体系，而不用于对碱起缓冲作用的体系。 （　　）

36. 酸碱缓冲溶液一般分为两类：一类是用于控制溶液酸度的一般酸碱缓冲溶液；另一类是标准酸碱缓冲溶液。 （　　）

37. 酸碱滴定中，滴定突跃范围的大小只与指示剂的性质有关。 （　　）

38. 酸碱指示剂的变色范围是随着温度的变化而改变的。 （　　）

39*. 一般而言，混合指示剂的变色范围较单用指示剂的变色范围窄。 （　　）

（三）配位滴定法

1*. 掩蔽剂的用量过量太多，被测离子也可能被掩蔽而引起误差。 （　　）

2. EDTA 与金属离子配合时，不论金属离子的化学价是多少，一般均是以 1:1 的关系配合。 （　　）

3*. 提高配位滴定选择性的常用方法有：控制溶液酸度和利用掩蔽的方法。 （　　）

4*. 在配位滴定中，要准确滴定 M 离子而 N 离子不干扰，须满足 $\lg K_{MY}-\lg K_{NY}\geqslant5$。 （　　）

5**. 能够根据 EDTA 的酸效应曲线来确定某一金属离子单独被滴定的最高 pH。

（　　）

6*. 在只考虑酸效应的配位反应中，酸度越大，形成配合物的条件稳定常数越大。

（　　）

7*. 水硬度测定过程中需加入一定量的 $NH_3 \cdot H_2O-NH_4Cl$ 溶液，其目的是保持溶液的酸度在整个滴定过程中基本不变。（　　）

8. 金属指示剂是指示金属离子浓度变化的指示剂。（　　）

9. 造成金属指示剂封闭的原因是指示剂本身不稳定。（　　）

10*. EDTA 滴定某金属离子有一允许的最高酸度(pH)，溶液的 pH 再增大就不能准确滴定该金属离子了。（　　）

11. 用 EDTA 配位滴定法测水泥中氧化镁含量时，不用测钙镁总量。（　　）

12. 在平行测定次数较少的分析测定中，可疑数据的取舍常用 Q 检验法。（　　）

13. 金属指示剂的僵化现象是指滴定时终点没有出现。（　　）

14. 在配位滴定中，若溶液的 pH 高于滴定 M 的最小 pH，则无法准确滴定。（　　）

15*. EDTA 酸效应系数 $\alpha_{Y(H)}$ 随溶液中 pH 变化而变化；pH 低，则 $\alpha_{Y(H)}$ 值高，对配位滴定有利。（　　）

16*. 用 EDTA 法测定试样中的 Ca^{2+} 和 Mg^{2+} 含量时，先将试样溶解，然后调节溶液 pH 为 $5.5 \sim 6.5$，并进行过滤，目的是去除 Fe、Al 等干扰离子。（　　）

17*. 配位滴定中，溶液的最佳酸度范围是由 EDTA 决定的。（　　）

18*. 铬黑 T 指示剂在 $pH=7 \sim 11$ 范围使用，其目的是减少干扰离子的影响。（　　）

19*. 滴定 Ca^{2+}、Mg^{2+} 总量时要控制 $pH \approx 10$，而滴定 Ca^{2+} 分量时要控制 pH 为 $12 \sim 13$，若 $pH > 13$ 时测 Ca^{2+} 则无法确定终点。（　　）

20. 金属指示剂也是一种配位剂，它能与被测金属离子形成稳定的配合物。（　　）

21*. 溶液的 pH 一定时，K_{MY} 越大 K'_{MY} 就越大。（　　）

22*. 根据配位滴定的滴定原理，金属离子的浓度越大则滴定的突越范围越大。（　　）

23*. 位于酸效应曲线上被测离子下方的金属离子对测定无干扰。（　　）

24*. 若被测金属离子与 EDTA 配位反应速度慢，则一般可采用置换滴定方式进行测定。

（　　）

25*. 测定水中 Mg^{2+} 含量时，用 NaOH 掩蔽 Ca^{2+}。（　　）

26*. 酸效应系数是指配位剂的有效浓度与总浓度之比。（　　）

27*. 铬黑 T 的英文缩写为 EBT；二甲酚橙的英文缩写为 PAN。（　　）

28. 金属离子与 EDTA 的稳定常数不可以作为金属离子能否用配位滴定法测定的判断依据。（　　）

29*. 用 EDTA 滴定法测定 Ca^{2+} 和 Mg^{2+} 总量时，以铬黑 T 为金属离子指示剂，pH 要求控制在 12。（　　）

30*. 酸效应曲线的作用就是查找各种金属离子所需的滴定最低酸度。（　　）

31*. 在只考虑酸效应的配位反应中，酸度越大，形成的配合物的条件稳定常数越大。

（　　）

32*. 只要能生成配合物的配位反应，都能用于滴定分析。（　　）

33. 用于滴定分析生成的配合物，最好都能溶于水。（　　）

34*. 用于配位滴定分析的配合物，要求稳定，中心离子与配位剂比例恒定。 （　　）

35. 能用于滴定分析的配位反应中，以 EDTA 作配位剂的最多。 （　　）

36. 乙二胺四乙酸二钠在水溶液中有 3 种存在形式。 （　　）

37. EDTA 与金属离子形成的配合物均为无色。 （　　）

38. 条件稳定常数表示在一定条件下配合物的实际稳定常数。 （　　）

39*. 金属指示剂的封闭是由于指示剂与金属离子生成的配合物过于稳定造成的。 （　　）

40*. 金属指示剂的僵化是由于指示剂及指示剂与金属形成的配合物溶解度很小等原因造成的。 （　　）

41*. 用掩蔽法提高配位滴定的选择性，其实质是降低干扰离子的浓度。 （　　）

（四）氧化还原滴定法

1. 配制好的 $KMnO_4$ 溶液要盛放在棕色瓶中保护，如果没有棕色瓶，应放在避光处保存。 （　　）

2. 在滴定时，$KMnO_4$ 溶液要放在碱式滴定管中。 （　　）

3. 用 $Na_2C_2O_4$ 标定 $KMnO_4$，需加热到 $70\sim80℃$，在 HCl 介质中进行。 （　　）

4. 用高锰酸钾法测定 H_2O_2 时，需通过加热来加速反应。 （　　）

5. 配制 I_2 溶液时要滴加 KI。 （　　）

6. 配制好的 $Na_2S_2O_3$ 标准溶液应立即用基准物质标定。 （　　）

7. 由于 $KMnO_4$ 性质稳定，可作基准物直接配制成标准溶液。 （　　）

8. 由于 $K_2Cr_2O_7$ 容易提纯，干燥后可作为基准物直接配制标准液，不必标定。 （　　）

9*. $\varphi^{\ominus}_{Cu^{2+}/Cu^+}=0.17V$，$\varphi^{\ominus}_{I_2/I^-}=0.535V$，因此 Cu^{2+} 不能氧化 I^-。 （　　）

10*. 标定 I_2 溶液时，既可以用 $Na_2S_2O_3$ 滴定 I_2 溶液，也可以用 I_2 滴定 $Na_2S_2O_3$ 溶液，且都采用淀粉指示剂。这两种情况下加入淀粉指示剂的时间是相同的。 （　　）

11*. 配好 $Na_2S_2O_3$ 标准滴定溶液后煮沸约 10min。其作用主要是除去 CO_2 和杀死微生物，促进 $Na_2S_2O_3$ 标准滴定溶液趋于稳定。 （　　）

12*. 提高反应溶液的温度能提高氧化还原反应的速度，因此在酸性溶液中用 $KMnO_4$ 滴定 $C_2O_4^{2-}$ 时，必须加热至沸腾才能保证正常滴定。 （　　）

13*. 间接碘量法加入 KI 一定要过量，淀粉指示剂要在接近终点时加入。 （　　）

14*. 使用直接碘量法滴定时，淀粉指示剂应在接近终点时加入；使用间接碘量法滴定时，淀粉指示剂应在滴定开始时加入。 （　　）

15*. 碘法测铜，加入 KI 起三个作用：还原剂、沉淀剂和配位剂。 （　　）

16*. 以淀粉为指示剂滴定时，直接碘量法的终点是从蓝色变为无色，间接碘量法是由无色变为蓝色。 （　　）

17*. 溶液酸度越高，$KMnO_4$ 氧化能力越强，与 $Na_2C_2O_4$ 反应越完全，所以用 $Na_2C_2O_4$ 标定 $KMnO_4$ 时，溶液酸度越高越好。 （　　）

18*. $K_2Cr_2O_7$ 标准溶液滴定 Fe^{2+} 既能在硫酸介质中进行，又能在盐酸介质中进行。 （　　）

19*. $KMnO_4$ 能与具有还原性的阴离子反应，如 $KMnO_4$ 和 H_2O_2 反应能产生氧气。 （　　）

20. 碘量瓶主要用于碘量法或其他生成挥发性物质的定量分析。 （　　）

21. $K_2Cr_2O_7$ 是比 $KMnO_4$ 更强的一种氧化剂，它可以在 HCl 介质中进行滴定。　　（　　）

22. 电极电位既可能是正值，也可能是负值。　　（　　）

23. 影响氧化还原反应速度的主要因素有反应物的浓度、酸度、温度和催化剂。（　　）

24*. 在适宜的条件下，所有可能发生的氧化还原反应中，条件电位值相差最小的电对之间首先进行反应。　　（　　）

25*. 某电对的氧化态可以氧化电位较它低的另一电对的还原态。　　（　　）

26. 作为一种氧化剂，它可以氧化电位比它高的还原态。　　（　　）

27. 电对的电位越高，其还原态的还原能力越强。　　（　　）

28. 电对的电位越低，其氧化态的氧化能力越弱。　　（　　）

29*. 氧化还原滴定曲线上电位突跃范围的大小，决定于相互作用的氧化剂和还原剂的条件电位的差值，差值越大，电位突跃越大。　　（　　）

30. 间接碘量法的终点是从蓝色变为无色。　　（　　）

31. 已知 $K_2Cr_2O_7$ 溶液的浓度 $c(K_2Cr_2O_7) = 0.05mol/L$，那么 $c\left(\dfrac{1}{6}K_2Cr_2O_7\right) = 0.3mol/L$。　　（　　）

32*. 用基准试剂 $Na_2C_2O_4$ 标定 $KMnO_4$ 溶液时，需将溶液加热至 $75\sim85℃$ 进行滴定，若超过此温度，会使测定结果偏低。　　（　　）

33*. 用 $KMnO_4$ 标准溶液滴定溶液滴定 Fe^{2+} 时，滴定突跃范围大小与反应物的起始浓度无关。　　（　　）

34. $Na_2S_2O_3$ 标准滴定溶液滴定 I_2 时，应在中性或弱酸性介质中进行。　　（　　）

35. 氧化还原指示剂的条件电位和滴定反应化学计量点的电位越接近，滴定误差越小。
　　（　　）

36*. 用间接碘量法测定试样时，最好在碘量瓶中进行，并应避免阳光照射，为减少 I^- 与空气接触，滴定时不宜过度摇动。　　（　　）

37. 用于重铬酸钾法中的酸性介质只能是硫酸，而不能用盐酸。　　（　　）

38. 重铬酸钾法要求在酸性溶液中进行。　　（　　）

39. 在用草酸钠标定高锰酸钾溶液时，溶液加热的温度不得超过 $45℃$。　　（　　）

40. 碘量法要求在碱性溶液中进行。　　（　　）

41. 在碘量法中使用碘量瓶可以防止碘的挥发。　　（　　）

42*. 在酸性溶液中，高锰酸钾被还原后，产物一般为 Mn^{2+}，高锰酸钾溶液用基本单元和当量单元分别表示时，其关系为 $c(KMnO_4) = 5c\left(\dfrac{1}{5}KMnO_4\right)$。　　（　　）

43. 在氧化还原滴定中，往往选择强氧化剂作滴定剂，使得两电对的条件电位之差大于 $0.4V$，反应就能定量进行。　　（　　）

44. 压强对氧化还原反应的速率无影响。　　（　　）

45. 升高温度可以加快氧化还原反应速率，有利于滴定分析的进行。　　（　　）

46*. 欲提高反应 $Cr_2O_7{}^{2-} + 6I^- + 14H^+ \longrightarrow 2Cr^{3+} + 3I_2 + 7H_2O$ 的速率，可采用加热的方法。　　（　　）

47. 升高温度，可提高反应速率，通常溶液的温度每增高 $20℃$，反应速率约增大 $2\sim3$ 倍。

　　（　　）

48. $2Cu^{2+} + Sn^{2+} \rightleftharpoons 2Cu^+ + Sn^{4+}$ 的反应，增加 Cu^{2+} 的浓度，反应从右向左进行。 （　　）

49. 氧化还原反应次序是电极电位相差最大的两电对先反应。 （　　）

50. 反应到达平衡时，$\varphi_{o1'} - \varphi_{o2'} \geqslant 0.4V$，则该反应可以用于氧化还原滴定分析。 （　　）

（五）沉淀滴定与称量分析

1. 莫尔法使用的指示剂为 Fe^{3+}，福尔哈德法使用的指示剂为 K_2CrO_4。 （　　）

2. 莫尔法、法扬斯法使用的标准滴定溶液都是 $AgNO_3$。 （　　）

3*. 莫尔法测定氯离子含量时，溶液的 pH<5，则会造成正误差。 （　　）

4*. 以铁铵钒为指示剂，用 NH_4SCN 标准滴定溶液滴定 Ag^+ 时应在碱性条件下进行。 （　　）

5*. Ag_2CrO_4 的溶度积（$K_{sp,AgCrO_4} = 2.0 \times 10^{-12}$）小于 AgCl 的溶度积（$K_{sp,AgCl} = 1.8 \times 10^{-10}$），所以在含有相同浓度的 CrO_4^{2-} 和试液中滴加 $AgNO_3$ 时，则 Ag_2CrO_4 首先沉淀。 （　　）

6. 法扬斯法中使用吸附指示剂指示终点。 （　　）

7. 莫尔法既可采用直接滴定，也可采用返滴定。 （　　）

8. 福尔哈德法既可采用直接滴定，也可采用返滴定。 （　　）

9. 标定 $AgNO_3$ 标准溶液可以使用氯化钠基准物。 （　　）

10. $AgNO_3$ 标准溶液应装在棕色瓶中。 （　　）

11. 无定形沉淀要在较浓的热溶液中进行沉淀，加入沉淀剂速度要适当快。 （　　）

12. 福尔哈德法以 NH_4CNS 为标准滴定溶液，铁铵矾为指示剂，在稀硝酸溶液中进行滴定。 （　　）

13. 沉淀称量法中的称量式必须具有确定的化学组成。 （　　）

14. 沉淀称量法测定中，要求沉淀式和称量式相同。 （　　）

15. 共沉淀引入的杂质量，随陈化时间的增大而增多。 （　　）

16. 由于混晶而带入沉淀中的杂质通过洗涤是不能除掉的。 （　　）

17. 沉淀 $BaSO_4$ 应在热溶液中进行，然后趁热过滤。 （　　）

18. 用洗涤液洗涤沉淀时，要少量、多次，为保证 $BaSO_4$ 沉淀的溶解损失不超过 0.1%，洗涤沉淀每次用 15~20mL 洗涤液。 （　　）

19. 用福尔哈德法测定 Ag^+，滴定时必须剧烈摇动。用返滴定法测定 Cl^- 时，也应该剧烈摇动。 （　　）

20. 称量分析中使用的"无灰滤纸"，指每张滤纸的灰分质量小于 0.2mg。 （　　）

21. 称量分析中，当沉淀从溶液中析出时，其他某些组分被被测组分的沉淀带下来而混入沉淀之中，这种现象称后沉淀现象。 （　　）

22*. 称量分析中对形成胶体的溶液进行沉淀时，可放置一段时间，以促使胶体微粒的胶凝，然后再过滤。 （　　）

23*. 在法扬斯法中，为了使沉淀具有较强的吸附能力，通常加入适量的糊精或淀粉使沉淀处于胶体状态。 （　　）

24*. 根据同离子效应，可加入大量沉淀剂以降低沉淀在水中的溶解度。 （　　）

25*. 在沉淀滴定银量法中，各种指示终点的指示剂都有其特定的酸度使用范围。 （　　）

26*. 福尔哈德法测定氯离子的含量时，在溶液中加入硝基苯的作用是避免 AgCl 转化为 AgSCN。 （　　）

27*. 沉淀的转化对于相同类型的沉淀通常是由溶度积较大的转化为溶度积较小的过程。 （　　）

28*. 从高温电炉里取出灼烧后的坩埚，应立即放入干燥器中予以冷却。 （　　）

29*. 为使沉淀溶解损失减小到允许范围，可通过加入适当过量的沉淀剂来达到这一目的。 （　　）

30**. 在进行沉淀时，沉淀剂不是越多越好，因为过多的沉淀剂可能会引起同离子效应，反而使沉淀的溶解度增加。 （　　）

（六）分离与富集

1. 进行化学定量分析时，对所分离组分都要求有很高的回收率。 （　　）

2. 在沉淀分离时，对常量组分和微量组分都可以进行沉淀分离。 （　　）

3. 分离系数 β 越大，A、B 两种物质的分离效果越好，所以 $\beta=10$ 比 $\beta=0.001$ 的分离效果要好。 （　　）

4. 在萃取分离中，只要分配比大，萃取效率就高。 （　　）

5. 在萃取分离法中，萃取两次比萃取一次的 E 要大得多，所以萃取的次数越多越好。 （　　）

6*. Ca^{2+}、Fe^{3+}、Li^+、K^+ 等离子与阳离子交换树脂进行交换，其交换亲和力的大小顺序是：$Fe^{3+} > Ca^{2+} > Li^+ > K^+$。 （　　）

7*. 阳离子交换树脂对于 H^+ 的亲和力小于 Ca^{2+}，但是当 Ca^{2+} 已被交换到树脂上以后，可以用盐酸洗脱 Ca^{2+} 而使树脂交换成 H^+ 型。 （　　）

8. 柱色谱分离时，色谱越长越好。 （　　）

9. 纸色谱分离时，点样越多，分离后的斑点越集中。 （　　）

10. 薄层色谱法分离时，吸附剂的极性和活性都要适当。 （　　）

11*. 分配系数越大，萃取百分率越小。 （　　）

12*. 液-液萃取分离法中分配比是指溶质在有机相中的总浓度和溶质在水相中的总浓度之比。 （　　）

13. 比移值 R_f 为溶剂前沿到原点的距离与斑点中心到原点的距离之比。 （　　）

14*. 试液中各组分分离时，各比移值相差越大，分离就越好。 （　　）

15*. 纸色谱分离时，溶解度较小的组分，沿着滤纸向上移动较快，停留在滤纸的较上端。 （　　）

16*. 在萃取剂用量相同的情况下，少量多次萃取的方式比一次萃取的方式萃取率要低得多。 （　　）

17. 分配定律表述了物质在互不相溶的两相中达到溶解平衡时，该物质在两相中浓度的比值是一个常数。 （　　）

18*. 物质 B 溶解在两个同时存在的互不相溶的液体里，达到平衡后，该物质在两相中的摩尔浓度之比等于常数。 （　　）

19. 分配定律是表示某溶质在两个互不相溶的溶剂中溶解量之间的关系。 （　　）

20*. 一定量的萃取溶剂，分作几次萃取，比使用同样数量溶剂萃取一次有利得多，这是分配定律的原理应用。 （　　）

21. 萃取分离的依据是"相似相溶"原理。 （　　）

22. 分配定律不适用于溶质在水相和有机相中有多种存在形式，或在萃取过程中发生离解、缔合等反应的情况。 （　　）

三、仪器分析

（一）紫外-可见分光光度法

1. 不同浓度的高锰酸钾溶液，它们的最大吸收波长不同。 （　　）

2. 物质呈现不同的颜色，仅与物质对光的吸收有关。 （　　）

3. 可见分光光度计检验波长准确度是采用苯蒸气的吸收光谱曲线检查。 （　　）

4. 绿色玻璃是基于吸收了紫色光而透过了绿色光。 （　　）

5. 目视比色法必须在符合光吸收定律情况下才能使用。 （　　）

6*. 饱和碳氢化合物在紫外光区不产生光谱吸收，所以经常以饱和碳氢化合物作为紫外吸收光谱分析的溶剂。 （　　）

7. 单色器是一种能从复合光中分出一种所需波长的单色光的光学装置。 （　　）

8. 比色分析时，待测溶液注到吸收池的 3/4 高度处。 （　　）

9. 紫外分光光度计的光源常用碘钨灯。 （　　）

10. 截距反映工作曲线的准确度，斜率则反映分析方法的灵敏度。 （　　）

11*. 紫外可见分光光度分析中，在入射光强度足够强的前提下，单色器狭缝越窄越好。

（　　）

12*. 分光光度计使用的光电倍增管，负高压越高灵敏度就越高。 （　　）

13*. 用紫外分光光度法测定试样中有机物含量时，所用的吸收池可用丙酮清洗。

（　　）

14*. 不少显色反应需要一定时间才能完成，而且形成的有色配合物的稳定性也不一样，因此必须在显色后一定时间内进行。 （　　）

15*. 用分光光度计进行比色测定时，必须选择最大的吸收波长进行比色，这样灵敏度高。

（　　）

16*. 摩尔吸光系数愈大，表示该物质对某波长光的吸收能力愈强，比色测定的灵敏度就愈高。 （　　）

17*. 仪器分析测定中，常采用工作曲线分析方法。如果要使用早先已绘制的工作曲线，应在测定试样的同时，平行测定零浓度和中等浓度的标准溶液各两份，其均值与原工作曲线的精度不得大于 5%～10%，否则应重新制作工作曲线。 （　　）

18. 单色光通过有色溶液时，吸光度与溶液浓度呈正比。 （　　）

19*. 单色光通过有色溶液时，溶液浓度增加一倍时，光透过率则减少一半。 （　　）

20.** 当有色溶液浓度为 c 时，其透过率为 T，当浓度增大 1 倍时，仍符合比尔定律，则此溶液的透过率为 $2T$。 （　　）

21*. 有色物质的吸光度 A 是透过率 T 的倒数。 （　　）

22. 比色分析显色时间越长越好。 （　　）

23*. 用硫氰酸盐作显色剂测定 Co^{2+} 时，Fe^{3+} 有干扰，此时可加入氟化钠作为掩蔽剂以消除 Fe^{3+} 的干扰。 （　　）

24.** 当显色剂有色，试液中的有色成分干扰测定时，可在一份试液中加入适当的掩

蔽剂将待测组分掩蔽起来，然后加入显色剂和其他试剂，以此作为参比溶液。 （　　）

25*. 分光光度法中的吸收曲线是以吸光度为纵坐标，被测物质浓度为横坐标所作的曲线。 （　　）

26*. 透射光强度与入射光强度之比称为吸光度。 （　　）

27*. 不同浓度的某有色溶液，它们的最大吸收波长不同。 （　　）

28*. 透明物质不吸收任何光，黑色物质吸收所有光。 （　　）

29**. 许多显色剂本身是一种酸碱指示剂，其颜色随着溶液 pH 的改变而变化。

（　　）

30**. 显色剂用量和显色时溶液的酸度是影响显色反应的重要因素。 （　　）

31*. 符合比尔定律的有色溶液稀释后，其最大吸收峰的波长位置向长波方向移动。

（　　）

32*. 两种适当颜色的光，按一定的强度比例混合后得到白光，这两种颜色的光称为互补光。 （　　）

33*. 朗伯-比尔定律对所有浓度的有色溶液都适用。 （　　）

34**. 乙腈是透明溶液，光完全透过，吸光度等于 0。 （　　）

35**. 根据溶液对光的吸收曲线，可以查出被测组分的浓度。 （　　）

36**. 在可见光区，如果待测物质本身有较深的颜色可以直接测定。 （　　）

37**. 摩尔吸光系数是选择显色反应的重要依据。 （　　）

38*. 透过率的倒数的对数称为吸光度。 （　　）

39**. 分光光度法中，有机溶剂常常可以降低有色物质的溶解度，增加有色物质的离解度，提高测定的灵敏度。 （　　）

40**. 分光光度法测定中，吸光度越大测定误差越大。 （　　）

41**. 在多组分的体系中，在某一波长下，如果各种对光有吸收的物质之间没有相互作用，则体系在该波长下的总吸光度等于各组分吸光度的和。 （　　）

42*. 任意两种颜色的光，按适当的比率混合，都可以得到白色光。 （　　）

43**. 比色分析中同时使用的各吸收池之间透射比相差应小于 0.5%。 （　　）

44*. 吸光度和摩尔吸光系数是没有量纲的。 （　　）

45. 朗伯-比尔定律不适用于高浓度的溶液。 （　　）

46*. 紫外可见光谱又称为电子光谱，主要是因为此波长范围光的能量与电子的能级跃迁相一致。 （　　）

47. 有机化合物在紫外-可见光区的吸收特征，取决于分子可能发生的电子跃迁类型，以及分子结构对这种跃迁的影响。 （　　）

48*. 物质所呈现的颜色是由于物质选择性地吸收了白光中某些波长的光所致，因此维生素 B_{12} 溶液呈现红色是由于它选择性吸收了白光中的红色光波。 （　　）

49*. 有两种均符合光吸收定律的不同有色溶液，测定时若光程长度、入射光透射比及溶液浓度均相等，则吸光度也相等。 （　　）

（二）原子吸收分光光度法

1*. 在火焰原子吸收光谱仪的维护和保养中，为了保持光学元件的干净，应经常打开单色器箱体盖板，用擦镜纸擦拭光栅和准直镜。 （　　）

2. 原子吸收光谱仪的原子化装置主要分为火焰原子化器和非火焰原子化器两大类。

（　　）

3＊．光源发出的特征谱线经过样品的原子蒸气，被基态原子吸收，其吸光度与待测元素原子间的关系遵循朗伯-比耳定律，即 $A = KN_0L$。（　　）

4. 使用空心阴极灯时，在保证有稳定的和有一定光强度的条件下，应尽量选用高的灯电流。

（　　）

5. 由于电子从基态到第一激发态的跃迁最容易发生，对大多数元素来说，共振吸收线就是最灵敏线。因此，元素的共振线又叫分析线。（　　）

6＊．原子吸收光谱仪的光栅上有污物影响正常使用时，可用柔软的擦镜纸擦拭干净。

（　　）

7＊．在原子吸收分光光度法中，对谱线复杂的元素常用较小的狭缝进行测定。（　　）

8. 原子吸收分光光度法的吸收线一定是最强的吸收分析线。（　　）

9＊．调试火焰原子吸收光谱仪只需选择波长大于 250nm 的元素灯。（　　）

10＊＊．用原子吸收分光光度法测定高纯 Zn 中的 Fe 含量时，采用优级纯的 HCl 作为分解样品的试剂。（　　）

11. 原子吸收分光光度计的光源是连续光源。（　　）

12. 标准加入法不可以消除基体带来的干扰。（　　）

13. 贫燃性火焰是指燃烧气流量大于化学计量时形成的火焰。（　　）

14. 无火焰原子化法可以直接对固体样品进行测定。（　　）

15＊．原子吸收光谱是带状光谱，而紫外-可见光谱是线状光谱。（　　）

16＊．原子吸收分光光度计中的单色器是放在原子化系统之前的。（　　）

17＊．原子吸收分光光度计实验室必须远离电场和磁场，以防干扰。（　　）

18. 原子吸收与紫外分光光度法一样，标准曲线可重复使用。（　　）

19＊．空心阴极灯发光强度与工作电流有关，增大电流可以增加发光强度，因此灯电流越大越好。（　　）

20＊＊．原子吸收光谱分析中的背景干扰会使吸光度增加，因而导致测定结果偏低。

（　　）

21＊．原子吸收光谱分析中灯电流的选择原则是：在保证放电稳定和有适当光强输出的情况下，尽量选用低的工作电流。（　　）

22. 原子吸收光谱分析中，测量的方式是峰值吸收，而以吸光度值反映其大小。（　　）

23＊．空心阴极灯亮，但高压开启后无能量显示，可能是无高压。（　　）

24＊．氢化焰点不燃可能是空气流量太小或空气大量漏气。（　　）

25＊．原子吸收光谱法中常用空气-乙炔火焰，当调节空气与乙炔的体积比为 4：1 时，其火焰称为富燃性火焰。（　　）

26. 原子吸收分光光度法定量的前提假设之一是：基态原子数近似等于总原子数。

（　　）

27＊．石墨炉原子吸收测定中，所使用的惰性气体的作用是保护石墨管不因高温灼烧而氧化，作为载气将气化的样品物质带走。（　　）

28＊．进行原子吸收光谱分析操作时，应特别注意安全。点火时应先开燃气，再开助燃气，最后点火。关气时应先关燃气再关助燃气。（　　）

29. 原子吸收光谱是由气态物质中激发态原子的内层电子跃迁产生的。 （　　）

30*. 原子吸收法中，原子吸收光谱的产生是基于基态原子对特征波长光的吸收。
（　　）

31*. 实现峰值吸收代替积分吸收的条件是，发射线的中心频率与吸收线的中心频率一致。 （　　）

32. 电热原子吸收的灵敏度要低于火焰法原子吸收。 （　　）

33*. 原子吸收分光光度分析中，在测定波长附近如果有被测元素的非吸收线，将会干扰测定。 （　　）

34*. 在原子吸收分光光度分析中，当吸收 1% 时，其吸光度为 0.044。 （　　）

35. 背景吸收可使吸光度增加，产生正干扰。 （　　）

36. 标准加入法可以消除基体带来的干扰。 （　　）

37. 空心阴极灯发出的是单色光。 （　　）

38*. 在石墨炉原子吸收法中加入基体改进剂可以降低灰化温度。 （　　）

39. 原子吸收谱线宽度主要取决于谱线的自然宽度。 （　　）

40. 原子吸收分光光度计的分光系统的作用主要是调节光的强度，使进入检测器的光量合适。 （　　）

41. 电离干扰受火焰的温度影响，温度越高电离干扰越严重。 （　　）

42. 原子吸收分析中，常用氘灯作为光源。 （　　）

43*. 火焰原子化器是利用火焰加热，使试液原子化，因此火焰的温度是影响原子化效果的基本因素。 （　　）

44*. 原子吸收分析的标准加入法可以消除基体干扰，但它不能消除物理干扰的影响。
（　　）

45*. 在原子吸收分光光度法中，通常选择共振线作为测量波长，此时，试样浓度的较小变化将使吸光度产生较大变化。 （　　）

46*. 空心阴极灯的光强度主要由阴极材料决定，其他因素如增加灯电流不会对发射强度产生影响。 （　　）

47*. 对于原子吸收分光光度计，由于光栅（或棱镜）的线色散率一定，所以光谱带宽由单色器的出射狭缝宽度来决定，出射狭缝宽度在一定范围内可以调节。 （　　）

48*. 电离干扰是一种非选择性干扰。 （　　）

49*. 实现峰值吸收代替积分吸收的条件之一是：发射线的 $\Delta\nu_1/2$ 大于吸收线的 $\Delta\nu_1/2$。 （　　）

（三）电化学分析法

1. 酸度计必须置于相对湿度为 55%～85%、无振动、无酸碱腐蚀、室内温度稳定的地方。 （　　）

2. 在原电池中，化学能转变为电能。 （　　）

3. pH 玻璃电极的球泡在使用前要在蒸馏水中浸泡 24h 以上。 （　　）

4*. 在测定电池电动势时，用电磁搅拌器搅拌溶液的作用是使溶液混合均匀。 （　　）

5. 通过电极反应，由电极上析出的被测物质的质量来确定其含量的方法称为电位滴定。
（　　）

6. 选取标准工作曲线上接近的两点作为标准样的浓度，样品溶液浓度位于两点之间的

定量方法是标准加入法。 （　　）

7. 电位法测定溶液 pH，以 pH 玻璃电极为指示电极，饱和甘汞电极为参比电极，两电极与待测试液组成化学电池，25℃时电池电动势 $E＝K＋0.0592pH_{试}$。 （　　）

8. 根据能斯特方程式，电极电位 φ 与离子浓度的对数成线性关系，因此测出电极电位 φ，就可以确定离子浓度，这就是电位分析的理论依据。 （　　）

9. 玻璃电极膜电位的产生是由于电子的转移。 （　　）

10. 饱和甘汞电极是常用的参比电极，其电极电位是恒定不变的。 （　　）

11*. 若用酸度计同时测量一批试液，一般先测 pH 高的，再测 pH 低的，先测非水溶液，后测水溶液。 （　　）

12＊＊**.** 在库仑法分析中，电流效率不能达到 100％ 的原因之一，是由于电解过程中有副反应产生。 （　　）

13. 电化学分析法仅能用于无机离子的测定。 （　　）

14*. 待测离子的电荷数越大，电位分析测定灵敏度也越低，产生的误差也越大，因此电位分析法多用于低价离子的测定。 （　　）

15*. 玻璃电极不对称电位的大小与玻璃的组成、膜的厚度及吹制过程的工艺条件有关。 （　　）

16*. 玻璃电极上有油污时，可用无水乙醇、铬酸洗液或浓 H_2SO_4 浸泡、洗涤。 （　　）

17. 25℃时，pH 玻璃电极的膜电位与被测溶液氢离子浓度的关系式为：$\varphi_{膜}＝K＋0.0592lg[H^+]$。 （　　）

18. 离子选择性电极的膜电位与溶液中待测离子活度的关系符合能斯特方程。 （　　）

19*. 用离子选择性电极标准加入法进行定量分析时，对加入标准溶液的要求为体积要小，其浓度要低。 （　　）

20. 膜电极中膜电位产生的机理不同于金属电极，电极上没有电子的转移。 （　　）

21*. 用电位滴定法确定 $KMnO_4$ 标准滴定溶液滴定 Fe^{2+} 的终点，以铂电极为指示电极，以饱和甘汞电极为参比电极。 （　　）

22*. 在一定温度下，当内参比液的 Cl^- 活度一定时，甘汞电极的电极电位为一定值，与被测溶液的 pH 无关。 （　　）

23*. 用电位滴定法进行氧化还原滴定时，通常使用 pH 玻璃电极作指示电极。 （　　）

24. K_{ij} 称为电极的选择性系数，通常 $K_{ij}≤1$，K_{ij} 值越小，表明电极的选择性越高。 （　　）

25*. 根据 TISAB 的作用推测，使用氟离子选择电极测 F^- 时，所使用的 TIASB 中应含有 NaCl 和 HAc-NaAc。 （　　）

26*. 更换玻璃电极即能排除酸度计的零点调不到的故障。 （　　）

27*. pH 玻璃电极产生酸误差的原因是 H^+ 与 H_2O 形成 H_3O^+，结果 H^+ 降低，pH 增高。 （　　）

28. 电位滴定法与直接电位法的定量参数是相同的。 （　　）

29*. 在氟离子的测定过程中，应边搅拌边读数。 （　　）

30*. 需 pH 测定的试样，可以长时间贮存。 （　　）

31. 电位分析法分为直接电位法与电位滴定法。 （　　）

32＊．铂电极在使用前，应在 10％的硝酸中浸泡数分钟。 （ ）

33＊．测定酸度过高的溶液，测得的 pH 比实际值偏低。 （ ）

34＊＊．酶电极属于敏化离子选择性电极。 （ ）

35．对二价离子，在 25℃时电极的斜率为 29.6mV。 （ ）

36．在直接电位法测定中，指示电极的电极电位与被测离子活度的关系是线性关系。 （ ）

37＊．直接电位法中，用标准加入法进行定量分析，加入的标准溶液的浓度越小越好。 （ ）

38．膜电位产生的原因是离子交换与扩散。 （ ）

39＊＊．离子选择性电极的选择性反映其他共存离子对被测离子的干扰。 （ ）

40．在 25℃时，标准甘汞电极的电极电位是 0.2828V。 （ ）

41＊．安装电极时，饱和甘汞电极内参比液的液面应较待测溶液的液面低。 （ ）

42＊．pH 为 6.86 的标准缓冲溶液是由 KHP 配制而成的。 （ ）

43．电位滴定法的定量参数是电动势。 （ ）

44．用玻璃电极测量溶液的 pH 时，采用的定量分析方法是标准曲线法。 （ ）

45＊．电位滴定法测定亚铁离子时，所用的参比电极为含 KNO_3 的双盐桥甘汞电极。 （ ）

（四）气相色谱法

1．在用气相色谱仪分析样品时载气的流速应恒定。 （ ）

2．气相色谱仪中，转子流量计显示的载气流速十分准确。 （ ）

3．气相色谱仪中，温度显示表头显示的温度值不是十分准确。 （ ）

4．气固色谱用固体吸附剂作固定相，常用的固体吸附剂有活性炭、氧化铝、硅胶、分子筛和高分子微球。 （ ）

5．使用热导池检测器时，必须在有载气通过热导池的情况下，才能对桥电路供电。 （ ）

6．色谱定量时，用峰高乘以半峰宽为峰面积，则半峰宽是指峰底宽度的一半。 （ ）

7．FID 检测器对所有化合物均有响应，属于通用型检测器。 （ ）

8．气相色谱分析中，调整保留时间是组分从进样到出现峰最大值所需的时间。 （ ）

9．色谱定量分析时，面积归一法要求进样量特别准确。 （ ）

10．堵住色谱柱出口，流量计不下降到零，说明气路不泄漏。 （ ）

11．只要关闭电源总开关，TCD 检测器的开关可以不关。 （ ）

12＊．气相色谱定性分析中，在相同色谱条件下标准物与未知物保留时间一致，则可以初步认为两者为同一物质。 （ ）

13＊．色谱法测定有机物水分通常选择 GDX 固定相，为了提高灵敏度，可以选择氢火焰检测器。 （ ）

14＊．色谱体系的最小检测量是指恰能产生与噪声相鉴别的信号时进入色谱柱的最小物质量。 （ ）

15＊．相对响应值 s' 或校正因子 f' 与载气流速无关。 （ ）

16＊．不同气体的高压钢瓶应配专用的减压阀，为防止气瓶充气时装错发生爆炸，可燃气体钢瓶的螺纹是正扣（右旋）的，非可燃气体的则为反扣（左旋）。 （ ）

17*. 氢火焰离子化检测器是依据不同组分气体的热导率不同来实现物质测定的。（　　）

18*. 实际应用中，要根据吸收剂吸收气体的特性，安排混合气体中各组分的吸收顺序。（　　）

19*. 相对保留值仅与柱温、固定相性质有关，与操作条件无关。（　　）

20*. 程序升温色谱法主要是通过选择适当温度，而获得良好的分离和良好的峰形，且总分析时间比恒温色谱要短。（　　）

21*. 某试样的色谱图上出现三个色谱峰，该试样中最多有三个组分。（　　）

22*. 分析混合烷烃试样时，可选择极性固定相，按沸点大小顺序出峰。（　　）

23*. 控制载气流速是调节分离度的重要手段，降低载气流速，柱效增加，当载气流速降到最小时，柱效最高，但分析时间较长。（　　）

24*. 电子捕获检测器对含有 S、P 元素的化合物具有很高的灵敏度。（　　）

25*. 绝对响应值和绝对校正因子不受操作条件影响，只因检测器的种类而改变。（　　）

26*. 在气固色谱中，如被分离组分沸点、极性相近但分子直径不同，可选用活性炭作吸附剂。（　　）

27*. 色谱柱的选择性可用"总分离效能指标"来表示，它可定义为：相邻两色谱峰保留时间的差值与两色谱峰宽之和的比值。（　　）

28*. 热导检测器的桥电流高，灵敏度也高，因此使用的桥电流越高越好。（　　）

29*. 在色谱分离过程中，单位柱长内组分在两相间的分配次数越多，则相应的分离效果也越好。（　　）

30*. 用气相色谱法分析非极性组分时，一般选择极性固定液，各组分按沸点由低到高的顺序流出。（　　）

31*. 毛细管色谱柱比填充柱更适合结构、性能相似的组分的分离。（　　）

32*. 色谱外标法的准确性较高，但前提是仪器的稳定性高且操作重复性好。（　　）

33*. 只要是试样中不存在的物质，均可选作内标法中的内标物。（　　）

34*. 气相色谱分析中分离度的大小综合了溶剂效率和柱效率两者对分离的影响。（　　）

35*. 热导检测器桥流的选择原则是在灵敏度满足分析要求的情况下，尽量选用较低的桥流。（　　）

36*. 以活性炭作气相色谱的固定相时，通常用来分析活性气体和低沸点烃类。（　　）

37*. 分离非极性和极性混合物时，一般选用极性固定液。此时，试样中极性组分先出峰，非极性组分后出峰。（　　）

38*. 气相色谱分析中，混合物能否完全分离取决于色谱柱，分离后的组分能否准确检测出来，取决于检测器。（　　）

39*. 与气液分配色谱法一样，液液色谱法分配系数（K）或分配比（k）小的组分，保留值小，先流出柱。（　　）

40*. 色谱分析中，噪声和漂移产生的原因主要有检测器不稳定、检测器和数据处理方面的机械和电噪声、载气不纯或压力控制不稳、色谱柱的污染等。（　　）

41*. 气相色谱分析中，程序升温的初始温度应设置在样品中最易挥发组分的沸点附近。

（　　）

42*. ID 表是色谱数据处理机进行色谱峰定性和定量的依据。　　　　　　（　　）

43*. 气相色谱仪氢火焰离子化检测器的使用温度不应超过 100℃，温度高可能损坏离子头。

（　　）

44*. 色谱柱的老化温度应略高于操作时的使用温度，色谱柱老化的标志是接通记录仪后基线走得平直。

（　　）

45*. 气相色谱用空心毛细管柱的涡流扩散系数为零。　　　　　　　　　（　　）

46*. 醇及其异构体的气相色谱操作条件是应选择非极性的固定液才能避免拖尾使峰形对称。

（　　）

47*. 气相色谱分析结束后，先关闭高压气瓶和载气稳压阀，再关闭总电源。（　　）

48*. 气相色谱分析中，最先从色谱柱中流出的物质是最难溶解或吸附的组分。（　　）

49*. 色谱分离度是反映色谱柱对相邻两组分直接分离效果的。　　　　　（　　）

50*. 气相色谱仪的热导检测器属于质量型检测器。　　　　　　　　　　（　　）

51*. FID 检测器属于浓度型检测器。　　　　　　　　　　　　　　　　（　　）

52. 气相色谱仪的热导检测器中最关键的元件是热丝。　　　　　　　　（　　）

53**. 气相色谱仪常用的白色和红色载体都属于硅藻土载体。　　　　　（　　）

54**. 色谱分析中相对响应值和相对校正因子不受操作条件的影响，只随检测器的种类而改变。

（　　）

55**. 色谱分析中绝对响应值和绝对校正因子不受操作条件的影响，只随检测器的种类而改变。

（　　）

56*. 气相色谱最基本的定量方法是归一化法、内标法和外标法。　　　（　　）

57**. 气相色谱分析中新涂渍和新装的色谱柱子需要老化，目的只是彻底除去固定相中的残余溶剂和某些易挥发物质。

（　　）

58**. 在进行气相色谱分析操作时，对色谱仪的热导检测器必须严格控制工作温度，其他检测器不要求太严格。

（　　）

59*. 半峰宽是指峰底宽度的一半。　　　　　　　　　　　　　　　　　（　　）

60*. 气相色谱仪的 FPD 是一种高选择性的检测器，它只对卤素有信号。（　　）

61*. 含氯的农药可以用气相色谱的 ECD 检测器检测。　　　　　　　　（　　）

62**. 气相色谱法测定低级醇时，可用 GDX 类固定相来分离。　　　　（　　）

63**. 色谱分析中分离非极性组分，一般选用非极性固定液，各组分按沸点顺序流出。

（　　）

64*. 气相色谱分析，气化温度必须相当于或高于被测组分沸点。　　　（　　）

65*. 色谱柱的寿命与使用条件有关，分离度下降时说明柱子失效。　　（　　）

66*. 气相色谱分析中，保留时间与被测组分的浓度无关。　　　　　　（　　）

67**. 两个组分的分配系数完全相同时，气相色谱也能将它们分开。　（　　）

68**. 气相色谱法用 FID 测定 CH_4 时，当样品气中 CH_4 含量比载气中 CH_4 含量低时，会出现负峰。

（　　）

69**. 气固色谱中，各组分的分离是基于组分在吸附剂上的溶解能力和析出能力不同。

（　　）

（五）高效液相色谱法

1. 高效液相色谱分析中，固定相极性大于流动相极性称为正相色谱法。　（　　）

2. HPLC分析中，使用示差折光检测器时，可以进行梯度洗脱。　（　　）

3*. 高效液相色谱中，色谱柱前面的预置柱会降低柱效。　（　　）

4*. 高效液相色谱中，流动相过滤采用普通的快速滤纸。　（　　）

5*. 液相色谱的流动相配制完成后应先进行超声，再进行过滤。　（　　）

6*. 高效液相色谱中流动相不变、流速不变，更换更长的色谱柱，有利于改善分离度。

　（　　）

7*. 反相键合相色谱柱长期不用时，必须保证柱内充满甲醇流动相。　（　　）

8*. 色谱分析中高分子微球耐腐蚀，热稳定性好，无流失，适合于分析水、醇类及其他含氧化合物。　（　　）

9*. 离子对色谱法使用的是反相色谱柱。　（　　）

10*. 在高效液相色谱分析中，进样时进样阀手柄位于 load 位置时载样，位于 inject 位置时进样。　（　　）

11*. 液相色谱的流动相配制完成后应先进行过滤，甲醇可使用纤维素滤膜进行过滤。

　（　　）

12*. 水中阴离子的出峰顺序为 Cl^-、F^-、Br^-、SO_4^{2-}、NO_3^-。　（　　）

13. 高效液相色谱分析法中的正相分配色谱可分析非极性样品。　（　　）

14. 高效液相色谱分析法中的反相键合相色谱的分离机理是疏溶剂作用。　（　　）

15. 纸色谱属于液-液色谱。　（　　）

16*. 高效液相色谱分析法中的反相键合相色谱法常用的流动相的主体是水。　（　　）

17*. 水的洗脱强度大于甲醇。　（　　）

18*. 高效液相色谱分析法中的流动相的方向应与色谱柱的箭头方向一致。　（　　）

19. 液固吸附色谱可测定聚苯乙烯分子量分布。　（　　）

20. 高效液相色谱分析法中的灵敏度越高，检测器性能越好。　（　　）

21. 高效液相色谱仪中，紫外-可见光检测器属于通用型检测器。　（　　）

22*. 液相色谱分离实验结束后，无需冲洗，可直接关机。　（　　）

23**. 按衍生化的方法分类，衍生化技术可分为柱前衍生和柱后衍生。　（　　）

24*. 进行液相色谱分析时，增加流动相中乙腈的量，可减小被分离组分的保留值。

　（　　）

25. 离子抑制色谱采用的是高交换容量的交换树脂。　（　　）

26. 凝胶过滤色谱所用的流动相是有机溶剂。　（　　）

27*. 抑制型电导检测离子色谱法分析阴离子时使用稀 HNO_3 做淋洗液。　（　　）

28. 液相色谱的梯度洗脱可分为线性梯度和阶梯梯度。　（　　）

29. 色谱分离度大于1就表明两相邻组分完全分开。　（　　）

（六）红外光谱法

1*. 在振动过程中，分子必须有偶极矩的改变（大小或方向），才可能产生红外吸收。

　（　　）

2*. 在近红外区（波长为 $0.75 \sim 2.5 \mu m$）适用于测定含—OH、氨基或—CH基团的水、醇、酚、胺及不饱和碳氢化合物。　（　　）

3*. 有机化合物的定性一般用红外光谱，紫外光谱常用于有机化合物的官能团定性。 （　　）

4*. 在红外光谱分析中，对不同的分析样品(气体、液体和固体)，应选用相应的吸收池。 （　　）

5. 红外光谱是由分子转动、振动时能级跃迁产生的吸收光谱。 （　　）

6. 红外光谱中，波长(λ)的单位常用微米(μm)，波数($\bar{\nu}$)的单位为 cm^{-1}，二者的关系为

$$\bar{\nu}(cm^{-1}) = \frac{10^4}{\lambda(\mu m)}。$$ （　　）

7*. 红外光谱能直接测定固体和液体样品，但不能直接测定气体样品。 （　　）

8. 物质分子在振动过程中都能产生红外光谱。 （　　）

9*. 官能团—C≡N的特征吸收峰在 $2247cm^{-1}$ 左右。 （　　）

10*. 某物质在 $3400\sim3000cm^{-1}$ 处有强的红外吸收峰，则该物质肯定含有—OH。 （　　）

11**. 羰基的伸缩振动在 $1650\sim1900cm^{-1}$，所有羰基化合物在该段均有非常强的吸收峰，而且往往是谱带中第一强峰，特征性非常明显。 （　　）

12**. 在 $1500\sim1600cm^{-1}$ 之间有两个到三个中等强度的吸收峰，是判断有无芳环存在的重要标志之一。 （　　）

13*. 红外光谱分析中，由于诱导效应增大，从而导致基团的振动频率向低频移动。 （　　）

14*. 共轭效应使有机分子共轭体系中的电子云密度平均化，结果使原来的双键伸长，力常数削弱，所以振动频率升高。 （　　）

15*. 氢键使电子云密度平均化，C=O的双键性减小，因此C=O伸缩振动频率升高。 （　　）

16*. 振动的偶合能导致红外吸收峰裂分为两个，一个高于正常频率，一个低于正常频率。 （　　）

17. FTIR 中的核心部件是硅碳棒。 （　　）

18*. 若样品在空气中不稳定，在高温下容易升华，则红外样品的制备宜选用石蜡糊法进行。 （　　）

19*. 用红外光谱测试薄膜状聚合物样品时，可采用热裂解法。 （　　）

20*. 红外光谱分析中，对含水样品的测试可采用 KBr 材料作载体。 （　　）

21**. $C_6H_{15}N$ 的不饱和度为1。 （　　）

22. 红外光谱是物质定性分析的重要手段之一，但不能用于物质的定量分析。 （　　）

23*. 全对称振动模式的分子，在激发光子作用下，会发生分子极化(变形)，故具有拉曼活性。 （　　）

24*. 拉曼光谱是分子对激发光的散射，而红外光谱是分子对红外光的吸收，两者都属于分子光谱。 （　　）

25*. 凡具有对称中心的分子，若其分子振动具有拉曼活性，则其也具有红外活性。 （　　）

（七）其他仪器分析法

1*. 核磁共振波谱法与红外吸收光谱法一样，都是电磁辐射分析法。 （　　）

2*. 核磁共振波谱仪的磁场越强，其分辨率越高。 （　　）

3. 由第一激发态返回基态所产生的谱线，通常也是最灵敏线、最后线。 （　　）

4*. 由于原子发射线比原子吸收线复杂，所以其光谱干扰也较原子吸收法大。 （　　）

5*. 原子发射是由原子内层电子的跃迁产生的。 （　　）

6*. 原子发射线的强度在一定条件下与试样中待测元素含量有关，由此测量元素含量。 （　　）

7*. 元素定性分析方面，原子发射光谱法优于原子吸收光谱法。 （　　）

8*. 影响原子发射线强度的因素中，原子的激发电位越高谱线的强度越强。 （　　）

9*. 原子发射光谱法只能测量液体样品的含量，固体样品需转化成液体状态后测定。 （　　）

10**. 毛细管电泳分析中，正离子较负离子先到达毛细管的负极，负离子最后到达。 （　　）

11*. 毛细管电泳中推动离子流动的力为电场力。 （　　）

12*. 质谱法分析是根据质荷比的大小定性的。 （　　）

13. 质谱仪采用光电倍增管作检测器。 （　　）

14. 利用分子离子峰可以测定分子量。 （　　）

15*. 质谱仪测量是在常压下进行的，既不需要真空也不需要加压。 （　　）

16. 质谱法可进行同位素分析。 （　　）

17*. 核磁共振波谱法是测量原子核对射频辐射的吸收，这种吸收只有在高磁场中才能产生。 （　　）

18. 核磁共振测量的是质荷比。 （　　）

19. 原子核产生核磁共振与核外电子云密度有关。 （　　）

20*. 通过碎片离子可以推测化合物的大致结构。 （　　）

四、工业分析

（一）采样、制样和样品分解

1. 采集非均匀固体物料时，采集量可由公式 $Q=Kd^2$ 计算得到。 （　　）

2. 试样的制备通常应经过破碎、过筛、混匀、缩分四个基本步骤。 （　　）

3. 四分法缩分样品，弃去相邻的两个扇形样品，留下另两个相邻的扇形样品。 （　　）

4*. 制备固体分析样品时，当部分采集的样品很难破碎和过筛，则该部分样品可以弃去不要。 （　　）

5*. 无论均匀和不均匀物料的采集，都要求不能引入杂质，避免引起物料的变化。 （　　）

6. 保留样品未到保留期满，虽用户未曾提出异议，也不可以随意撤销。 （　　）

7. 分析检验的目的是获得样本的情况，而不是获得总体物料的情况。 （　　）

8*. 采集商品煤样品时，煤的批量增大，子样个数要相应增多。 （　　）

9. 商品煤样的子样质量由煤的粒度决定。 （　　）

10. 在火车顶部采煤样时，设首、末两个子样点时，应各距开车角 0.5m 处。 （　　）

11*. 分解试样的方法很多，选择分解试样的方法时应考虑测定对象、测定方法和干扰元素等几方面的问题。 （　　）

12＊．采集水样测定微量金属离子时，采用玻璃瓶较好。 （ ）

13＊．铁能溶于盐酸中，因此分解钢铁试样时只要用盐酸就可以了。 （ ）

14＊．固体样品的采集只要是该物料堆的就能成为用来检测的样品。 （ ）

15＊．王水几乎可以溶解所有的金属，所以一般总是用王水来溶解金属。 （ ）

16＊＊．测定钢铁中的磷含量时，应用 HCl（或 H_2SO_4）＋HNO_3 的混合酸分解试样。

（ ）

17＊．进行硅酸盐的全分析时，一般用 Na_2CO_3 作为熔剂熔融分解样品。 （ ）

18＊．硝酸可以分解除铂、金以外的所有金属。 （ ）

19＊．浓硫酸可以吸收有机物中的水而析出碳，以破坏有机物。 （ ）

20＊．磷酸是中强酸，因此不能作为金属或金属矿样的分解用试剂。 （ ）

21＊．高氯酸具有强的脱水性，因此与浓硫酸一样可以用于有机物样品的分解。 （ ）

22＊．铝是两性金属，因此可以用 $NaOH$ 来分解铝镁合金。 （ ）

23＊＊．测定有机物中的银、金等金属元素可以用浓硫酸和过氧化氢混合液进行样品
分解。 （ ）

24．用焦硫酸钾熔融分解试样时，温度不宜过高，反应时间不能太长。 （ ）

25＊．过氧化钠熔融分解样品时对瓷坩埚腐蚀严重，因此反应应在铂坩埚中进行。

（ ）

26＊．在测定生物样品中的铁时可以用定温灰化法分解试样。 （ ）

27＊．试样在氧气流存在下，在燃烧管中燃烧，这种方法常用于有机物中卤素的测定。

（ ）

（二）物理常数测定

1．含有多元官能团的化合物的相对密度总是大于 1.0。 （ ）

2．阿贝折光仪不能测定强酸、强碱和氟化物。 （ ）

3．有机物的折射率随温度的升高而减小。 （ ）

4．在一定条件下，物质的固态全部转变成为液态时的温度叫做该物质的熔点。 （ ）

5．沸点和折射率是检验液体有机化合物纯度的标志之一。 （ ）

6．毛细管法测定熔点，升温速率是测定准确熔点的关键。 （ ）

7．液体试样的沸程很窄能证明它是纯化合物。 （ ）

8．凝固点测定中，当液体中有固体析出时，液体温度会突然上升。 （ ）

9＊．毛细管法测定熔点时，装样量过多使测定结果偏高。 （ ）

10＊．闪点是指液体挥发出的蒸气在与空气形成混合物后，遇火源能够闪燃的最高温度。

（ ）

11＊．毛细管法测定熔点时，装入的试样量不能过多，否则结果偏高，试样疏松会使测
定结果偏低。物质中混有杂质时，通常导致熔点下降。 （ ）

12＊．以韦氏天平测定某液体密度的结果如下：1 号骑码在 9 位槽，2 号骑码在钩环处，
4 号骑码在 5 位槽，则此液体的密度为 1.0005。 （ ）

13＊．测定油品运动黏度时，应先滤出油中机械杂质再脱去其中水分后，方可进行测定。

（ ）

14＊．测定沸程，在安装蒸馏仪器时，应使测量温度计水银球上端与蒸馏瓶的瓶颈和支
管接合部的下沿保持水平。 （ ）

15*. 由于醇分子间有氢键形成，其沸点比相对分子质量相近的烷烃高得多。 （   ）

16. 毛细管法测定熔点，升温速率过快，将导致测定的熔点值偏高。 （   ）

17*. 使用阿贝折射仪测定液体折射率时，首先必须使用超级恒温槽，通入恒温水。 （   ）

18. 毛细管黏度计使用前必须进行干燥处理。 （   ）

19*. 韦氏天平显示的结果就是该溶液的实际密度。 （   ）

20*. 用密度瓶法测定易挥发液体的密度时，测定结果偏低。 （   ）

21*. 测定液体沸程时，收集的液体体积必须达到 100mL 时才可以记录终点的温度，否则测定结果偏低。 （   ）

22. 熔点测定时主温度计和辅助温度计的最小刻度都要求为 0.1℃。 （   ）

23. 熔点在一定程度上反映了物料固态晶格之间晶格力的大小，晶格力越大，熔点越高。 （   ）

24*. 测定熔点时要控制升温速度，升温太快会使测出的熔点偏高，升温速度太慢，会使熔点偏低。 （   ）

25*. 沸点的高低在一定程度上反映了有机化合物在液态时分子间作用力的大小。 （   ）

26*. 旋光度的大小主要决定于旋光性物质的分子结构，与溶液的浓度、液层厚度、入射时偏振光的波长及测定时的温度等因素无关。 （   ）

27. 偏振光通过旋光性物质后，振动方向旋转的角度称为旋光度。 （   ）

28. 以黄色钠光 D 线为光源，在 20℃时，偏振光透过浓度为 1g/mL、液层厚度为 1dm 旋光性物质的溶液时的旋光度，叫做比旋光度。 （   ）

29*. 测定熔点时对载热体的选择原则是：载热体的沸点应高于被测物全熔温度，而且性能稳定、清澈透明、黏度小。 （   ）

30*. 测定液体沸程时，若样品的沸程温度范围下限低于 80℃，则应在 5～10℃的温度下量取样品及测量馏出液体积。 （   ）

（三）化工生产原料分析

1*. 溶解氧测定中，固定氧时溶液应在强酸性条件下进行。 （   ）

2*. 分配系数越大，萃取率越小。 （   ）

3. 微量羧酸或酯的测定均可用羟肟酸铁比色法来进行。 （   ）

4. 酯值是试样中总酯、内酯和其他酸性基团的量度。 （   ）

5. 碱皂化法的特点是可以在醛存在下直接测定酯。 （   ）

6. 强酸性阳离子交换树脂含有的交换基团是—SO_3H。 （   ）

7. 液-液萃取分离法中，分配比是指溶质在有机相中的总浓度和溶质在水相中的总浓度之比。 （   ）

8. 比移值 R_f 为溶剂前沿到原点的距离与斑点中心到原点的距离之比。 （   ）

9. 重氮化法测定苯胺须在强酸性及低温条件下进行。 （   ）

10. 碘值是指 100g 试样消耗的碘的质量（g）。 （   ）

11. 皂化值等于酯值与酸值的和。 （   ）

12. 所有有机物中的水分都可以用卡尔·费休法测定。 （   ）

13*. 乙酰化法适合所有羟基化合物的测定。 （   ）

14*. 试液中各组分分离时，各比移值相差越大，分离就越好。（　　）

15*. 纸色谱分离时，溶解度较小的组分沿着滤纸向上移动较快，停留在滤纸的较上端。（　　）

16*. 煤中挥发分的测定，加热时间应严格控制在 7min。（　　）

17*. 磷肥中水溶性磷用水抽取，有效磷可用柠檬酸液抽取。（　　）

18*. 经典杜马法定氮常用氧化铜作催化剂，也可用四氧化三钴和高锰酸银的热解产物作为催化-氧化剂。（　　）

19*. 盐酸羟胺-吡啶肟化法测定羰基化合物含量时，加入吡啶的目的是与生成的盐酸结合以降低酸的浓度，抑制逆反应。（　　）

20*. 韦氏法测定碘值时的加成反应应避光、密闭且不应有水存在。（　　）

21*. 费林试剂氧化法测定还原糖含量，采用亚甲基蓝指示剂可以直接用费林试剂滴定还原糖。（　　）

22*. 乙酰化法测定醇含量可消除伯胺和仲胺的干扰，在反应条件下伯胺和仲胺酰化为相应的酰胺，醇酰化为酯，用碱中和后，加入过量的碱，酯被定量地皂化，而酰胺不反应。（　　）

23*. 酸值是指在规定的条件下，中和 1g 试样中的酸性物质所消耗的 KOH 的质量（mg）。（　　）

24*. 若天然水的碱度值较大，可定性地判断此水的碳酸盐硬度值亦较高。（　　）

25*. 进行气体成分测定时，将气样从左到右依次驱入吸收瓶和爆炸瓶进行吸收和燃烧。（　　）

26*. 采用高锰酸银催化热解定量测定碳氢含量的方法为热分解法。（　　）

27*. 含有 10 个 C 以下的醇与硝酸铈溶液作用，一般生成琥珀色或红色配合物。（　　）

28*. 醇羟基和酚羟基都可被卤原子取代，且不需要催化剂即可反应，故可用于定量分析。（　　）

29**. 乙酸酐-乙酸钠法测羟基物时，用 NaOH 中和乙酸不慎过量，造成结果偏大。（　　）

30**. 乙酰化法测定羟基时，为了使酰化试剂与羟基化合物充分接触，可加适量水溶解。（　　）

31*. 羰基化合物能与羟胺起缩合反应，是一个完全的反应，可用高氯酸或铁氰酸钾进行间接测定。（　　）

32*. 一有机化合物，可以与 2,4-二硝基苯肼反应，生成苯腙，该化合物在 $1725cm^{-1}$ 处有一较强的红外振动吸收峰，化学位移在 9.4 处有一 H 的核磁共振峰，该化合物可能含有醛基（—HC＝O）。（　　）

33. 酮、醛都能与费林试剂反应。（　　）

34*. 亚硫酸氢钠加成法可用来定量测定大多数的醛与酮。（　　）

35*. 费林溶液能使脂肪醛发生氧化，同时生成红色的氧化铜沉淀。（　　）

36*. 由于羧基具有酸性，都可用氢氧化钠标准溶液直接滴定，测出羧酸的含量。（　　）

37*. 氯化碘溶液可以用来直接滴定有机化合物中的不饱和烯键。（　　）

38*. 乙烯与乙炔都可以使高锰酸钾溶液褪色，乙烯比乙炔使高锰酸钾溶液褪色快些。

（　　）

39*. ICl 加成法测定油脂碘值时，要使样品反应完全，卤化剂应过量 10%～15%。

（　　）

40*. 重氮化法测定芳伯胺时，通常采用内外指示剂结合的方法指示终点。　（　　）

41*. 重氮化法测定芳伯胺类化合物时，主要是在强无机酸存在下，芳伯胺与亚硝酸作用定量地生成重氮盐。

（　　）

42*. 催化加氢测定不饱和化合物时，溶剂、试剂及容器不能含有硫化物或一氧化碳。

（　　）

43*. 碘值是衡量油脂质量及纯度的重要指标之一，碘值越低，表明油脂的分子越不饱和。

（　　）

44*. 韦氏法主要用来测定动、植物油脂的碘值，韦氏液的主要成分为碘和碘化钾溶液。

（　　）

45*. 用酸碱滴定法测定工业硝酸含量时，需用碱溶液来吸收硝酸。　　（　　）

46*. 工业碳酸钠的测定，以盐酸标准溶液作为滴定剂，以溴甲酚绿-甲基红混合指示剂作为指示剂，在室温下滴定至试验溶液由绿色变为紫红色，即为终点。　（　　）

47*. 色度值以 Hazen（铂-钴）颜色单位表示结果，Hazzen（铂-钴）颜色单位的定义：每升溶液含 1mg 铂（以氯铂酸计）和 2mg 六水合氯化钴溶液的颜色。　（　　）

🐾 五、有机分析

（一）元素定量分析

1*. 有机物中溴的测定，可用 NaClO 作氧化剂，使溴生成 BrO_3^-，然后在酸性介质中加入 KI 使之析出 I_2，用碘量法测定。　（　　）

2*. 用燃烧法测定有机物中氯时，由于有机溴化物燃烧分解产物为单质溴，所以有机溴化物的存在对测定没有影响。　（　　）

3*. 有机物中卤素的测定，常将其转化为卤离子后用硝酸汞标准滴定溶液进行滴定。

（　　）

4*. 氧瓶燃烧法测定有机物中卤素含量时，试样量不同，所用的燃烧瓶的体积也应有所不同。

（　　）

5*. 有机物中卤素的测定是先利用氧化还原将有机物中的卤素转变为无机物，然后用物理化学分析法测定。

（　　）

6**. 用氧瓶燃烧法测定卤素含量时，试样分解后，燃烧瓶中棕色烟雾未消失即打开瓶塞，将使测定结果偏低。　（　　）

7*. 氨基酸、蛋白质中氮的测定常用容量分析法。　　（　　）

8**. 测定蛋白质中的氮，最常用的是凯氏定氮法，用浓硫酸和催化剂将蛋白质消解，将有机氮转化成氨。　（　　）

9*. 消化法定氮的溶液中加入硫酸钾，可使溶液的沸点降低。　（　　）

10*. 用消化法测定有机物中的氮时，加入硫酸钾的目的是用作催化剂。　（　　）

11*. 一未知化合物异羟肟酸试验呈正结果，该化合物一定含有酯基。　（　　）

12. 凯氏法测定有机物中氮的过程分为：消化、碱化蒸馏、吸收和滴定等四步。（　　）

13. 有机化合物中氯和溴含量的测定方法有汞液滴定法。 （　　）

14. 有机物中的硫最后转化成 SO_4^{2-} 后，可用高氯酸钡容量法测定其含量。 （　　）

15. 莫尔法可以用于样品中 I^- 的测定。 （　　）

16*. 氧瓶燃烧法除了能用来定量测定卤素和硫以外，已广泛应用于有机物中硼等其他非金属元素与金属元素的定量测定。 （　　）

17. 杜马法对于大多数含氮有机化合物的氮含量测定都适用。 （　　）

18*. 对于烯基的常用定量方法中，能够适用于所有烯基的定量方法是催化加氢法和乌伯恩法。 （　　）

19*. 氧瓶燃烧法测定对硝基氯苯中氯含量时，试样燃烧分解后，若吸收液呈黄色，将造成测定结果偏高。 （　　）

20. 测定有机物中的碳氢时，一般用碱石棉吸收反应生成的二氧化碳和水。 （　　）

21*. 测定有机物中碳氢时，常用高锰酸银或氧化铜作为催化剂。 （　　）

22*. 氧化铜是一种可逆氧化剂，但必须在氧气流中才具有可逆性。 （　　）

23*. 氧化铜作为催化剂可以使有机物在惰性气流中进行燃烧分解。 （　　）

24*. 硫在燃烧过程中生成含氧酸，被碱石棉吸收，干扰碳的测定，但可以与高锰酸银热解产物中的银原子反应，吸收后分别生成硫酸银和卤化银，从而消除干扰。 （　　）

25*. 测定有机物中碳氢时，常用活性二氧化锰吸收消除氮的干扰影响。 （　　）

26. 测定有机物中碳氢时，应先称量水的质量，再称量二氧化碳的质量。 （　　）

27. 用凯氏法测定有机物中的氮时，可以用硼酸作为吸收液吸收蒸馏的氨。 （　　）

28*. 在浓硫酸中加入硫酸钾可以提高反应温度，促进反应进行，因此在试样分解时可大量加入硫酸钾以促进反应快速进行。 （　　）

29. 在分解有机物测定氮含量时，应在瓶口加一小漏斗以防止硫酸的不必要消耗。 （　　）

30*. 对难分解的有机试样常常加入适量的过氧化氢以促使试样的分解。 （　　）

31*. 在消化分解有机试样时，当溶液变得澄清后表示分解已完全，可停止加热。 （　　）

32*. 杜马法测定有机物中的氮含量是通过反应后测定生成的氮气体积的方式来实现的。 （　　）

33*. 氧瓶燃烧法燃烧完成后发现吸收液中存在黑色小颗粒则实验需要重做。 （　　）

34*. 在测定有机物中的硫时，卤素、氮和磷燃烧分解后只有磷生成的磷酸能生成磷酸钡沉淀对测定有干扰。 （　　）

35*. 氧瓶燃烧法测定有机物中的硫，用高氯酸钡标准溶液以钍啉为指示剂滴定，需加入少量次甲基蓝做屏蔽剂，则终点变化较敏锐。 （　　）

36. 示差热导法自动元素分析仪可以用于对试样中碳、氢、氧的测定。 （　　）

37*. 微库仑法能测定含量在 1% 以下或者几微克甚至 $1\mu g$ 以下的元素，即适合于微量或痕量元素的分析，通常用于测定氮和卤素等。 （　　）

（二）有机官能团分析

1. 乙烯能使 Br_2 的 CCl_4 溶液褪色。 （　　）

2. 乙醇能使 Br_2 的 CCl_4 溶液褪色。 （　　）

3*. 烯烃不溶于水、稀酸和稀碱，但能溶于浓硫酸。 （　　）

4. 1,3-丁二烯可以使高锰酸钾溶液褪色。 （　　）

5*. 丙炔不能与银氨溶液产生白色沉淀。 （　　）

6. 乙炔既可使黄色 Br_2/CCl_4 溶液，又可使紫色 $KMnO_4$ 溶液褪色。 （　　）

7*. 乙炔既可使银氨溶液产生白色沉淀，又可使氯化亚铜氨溶液褪色。 （　　）

8*. 芳香族化合物可以与无水氯化铝在氯仿溶液中产生颜色变化。 （　　）

9*. 溴乙烷不能与硝酸银的乙醇溶液反应，产生卤化银沉淀。 （　　）

10*. 苯酚可使 $FeCl_3$ 溶液褪色，对硝基苯酚不能使 $FeCl_3$ 溶液褪色。 （　　）

11*. 苯酚、间硝基苯酚、对氯苯酚都可以与溴水溶液产生黄色沉淀。 （　　）

12*. 碳原子数在 10 以下的伯、仲、叔醇都可以与硝酸铈铵溶液作用生成有色配合物。 （　　）

13*. 正丁醇、仲丁醇可与硝酸铈铵溶液作用，而叔丁醇则不可以。 （　　）

14*. N-溴代丁二酰亚胺试验不可以区分伯、仲、叔醇。 （　　）

15*. 卢卡斯试剂可用来区分伯、仲、叔醇。 （　　）

16*. 丙醛与丙酮都可以与 2,4-二硝基苯肼反应产生沉淀。 （　　）

17*. 丙醛可以与 2,4-二硝基苯肼反应产生沉淀，但是丙酮不能。 （　　）

18. 乙醛与丙酮可以与银氨溶液反应，产生银镜或黑色银。 （　　）

19**. 甲醛和甲酸都可以与银氨溶液反应，产生银镜。 （　　）

20*. 脂肪醛可以与品红醛迅速反应，使溶液产生紫红色变化。 （　　）

21*. 苯乙酮不能与品红醛试剂反应，使溶液产生颜色变化。 （　　）

22**. 品红醛试剂又称席夫试剂，是由一种桃红色的三苯甲烷染料与硫酸作用后生成的无色试剂。 （　　）

23*. 费林试剂仅能鉴别醛和酮，不能鉴别脂肪醛与芳香醛。 （　　）

24*. 费林试剂主要成分是含有硫酸铜和酒石酸钾钠的氢氧化钠溶液。 （　　）

25**. 费林试剂具有氧化性，可以将脂肪醛氧化，但不能氧化芳香醛。 （　　）

26*. 银氨溶液具有还原性，可以与醛类物质发生银镜反应。 （　　）

27**. 2,4-二硝基苯肼试剂和 Tollen 试剂可以将醛和酮分别鉴别。 （　　）

28*. 2,4-二硝基苯肼试剂可以与羰基化合物发生反应，产生沉淀。 （　　）

29*. 碘仿反应主要用来鉴别甲基酮，也可检验具有相应结构的醇。 （　　）

30*. 羧酸可以用 KIO_3-KI 混合溶液进行鉴别，产生的 I_2 遇淀粉变蓝色。 （　　）

31*. 苯磺酰氯可以与伯胺、仲胺和叔胺反应，产生沉淀。 （　　）

32**. 脂肪族伯胺可以与亚硝酸作用，生成醇并放出氮气。 （　　）

33*. 芳香族伯胺与亚硝酸作用，生成酚并放出氮气。 （　　）

34*. 芳香族伯胺与亚硝酸发生氧化还原作用，生成重氮盐。 （　　）

35**. 亚硝酸试验法可以直接鉴别伯、仲和叔胺。 （　　）

36*. 亚硝酸试验法可将脂肪族和芳香族的伯胺与仲胺区分开。 （　　）

37*. 兴士堡试验法可以鉴别伯、仲和叔胺。 （　　）

38*. 硝基化合物常用氢氧化亚铁试验法鉴别，生成红棕色的氢氧化铁。 （　　）

39*. 兴士堡试验法主要根据苯磺酰氯与各级胺反应的产物是否溶于酸进行判断。 （　　）

40**. 卢卡斯试验法是指以无水氯化锌在浓盐酸中的饱和溶液与醇生成难溶于水的卤

代烃的速率快慢来鉴别伯、仲和叔醇。 （　　）

六、化验室管理

（一）化学试剂管理

1. 具有氧化性的试剂不属于危险品的范畴。 （　　）

2. 易燃易爆物质应保存在铁柜中，并有专人负责管理。 （　　）

3. 实验室中未用完的剧毒品应密封保存，实行双锁制度。 （　　）

4. 药品库应有良好的通风设施、良好的光照条件。 （　　）

5. 醚类化合物在药品库中存放一般不能超过一年。 （　　）

6. 具有强腐蚀性的试剂宜存放在搪瓷桶中。 （　　）

7. 液体石蜡应密封保存，并经常检查封口。 （　　）

8. 烯烃类试剂应隔绝空气保存，避免暴露在空气中生成过氧化物而产生危险。 （　　）

9. 对于药品库中无标签的试剂应进行集中后销毁。 （　　）

10*. 试剂摆放时要注意安全，如氯酸盐与金属铝、镁就不能摆放在一起，否则易发生爆炸。 （　　）

11. 爆炸极限是可燃性气体与空气混合遇到火焰能发生爆炸的浓度范围。 （　　）

12. 某可燃性气体与空气混合后，只要浓度不在爆炸极限内就不会燃烧。 （　　）

13*. 盛有乙醚的容器用石蜡密封后，因封蜡太紧打不开，可以适当加热以熔化封口石蜡。 （　　）

14. 强氧化剂应存放在阴凉通风处，室温最好控制在20℃以下。 （　　）

15. 剧毒试剂应实行双人、双锁、双登记管理，并做好领用和使用记录。 （　　）

16*. 试剂一般都有一定的保存年限，对于过期的试剂不应继续保存在库房中，可以直接丢弃。 （　　）

17. 从安全的角度来讲，剧毒试剂应锁在专门的毒品柜中。 （　　）

18*. 有些人对某些试剂具有过敏现象，这些试剂应归入毒性试剂进行管理。 （　　）

19*. 氯气主要是通过呼吸道和皮肤黏膜对人体发生中毒作用的。 （　　）

20*. 金属钠应保存在煤油中，白磷保存在水中。 （　　）

（二）仪器管理

1. 在使用电热恒温水浴锅前，应向锅内注入清水，切记水位一定保持不高于电热管，否则将腐蚀电热管。 （　　）

2. 使用真空泵欲停泵时，在切断电源后，不能马上"破空"（即接通大气），以防泵油返压进入抽气系统。 （　　）

3. 乙炔钢瓶属于液化气体钢瓶。 （　　）

4. 平时不用仪器时，应每隔1～2周通电一次。 （　　）

5. 高压钢瓶中的气体可以直接进入仪器。 （　　）

6*. 安装液相色谱柱时，无需注意流动相的流向。 （　　）

7*. 使用高压气瓶的气体，可以用到压力为零。 （　　）

8*. 液相色谱分离实验结束，可以直接关机。 （　　）

9*. 分光光度计的仪器底部及比色暗箱等处均需放置干燥剂。 （　　）

10*. 仪器工作数月或搬运后，要检查波长精确性等方面的性能。 （　　）

11*. 镨钕滤光片可以用来校正分光光度计的波长准确性。 （　　）

12*. 灯电流可以超过空心阴极灯的工作电流。 （　　）

13*. 气相色谱的微量注射器可用于液相色谱进样。 （　　）

14*. 一般的 pH 玻璃电极不能用于测定浓度大于 2mol/L 的强碱溶液。 （　　）

15*. pH 玻璃电极可以测定氢氟酸的酸度。 （　　）

16*. 石英玻璃制成的器皿具有很好的耐酸性，是痕量分析用的好材料。 （　　）

17*. 石英与任何浓度的有机酸和无机酸都不发生作用。 （　　）

18. 铂制器皿在高温下不能与其他金属接触，避免生成金属合金。 （　　）

19*. 银的熔点为 960℃，因此银制坩埚可以在 800℃ 以下使用而不被损坏。 （　　）

20*. 有不锈钢外罩的聚四氟乙烯坩埚可以在低于 200℃ 下加压加热分解试样。 （　　）

21*. 水浴锅一般为铝制品，因此在温度不太高的条件下可以作为砂浴容器使用。

（　　）

22*. 铂的耐腐蚀性、耐高温性能最好，因此在实验室中可以作为优先选用的器皿。

（　　）

23*. 聚四氟乙烯材质的器皿不能用于 N_2、O_2 等气体的分析。 （　　）

24*. 大型仪器使用、维护应由专人负责，使用维护人员经考核合格方可独立操作使用。

（　　）

25*. 盐片棱镜由于盐片易吸湿而使棱镜表面的透光性变差，且盐片折射率随温度增加而降低，因此要求在恒温、恒湿房间内使用。

（三）检验质量管理

1. 商品检验就是对商品质量的检验。 （　　）

2. 抽样是商品检验的关键性环节。 （　　）

3*. 商品在储存期间处于静止状态。 （　　）

4. 随机抽样就是随意地抽取样品。 （　　）

5. 感官检验难免带有主观性。 （　　）

6. 仓库温度变化总是落后于气温的变化。 （　　）

7*. PDCA 循环又称戴明循环，是美国质量管理专家戴明发明的。 （　　）

8. 零缺陷理论的核心是第一次就把事情做对。 （　　）

9. 零缺陷理论认为品质是创造出来的。 （　　）

10. 产生品质的系统是检验，不是预防。 （　　）

11. 全面质量管理强调以人为本的质量管理。 （　　）

12. 品质是检验出来的。 （　　）

13. 品质管理的业务包括：计划、实施、查核、处理四个阶段。 （　　）

14. 紧急放行的内涵是指因生产急需，来不及验证就放行产品的做法，称为"紧急放行"。

15. 影响工序质量的六大因素包括：操作者、机器设备、材料、工艺方法、测量和环境。

16. 工序是产品制造过程的基本环节，一定包括加工、检验、搬运、停留四个环节。

17. 工序控制方法只能用专职三检制。 （　　）

18. 品质是制造出来的，不是检验出来的。 （　　）

19. 不合格品的控制要以"预防为主，检验为辅"。 （　　）

20. 检验记录、试验报告不属于标识的种类。 （　　）

21. 绿色色标表示受检产品合格，一般贴在货物表面的左下角易于看见的地方。

（　　）

22＊. 红色色标表示受检产品不合格，一般贴在货物表面的左上角易于看见的地方。

（　　）

23＊. 新 QC 七大手法包括关联图法、KJ 法、系统图法、矩阵图法、数据解析法、PDPC法、鱼骨箭头图法。 （　　）

24＊. 海尔质量文化是指大质量理论、OEC 管理模式、6S 现场管理办法。 （　　）

25＊. ISO 9000：2000 质量管理体系内部审核应由与被审核工作无关的人员实施。

（　　）

综 合 题

一、化验室管理

1. 如何写好标准的编制说明？

2*. 实验室里遇有人急性中毒应如何急救？

3*. 实验室中失效的铬酸洗涤液可否倒入下水道？为什么？应如何处理？

4. 工厂的实验室按其工作性质可分为哪些？

5**. 根据工作需要应在实验室内设哪些工作室？

6*. 使用真空泵时，如所抽气体中有水蒸气、挥发性液体或腐蚀性气体，应如何处理？

7**. 实验室常用的仪器设备有时会出现一些小故障，在力所能及的情况下，分析工可以自己处理。如下几种小故障可能是由什么原因造成的？应如何处理？

（1）天平启动后灯不亮；

（2）使用万用电炉加热，接通电源后电炉不热；

（3）用酸度计测定溶液 pH 时，或用电位滴定法滴定时，一按下读数开关指针就摇摆不定无法测量。

8**. 如果你是某化工厂的质量监督主管，你认为作为产品质量监督部门，应制定哪些必要的规章制度？

9. 企业为什么要实行工序控制？

10*. 国家计量局发布的强制检定的工作计量器具中用于化工产品检验的有哪些？

11. 计量器具的检定标识有哪些？

12. 实验室中常用气体钢瓶使用时应注意哪些要求？

13. 分析实验室用水如何制备、储存及使用？

14. 实验室存放药品要注意哪些问题？

15. 大型精密仪器管理需要注意哪些方面？

16. 实验室在防火防爆方面应遵守哪些规定？

17*. 简单谈谈本单位化验室的职责。

18**. 实验室中的含汞废液应如何处理？

19*. HF 对人体有哪些危害？当皮肤接触 HF 后应如何处理？如何预防？

二、定量化学分析

1. 简要说明应用于滴定分析的化学反应应符合哪些要求。

2*. 用福尔哈德法测定 Cl^- 会遇到什么问题？会对结果产生什么影响（偏高、偏低或无影响）？可采取什么简便措施来消除？

3**. 采用配位滴定法连续测定 Pb^{2+} 及 Bi^{3+}，应在何种 pH 条件下进行？

附：酸效应曲线

4. 为什么硫酸钡沉淀需要陈化，而氢氧化铁沉淀不必陈化？

5*. 求用 EDTA 滴定 Ca^{2+} 的最高允许酸度。

已知：$c(Ca^{2+})=0.01mol/L$ $\lg K_{CaY^{2-}}=10.96$

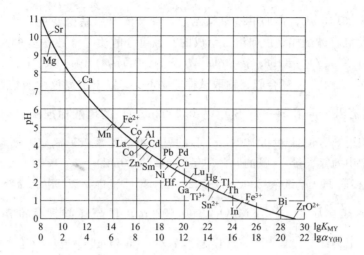

pH	6.0	6.4	6.8	7.0	7.5	8.0	8.5
$\lg\alpha_{Y(H)}$	4.65	4.06	3.5	3.32	2.78	2.26	1.77

6. 基准物质应该具备什么条件？

7. 何谓条件稳定常数？它与哪些因素(副反应)有关？

8. 酸效应曲线是如何绘制的？在配位滴定中有何用途？

9*. 欲连续滴定溶液中 Fe^{3+}、Al^{3+} 和 Ca^{2+} 的含量，试利用 EDTA 的酸效应曲线(同题 3)拟订主要的滴定条件(pH)。

10*. pH=3 时，能否用 $c(EDTA)=0.01mol/L$ 准确滴定 $c(Al^{3+})=0.01mol/L$ 的溶液(用计算法)？准确滴定上述 Al^{3+} 溶液允许介质的最高酸度为多少？已知：$\lg K_{AlY}=16.30$

pH	3.0	3.4	4.0	4.4	4.8
$\lg\alpha_{Y(H)}$	10.60	9.71	8.44	7.64	6.84

11*. 如何控制用 $Na_2C_2O_4$ 作基准物标定 $KMnO_4$ 时，$KMnO_4$ 标准溶液的滴加速度？为什么？

12. 简述称量分析对称量形式的要求。

13. 简述晶形沉淀的沉淀条件。

14*. 测定试样中钙的质量分数分别为 22.38%、22.39%、22.36%、22.40% 和 22.44%，试用 Q 检验法判断 22.44% 是否应该舍去。(置信度为 90%)

已知：$n=5$，置信度为 90% 时，$Q=0.64$。

15*. 欲配制 pH=10.0 的缓冲溶液 1L，用了 15mol/L 氨水 350mL，还需要加氯化铵多少克？[$M(NH_4Cl)=53.49g/mol$，$K_{b(NH_3)}=1.8\times10^{-5}$]

16*. 已知试样中含有 NaOH 或 Na_2CO_3 或 $NaHCO_3$，或此三种化合物中两种成分的混合物 1.1000g，以甲基橙作指示剂时需耗用 31.40mL HCl 溶液。同样质量的样品，若用酚酞作指示剂，需用 13.30mL HCl 溶液。已知 1.00mL 溶液相当于 0.0140g CaO，计算试样中各成分的质量分数。[已知 $M(CaO)=56.08g/mol$；$M(Na_2CO_3)=105.99g/mol$；$M(NaHCO_3)=84.01g/mol$；$M(NaOH)=40.00g/mol$]

17*. 称取混合碱 0.3525g，以酚酞作指示剂，用 0.1013mol/L HCl 标准溶液滴定至终点，用去酸溶液 23.10mL；再加甲基橙指示液，继续滴至甲基橙变色为终点，又耗去酸标液 20.22mL。此混合碱试样是由何组分组成的？各组分的质量分数是多少？[$M(NaOH)$ = 40.00g/mol；$M(Na_2CO_3)$ = 106.0g/mol；$M(NaHCO_3)$ = 84.01g/mol]

18[**]. 测定 N、P、K 复合肥，称取试样 0.7569g，置于定氮仪中蒸馏，使试样中的氮以 NH_3 的形式蒸出，再用 $c\left(\dfrac{1}{2}H_2SO_4\right)$ = 0.2002mol/L 的硫酸标准滴定溶液 50.00mL 吸收，剩余的硫酸用 $c(NaOH)$ = 0.1004mol/L 的碱标准滴定溶液返滴定，消耗 20.76mL。试计算该批复合肥中的氮含量。（氮的摩尔质量为 14.01g/mol）

19[*]. 准确移取 H_2O_2 试液 2.00mL 于 250mL 容量瓶中，以 H_2O 稀释至刻度，摇匀。移取 25.00mL，酸化后用 $c\left(\dfrac{1}{5}KMnO_4\right)$ = 0.1000mol/L 高锰酸钾标准溶液滴定，消耗 30.60mL，试液中 H_2O_2 含量为多少？以 g/L 表示。[$M(H_2O_2)$ = 34.02g/mol]

20[*]. 将 0.5000g 铁矿石用酸溶解后，用还原剂将全部 Fe^{3+} 还原为 Fe^{2+}，然后用 $KMnO_4$ 标准滴定溶液滴定，消耗 25.20mL，问矿样中铁的质量分数是多少。

已知：　$T(H_2C_2O_4 \cdot 2H_2O/KMnO_4)$ = 0.01260g/mL

　　　　$M(H_2C_2O_4 \cdot 2H_2O)$ = 126.0g/mol

　　　　$M(Fe)$ = 55.85g/mol

反应式为：$2MnO_4^- + 5C_2O_4^{2-} + 16H^+ \longrightarrow 2Mn^{2+} + 10CO_2 + 8H_2O$

　　　　$MnO_4^- + 5Fe^{2+} + 8H^+ \longrightarrow Mn^{2+} + 5Fe^{3+} + 4H_2O$

21[*]. 称取 0.2015g 基准试剂 $Na_2C_2O_4$ 溶于水后，加入适量 H_2SO_4 酸化，然后在加热情况下用 $KMnO_4$ 溶液滴定，用去 28.15mL。该 $KMnO_4$ 溶液 $c\left(\dfrac{1}{5}KMnO_4\right)$ 为多少？ [$M(Na_2C_2O_4)$ = 134.0g/mol]

22[*]. 求用 EDTA 滴定 Ca^{2+} 的最高允许酸度。

pH	6.0	6.4	6.8	7.0	7.5	8.0	8.5
$\lg a_{Y(H)}$	4.65	4.06	3.5	3.32	2.78	2.26	1.77

已知：$c(Ca^{2+})$ = 0.01mol/L；$\lg K_{CaY^{2-}}$ = 10.69

23[*]. 用称量法测定某试样中的铁，称取试样 0.1666g，经一系列处理得到 Fe_2O_3 的质量为 0.1370g，求试样中以 Fe 表示的质量分数。

已知：$M(Fe)$ = 55.85g/mol；$M(Fe_2O_3)$ = 159.69g/mol

24[*]. 用酸碱滴定法测定工业硫酸的含量，称取硫酸试样 1.8095g，配成 250mL 的溶液，移取 25mL 该溶液，以甲基橙为指示剂，用浓度为 0.1033mol/L 的 NaOH 标准溶液滴定，到终点时消耗 NaOH 溶液 31.42mL，试计算该工业硫酸的质量分数。[$M(H_2SO_4)$ = 98.07g/mol]

25[*]. 分析草酸试样，$m_{样}$ = 0.1500g，溶于水，用 $c(NaOH)$ = 0.0900mol/L 滴定，$V(NaOH)$ = 25.60mL，求 $H_2C_2O_4 \cdot 2H_2O$ 含量。[$M(H_2C_2O_4 \cdot 2H_2O)$ = 126.07g/mol]

26[*]. 称取硫酸铵试样 1.6160g，溶解后转移至 250mL 容量瓶中并稀释至刻度，摇匀。吸取 25.00mL 于蒸馏装置中，加入过量氢氧化钠进行蒸馏，蒸出的氨用 50.00mL $c(H_2SO_4)$ = 0.05100mol/L 硫酸溶液吸收，剩余的硫酸以 $c(NaOH)$ = 0.09600mol/L 氢氧化钠标准滴定溶液返滴定，消耗氢氧化钠溶液 27.90mL，写出计算公式，并计算试样中硫酸铵及氨的含量。{$M[(NH_4)_2SO_4]$＝132.13g/mol，$M(NH_3)$＝17.03g/mol}

27*．测定合金钢中 Ni 的含量。称取 0.5000g 试样，处理后制成 250.0mL 试液。准确移取 50.00mL 试液，用丁二酮肟将其中沉淀分离。所得的沉淀溶于热 HCl 中，得到 Ni^{2+} 试液。在所得试液中加入浓度为 0.05000mol/L 的 EDTA 标准溶液 30.00mL，反应完全后，多余的 EDTA 用 $c(Zn^{2+})$＝0.02500mol/L 标准溶液返滴定，消耗 14.56mL，计算合金钢中 Ni 的质量分数。[$M(Ni)$＝58.69g/mol]

28*．将 2.500g 大理石试样溶解于 50.00mL $c(HCl)$＝1.000mol/L 盐酸溶液中，在中和剩余的酸时用去 $c(NaOH)$＝0.1000mol/L 氢氧化钠溶液 30.00mL，求试样中 $CaCO_3$ 的含量。[$M(CaCO_3)$＝100.09g/mol]

29*．50.00mL 水样，在 pH＝10 时以 EBT 为指示剂滴定至纯蓝色，用去 $c(EDTA)$＝0.02043mol/L 的 EDTA 标准溶液 8.79mL，求水的以 $CaCO_3$ 表示的钙镁总量（以 mg/L 为单位）。[$M(CaCO_3)$＝100.09g/mol]

30*．测定铝盐含量时，称取试样 0.2117g 溶解后，加入 $c(EDTA)$＝0.04997mol/L 的 EDTA 标准溶液 30.00mL，于 pH＝5～6，以 XO 为指示剂，用 $c(Zn^{2+})$＝0.02146mol/L 的 Zn^{2+} 标准溶液返滴定，用去 22.56mL，计算试样中 Al_2O_3 的质量分数。[$M(Al_2O_3)$＝101.96g/mol]

31*．准确移取 H_2O_2 试液 2.00mL 于 250mL 容量瓶中，以 H_2O 稀释至刻度，摇匀。移取 25.00mL，酸化后用 $c(1/5KMnO_4)$＝0.1000mol/L 滴定，消耗 30.60mL，试液中 H_2O_2 含量为多少（以 g/L 表示）？[$M(H_2O_2)$＝34.02g/mol]

32*．称取 Na_2SO_3 试样 0.3778g，将其溶解，并以 50.00mL $c\left(\frac{1}{2}I_2\right)$＝0.09770mol/L 的 I_2 溶液处理，剩余的 I_2 溶液将需要 $c(Na_2S_2O_3)$＝0.1008mol/L 的溶液 25.00mL 滴定至终点。计算试样中 Na_2SO_3 的质量分数。[$M(Na_2SO_3)$＝126.4g/mol]

$$I_2+SO_3^{2-}+H_2O \longrightarrow 2H^++2I^-+SO_4^{2-}$$
$$2S_2O_3^{2-}+I_2 \longrightarrow S_4O_6^{2-}+2I^-$$

33*．某厂生产 $FeCl_3 \cdot 6H_2O$ 试剂，国家规定二级品含量不低于 99.0%，三级品含量不低于 98.0%。为了检验质量，称取样品 0.5000g，用水溶解后加适量 HCl 和 KI，用 0.09026mol/L 的 $Na_2S_2O_3$ 标准溶液滴定析出的 I_2，用去 20.15mL，该产品属于哪一级？[$M(FeCl_3 \cdot 6H_2O)$＝270.30g/mol]

34*．用 $c(Na_2S_2O_3)$＝0.1000mol/L 的标准溶液测定铜矿石中铜的含量，欲从滴定管上直接读得铜的质量分数 $w(Cu)$，称样应为多少？[$M(Cu)$＝63.55g/mol]

35*．称取铁矿石试样 0.2500g，经处理后，沉淀形式为 $Fe(OH)_3$，称量形式为 Fe_2O_3，质量为 0.1490g，求 Fe 和 Fe_3O_4 的质量分数。[$M(Fe)$＝55.845g/mol，$M(Fe_2O_3)$＝159.69g/mol，$M(Fe_3O_4)$＝231.54g/mol]

36*．将 1.000g 钢样中的 S 转化为 SO_2，然后被 50.00mL $c(NaOH)$＝0.01000mol/L 的 NaOH 溶液吸收，过量的 NaOH 再用 $c(HCl)$＝0.01400mol/L 的 HCl 溶液滴定，用去 22.65mL，计算钢样中的 S 含量。

37*．称取某有机试样 0.1084g，测定其中的含磷量。将试样处理成溶液，并将其中的磷氧化成 PO_4^{3-}，加入其他试剂使之形成 $MgNH_4PO_4$ 沉淀。沉淀经过滤洗涤后，再溶解于盐酸中并用缓冲溶液调至 pH=10，以 EBT 为指示剂，需用 0.01004mol/L 的 EDTA 标准溶液 21.04mL 滴定至终点，计算试样中磷的质量分数。

38*. 移取家用漂白液试液 25.00mL 于 250mL 容量瓶中，加水稀释至刻度后，吸取 50.00mL，加入碘化钾，加酸酸化后析出碘，用 $c(Na_2S_2O_3)=0.04805mol/L$ 硫代硫酸钠标准溶液滴定，以淀粉为指示剂，滴定至终点，消耗硫代硫化钠溶液 36.30mL，计算试样中 NaClO 含量。

39*. 称取含 Na_2S 和 Sb_2S_3 试样 0.2000g 溶于浓盐酸中，反应生成的 H_2S 用 50.00mL 0.01000mol/L 的 I_2 标液吸收（使 $H_2S \rightarrow S$），然后用 0.02000mol/L 的 $Na_2S_2O_3$ 标液滴定剩余的 I_2，用去 10.00mL；此后将试液（已除去 H_2S）调至微碱性，再用上述 I_2 标液滴定 $Sb(III)$，耗用 10.00mL，试计算试样中 Sb_2S_3 与 Na_2S 的质量分数。$[M(Na_2S)=78.04g/mol, M(Sb_2S_3)=339.7g/mol]$

40*. 将 8.670g 杀虫剂样品中的砷转化为砷酸盐，加入 50.00mL 0.02504mol/L 的 $AgNO_3$，使其沉淀为 Ag_3AsO_4，然后用 0.05441mol/L 的 NH_4SCN 标准溶液滴定过量的 Ag^+，消耗 3.64mL，计算样品中 As_2O_3 的含量。

三、仪器分析

1*. 设计一个方案，用电位滴定法测定自来水中的氯离子。

2**. 请用直接电位法测量蜂蜜中还原糖的含量。

3*. 在使用玻璃电极测定溶液的 pH 时，如果玻璃电极是新的或者是放置很长一段时间没有被使用，为什么必须放在蒸馏水中浸泡 24h 后才能被使用？

4*. 用氟离子电极测定地下水中的 F^- 时，取水样 100.00mL，加入总离子强度缓冲调节剂，测得化学电池电动势为 -125mV，加入 1.00mL 0.0100mol/L NaF 标准溶液后，测得电动势为 -102mV，已知氟离子选择性电极的电极系数 S 为 58.6mV，计算水样中 F^- 的浓度。

5**. 请设计一个实验方案，采用电位法用 NaOH 标准溶液滴定 HCl 溶液，求得未知 HCl 溶液的浓度。（需注明所用仪器设备、实验过程及定量方法等）

6**. 某水样，其中含有微量的甲醇、乙醇、正丙醇、正丁醇与正戊醇，现欲分别测定其中五种醇的质量分数。实验室的配制为一台 HP6890 气相色谱仪（含 FID、TCD、ECD）和五根不锈钢填充色谱柱（SE-30、OV-101、SE-54、OV-1701 与 PEG-20M，其规格均为 2m×3mm，80~100 目）。试根据上述条件选择合适的色谱柱、检测器、柱温、汽化室温度、检测器温度、载气种类与流速等色谱分离条件及合适的定量方法。（已知甲醇、乙醇、正丙醇、正丁醇与正戊醇的沸点分别为 65℃、78℃、98℃、118℃ 和 138℃。）

7*. 已知某含酚废水中仅含有苯酚、邻甲酚、间甲酚、对甲酚四种组分。用 GC 分析结果如下：

组 分	峰高/mm	半峰宽/mm	相对校正因子 f'_{iw}
苯酚	55.3	1.25	0.85
邻甲酚	89.2	2.30	0.95
间甲酚	101.7	2.89	1.03
对甲酚	74.8	3.44	1.00

计算各组分质量分数。

8*. 请为下列类型物质选择最合适的 HPLC 分离模式和检测方法。

（1）环境样品的常见无机阴离子；

（2）酒或果汁中的有机酸；

（3）水溶性较差的合成高分子化合物；

（4）萘、苯、甲苯、硝基苯。

9*. 某组分在 ODS 柱上，以 80％甲醇作流动相时的保留时间为 10min，如果用 60％甲醇作流动相，组分的保留时间是增加，还是减小？如果将 80％甲醇换成 80％异丙醇后，又会怎样变化呢？并请作出解释。

10. 721 型分光光度计的分光系统如何检查？如何维护保养？

11*. 请为用气相色谱法分析酒后驾车司机血液中乙醇含量选择一个合适的固定相。

12*. 请为食品中防腐剂（苯甲酸）制订定性和定量的分析条件。

13*. 分离下述化合物，宜选用何种色谱方法？

（1）聚苯乙烯分子量分布　　（2）多环芳烃

（3）氨基酸　　　　　　　　（4）Ca^{2+}，Ba^{2+}，Mg^{2+}

14*. 下图为邻、间、对二甲苯的红外吸收光谱图，请说明各个图分别属于何种异构体，并标明图中主要吸收峰的振动形式。

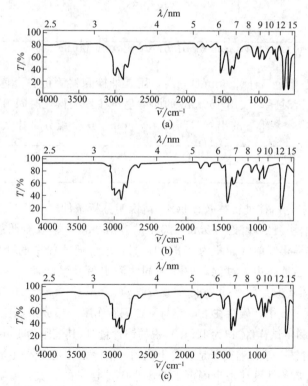

15**. 有一分子式为 $C_7H_6O_2$ 的化合物，据其红外光谱，试推断其结构。

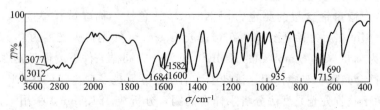

16. 请列举两种制备去离子水的方法。

17*. 在离子色谱法分析中，提出改善检测灵敏度的四种方法的优缺点。

18*. 为下列离子化合物选择合适的分离方式和检测器。

（1）金属络合物　　（2）碳数小于 5 的脂肪酸

（3）磷酸盐　　　　（4）镧系金属阳离子

19*. 下表中列出在 Dowex-1 柱上各种阴离子相对于氯离子的选择性因子，请根据选择性因子的大小确定这些阴离子在离子交换色谱上的出峰顺序。

阴离子	I^-	HSO_4^-	Cl^-	Br^-	NO_3^-	F^-	NO_2^-	HCO_3^-
选择性因子	8.7	4.1	1.0	2.8	3.8	0.09	1.2	0.32

20**. 液体试样 C_8H_7N，IR 光谱如下图所示，推测其结构，并指出下列吸收峰由何种基团的何种振动产生（$2217cm^{-1}$、$1607cm^{-1}$、$1580cm^{-1}$、$817cm^{-1}$）。

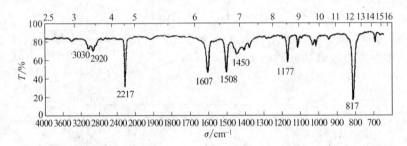

21*. 维生素经液相色谱柱（250mm）分离，用紫外检测器测得各个色谱峰，出峰时间如下表所示，为缩短分析时间，改用 150mm 的同种色谱柱，测得死时间为 1.2min，已知维生素 E_1 在 5.52min 出峰，某组分的出峰时间为 4.76min，这个组分是什么物质？

组　分	死时间	维生素 A	维生素 D	维生素 E_1	维生素 E_2
t_R/min	2.0	4.49	6.00	6.85	7.32

22*. 如何对 C18 色谱柱进行柱效评价？（请说明分析条件、分析样品以及评价指标）

23*. 用液相色谱法测定叶酸片（5mg/片）中的叶酸含量。称取对照品 5mg，溶于 50mL 容量瓶中，定容，进样得叶酸峰面积为 273500，另称取已研成粉末的叶酸片 0.1837mg，用稀释液稀释至 50mL 容量瓶中，过滤，取滤液同法测得叶酸峰面积为 270120，求叶酸片中叶酸的含量。（已知叶酸片的平均片重为 0.1798g）

24**. 已知在氨溶液中，碘存在下，镍与丁二酮肟作用，形成组成比为 1∶4 的酒红色可溶性配合物。用此法测定试样（体积为 10mL）中的镍含量时，其上限为 10mg/L，最低检出浓度为 0.25mg/L。测定时铁、钴、铜离子是主要干扰物，消除方法是加入适量 Na_2-EDTA 溶液。

请你利用上述已知条件设计一个测定工业废水中镍含量的方案。（含条件实验、测定步骤、干扰消除以及定量方法与计算等）

25*. 试样中微量锰含量的测定常用 $KMnO_4$ 比色法。称取试样 0.500g，经溶解，用 KIO_4 氧化为 $KMnO_4$ 后，稀释至 500mL，在波长 525nm 处测得吸光度为 0.400。另取相近含量的锰浓度为 $1.00×10^{-4}mol/L$ 的 $KMnO_4$ 标液，在同样条件下测得吸光度为 0.425。已知两次测定均符合光吸收定律，问：试样中锰的质量分数是多少？（$M_{Mn}=54.94g/mol$）

26*. 用原子吸收分光光度法分析水样中的铜，分析线 324.8nm，采用工作曲线法，按

下表加入 $100\mu g/mL$ 铜标液，用（2＋100）硝酸稀释至 50mL，测定相应吸光度，分析结果如下表所示。

加入 $100\mu g/mL$ 铜标液的体积/mL	1.00	2.00	3.00	4.00	5.00
吸光度	0.063	0.127	0.184	0.245	0.308

另取样品 10.00mL 于 50mL 容量瓶中，用（2＋100）硝酸定容，测得吸光度为 0.137。试计算样品中铜的浓度。

27*. 某原子吸收分光光度计的倒线色散率为 1.5mm/nm，要测定 Mg，采用 285.2nm 的特征谱线，为了避免 285.5nm 谱线的干扰，宜选用的狭缝宽度为多少？

28*. 称取某含铬试样 2.1251g，经处理溶解后，移入 50mL 容量瓶中，稀释至刻线。在四个 50mL 容量瓶内，分别精确加入上述样品溶液 10.00mL，然后依次加入浓度为 0.10mg/mL 的铬标准溶液 0.00mL、0.50mL、1.00mL、1.50mL，稀释至刻度，摇匀，在原子吸收分光光度计上测得相应吸光度分别为 0.061、0.182、0.303、0.415。试计算试样中铬的质量分数。

29*. 有 50mL 含 Ca^{2+} 5.0μg 的溶液，用 10.0mL 二苯硫脲-氯仿溶液萃取（萃取率为 100%），在 518nm 处用 1.00cm 吸收池测得百分透射比为 44.5。计算：(1)质量吸光系数 a；(2) 摩尔吸光系数 ε。(已知 $M_{Ca}=40.078g/mol$)

30*. 制成的钙标准工作溶液含钙 0.100mg/mL。取一系列不同体积的钙标准工作溶液于 50mL 容量瓶中，以蒸馏水稀释至刻度。将 5.00mL 天然水样品置于 50mL 容量瓶中，并以蒸馏水稀释至刻度。上述系列溶液的吸光度的测量结果列于下表，试计算天然水样中钙的含量。

加入钙工作液的体积 V/mL	1.00	2.00	3.00	4.00	5.00
吸光度 A	0.056	0.114	0.167	0.226	0.290
水样测得吸光度	0.157				

31*. 用丁二酮肟分光光度法测定镍，标准镍溶液由纯镍配成，浓度为 $8.00\mu g/mL$。
(1) 根据下列数据绘制工作曲线

加入 Ni^{2+} 标液体积 V/mL	0.00	2.00	4.00	6.00	8.00	10.00
吸光度 A	0.000	0.102	0.200	0.304	0.405	0.508

显色总体积 100mL。
(2) 称取含镍试样 0.6502g，分解后移入 100mL 容量瓶。吸取 2.00mL 试液于容量瓶中，在与标准溶液相同条件下显色，测得吸光度为 0.350。问：试样中镍的质量分数为多少？（$M_{Ni}=58.70g/mol$）

32*. 吸取 0.00mL、1.00mL、2.00mL、3.00mL、4.00mL 浓度为 10.0μg/mL 的 Ni 标准溶液，分别置于 25mL 容量瓶中，稀释至标线，在火焰原子吸收光谱仪上测得数据如下：

V_{Ni}/mL	0.00	1.00	2.00	3.00	4.00	5.00
A	0.000	0.112	0.224	0.338	0.450	0.561

另称取镍合金试样 0.3125g，经溶解后移入 100mL 容量瓶中，稀释至标线。准确吸取此溶液 2.00mL，放入另一 25mL 的容量瓶中，以水稀释至标线，在与标准曲线完全相同的测定条件下，测得溶液的吸光度为 0.269。此试液中镍含量为多少？

33*. 镍标准溶液的浓度为 $10\mu g/mL$，精确吸取该溶液 0.00mL、1.00mL、2.00mL、3.00mL、4.00mL，分别放入 100mL 容量瓶中，稀释至刻度后测得各溶液的吸光度依次为 0、0.06、0.12、0.18、0.23。称取某含镍样品 0.3125g，经处理溶解后移入 100mL 容量瓶中，稀释至刻度。在与标准曲线相同的条件下，测得溶液的吸光度为 0.15，求该试样中镍的质量分数(mg/kg)。

34*. 某原子吸收分光光度计，测定浓度为 $0.20\mu g/mL$ 的钙标准溶液和浓度为 $0.20\mu g/mL$ 的镁标准溶液，吸光度分别为 0.035 和 0.089。计算该原子吸收分光光度计测定钙和镁的特征浓度，并比较两个元素灵敏度的高低。

35*. 某试液显色后用 2.0cm 吸收池测量时 $\tau=60.0\%$。在同样条件下若用 1.0cm 吸收池测量，τ 及 A 各为多少？

36*. 测定血浆试样中 Li 的含量，将三份 0.500mL 的血浆试样分别加至 5.00mL 水中，然后在这三份溶液中加入 $0.0\mu L$、$10.0\mu L$、$20.0\mu L$ $100\mu g/mL$ Li 标准溶液，在原子吸收分光光度计上测得吸光度依次为 0.230、0.453、0.680。计算此血浆中 Li 的质量浓度。

37*. 用气相色谱测定丁醇异构体的含量，已知样品中只含有正丁醇、仲丁醇、异丁醇、叔丁醇四种组分，采用 FID 检测器，进样 $1\mu L$ 测量得到数据如下：

组　分	正丁醇	异丁醇	仲丁醇	叔丁醇
峰面积 A	1478	2356	1346	2153
f	1.00	0.98	0.97	0.98

求试样中各组分的含量。

38*. 测定二甲苯氧化母液中二甲苯的含量时，因为母液中除二甲苯外，还有溶剂和少量甲苯、甲酸，在分析二甲苯的色谱条件下不能流出色谱柱，所以常用内标法进行测定，用正壬烷做内标物。称取试样 1.528g，加入内标物 0.276g，所得色谱数据如下：

组　分	正壬烷	乙苯	对二甲苯	间二甲苯	邻二甲苯
峰面积 A	95	72	98	116	79
f_i	1.14	1.09	1.12	1.08	1.10

计算母液中各二甲苯的含量。

39. 请画出原子吸收分光光度计的结构框图，并说明各部件的作用。

40. 简述空气-乙炔火焰的种类和相应的特点。

41*. 用火焰原子吸收法测定水样中钙含量时，PO_4^{3-} 的存在会干扰钙含量的准确测定。请说明这是什么形式的干扰，如何消除。

42. 简述波长准确度的检验方法。

43. 说明用邻二氮菲作显色剂测定铁的反应原理和加入各种试剂的作用。

44. 空心阴极灯的灯电流与辐射强度之间有什么关系？灯电流太大或太小会产生什么不利影响？

45*. 比较原子吸收光谱和紫外-可见分光光度计的异同。

46. 采用归一化法定量的特点及条件是什么？

47*. 可见分光光度法测定物质浓度通常受哪些条件的影响？如何选择最佳实验条件？

48.** 使用空气-乙炔焰的火焰原子吸收分光光度计，在下列情况下应采取什么措施？

(1) 分析灵敏度低，怀疑被测元素在火焰中形成了氧化物。

(2) 怀疑存在化学干扰，例如磷酸盐对钙的干扰。

(3) 发射线强度很高，测量噪声小，但吸收值很低，很难读数。

49*. 称取 0.750g $NaNO_2$（GR）配制成 500mL 溶液。取 0.50～5.00mL 按每次间隔 0.50mL 的体积配制成标准系列溶液，分别加入对氨基苯磺酸试液和 β-萘酚试液使之显色，各加蒸馏水至 50.0mL，摇匀。另取试样溶液 10.00mL，在相同条件下显色并稀释至 50.0mL，摇匀。在同一条件下比色，试样比色液的颜色深度介于第三、四两个标准比色液之间。求试样中亚硝酸根离子的质量浓度。[已知 $M(NaNO_2)=69.00g/mol$，$M(NO_2^-)=46.01g/mol$]

50.** 六一儿童节前夕，某技术监督局从市场抽检了一批儿童食品，欲测定其中 Pb 含量，请用你学过的知识确定原子吸收测定 Pb 含量的试验方案。（包括最佳实验条件的选择、干扰消除、样品处理、定量方法、结果计算）

四、工业分析

1*. 在对某硅酸盐进行一定处理后，现得到一定量的沉淀物，已知沉淀中含有氧化铁、氧化铝和氧化钛，请设计出合理的分析方法测定铁、铝、钛的含量。

2. 测定沸点和沸程时，对主温度计精度有什么要求？新购置的温度计在使用前要做何工作，如何进行？

3*. 含有 CO_2、O_2、CO、N_2、C_2H_4 等的混合气体，用吸收法进行含量测定，需选择哪些吸收溶液？各吸收液的吸收次序如何？

4. 在采样时对盛样容器应进行哪些处理？如何正确保管样品？

5. 对物质的沸程有哪些规定？测定沸程时，对量取样品及测量馏出液体积应注意什么问题？

6. 测定运动黏度时，对黏度计应如何进行预处理？在测定时，毛细管内出现气泡对测定结果有什么影响？你认为产生气泡的原因是什么？

7. 使用密度瓶法测定样品密度时，必须取得哪些数据？在测定中有哪些注意事项？

8. 测定熔点时为什么要对温度计外露段进行校正？在什么情况下，此项校正可以不进行？

9. 企业在什么情况下应制定企业标准？

10*. 实验室中最常用的煤中水分测定的操作步骤如何？进行干燥性检验时，什么情况下认为已经检验完成？

11*. 今有一槽车(50t)的氯仿，需要测定其准确密度，请写出其采样方案、采样记录、测定密度的仪器及测定方法。有关信息如下：

氯仿的批号 G991005/A；批量 $5×10^3$t；生产厂家 A 化工厂。

12*. B 化工厂购进一槽车工业用硫酸，为便于工艺计算，要求实验室测定该批硫酸的密度，请写出采样方案、采样记录，并拟订测定方法。有关信息如下：

工业硫酸的批号 L990512/B；批量 1000t；生产厂家 Z 化工厂。

13*. 某厂购进 50 袋(50kg/袋)丁二酸，需要测定熔点以确定其纯度，请写出采样方案、采样记录，拟订测定方法(用 WRR 熔点仪)。有关信息如下：

批号 EL981208/J；批量 2000 袋；生产厂家宏大有限公司；熔点范围 188.0～188.5℃。

14*. 如何进行非例行样品的分析方案设计？

15*. 如何测定亚硝酸钠中碳酸钠的含量？请设计一个分析方案。

16*. 有一氯化铵样品，可能混有硝酸铵或硫酸铵中的一种，分析其 N 含量为 24.00%。设计一个测定氯化铵的分析方法，配置相应的仪器和药品，判断混入杂质为何物质，并计算氯化铵的含量。

五、有机分析

1. 某未知物分子式为 $C_5H_{12}O$，它的质谱、红外光谱以及核磁共振谱如下图，它的紫外吸收光谱在 200nm 以上没有吸收，试确定该化合物的结构。

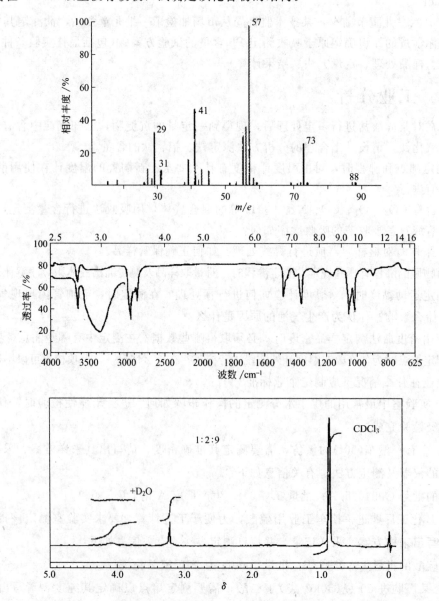

2. 某未知物，它的质谱、红外光谱以及核磁共振谱如下图，它的紫外吸收光谱在 210nm 以上没有吸收，确定此未知物。

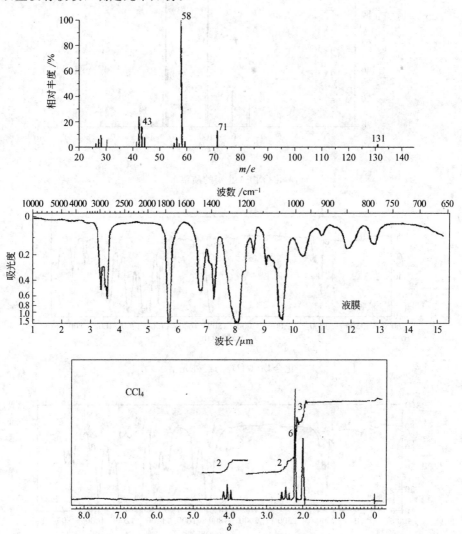

3. 待鉴定的化合物（Ⅰ）和（Ⅱ），它们的分子式均为 $C_8H_{12}O_4$。它们的质谱、红外光谱和核磁共振谱见下图。同时测定了它们的紫外吸收光谱数据：（Ⅰ）λ_{max} 223nm，δ 4100；（Ⅱ）λ_{max} 219nm，δ 2300。试确定这两个化合物。

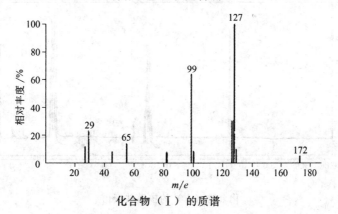

化合物（Ⅰ）的质谱

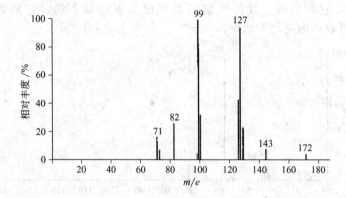

化合物（Ⅱ）的质谱

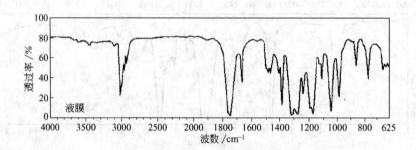

化合物（Ⅰ）的红外光谱

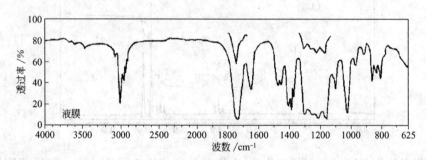

化合物（Ⅱ）的红外光谱

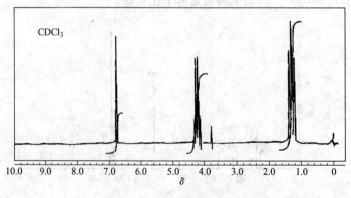

化合物（Ⅰ）的核磁共振谱

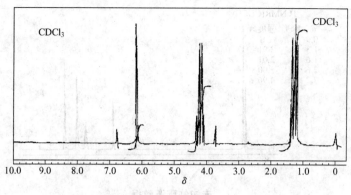

化合物（Ⅱ）的核磁共振谱

4. 某未知物 $C_{11}H_{16}$ 的 ^{13}C NMR 数据及 IR、UV、MS、^1H NMR 谱图如下所示，推导未知物结构。

未知物碳谱数据

序 号	δ_c	碳原子个数	序 号	δ_c	碳原子个数
1	143.0	1	6	32.0	1
2	128.5	2	7	31.5	1
3	128.0	2	8	22.5	1
4	125.5	1	9	10.0	1
5	36.0	1			

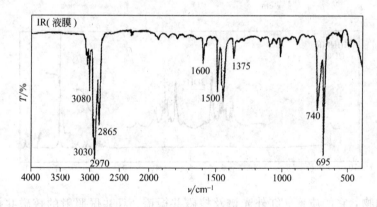

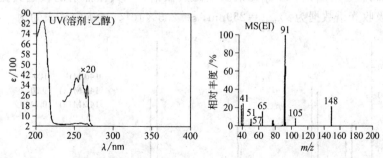

5. 某未知物的 ^{13}C NMR 数据及 IR、MS、^1H NMR 谱图如下所示，紫外光谱在 210nm 以上无吸收峰，推导其结构。

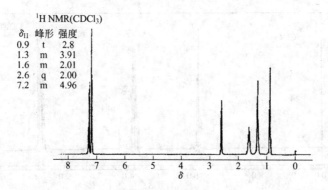

¹H NMR(CDCl₃)

δ_H	峰形	强度
0.9	t	2.8
1.3	m	3.91
1.6	m	2.01
2.6	q	2.00
7.2	m	4.96

未知物碳谱数据

序号	δ_c	碳原子个数	序号	δ_c	碳原子个数
1	204.0	1	5	32.0	1
2	119.0	1	6	21.7	1
3	78.0	1	7	12.0	1
4	54.5	1	8	10.0	1

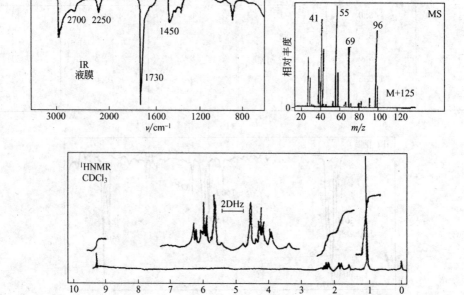

6. 某未知物，它的质谱、红外光谱及核磁共振谱、双共振照射的核磁共振谱如下图所示，它的紫外吸收光谱数据为：$\lambda_{max}=259nm$，$\varepsilon=2.5\times10^4$。试确定该未知物。

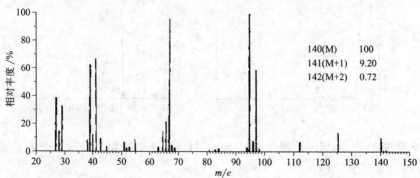

140(M)	100
141(M+1)	9.20
142(M+2)	0.72

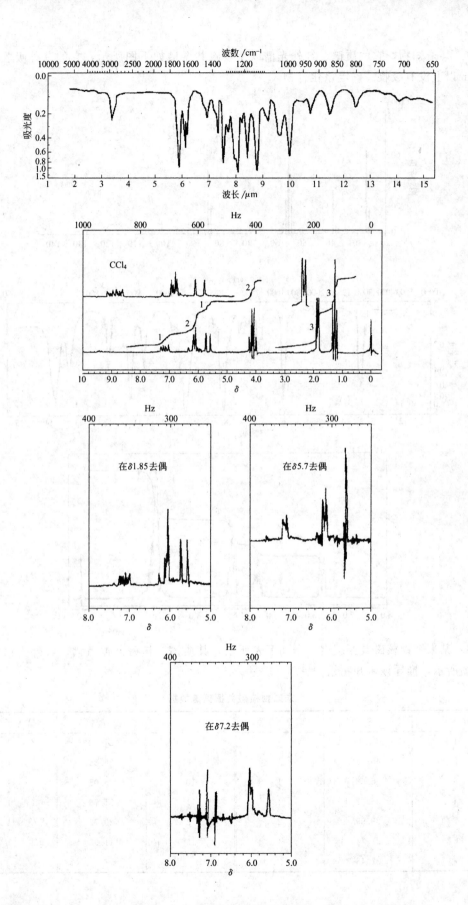

波数 /cm⁻¹

CCl₄

在δ1.85去偶

在δ5.7去偶

在δ7.2去偶

7. 某未知物，它的质谱、红外光谱以及核磁共振谱如下图所示，它的紫外吸收光谱在 200nm 以上没有吸收。确定该化合物。

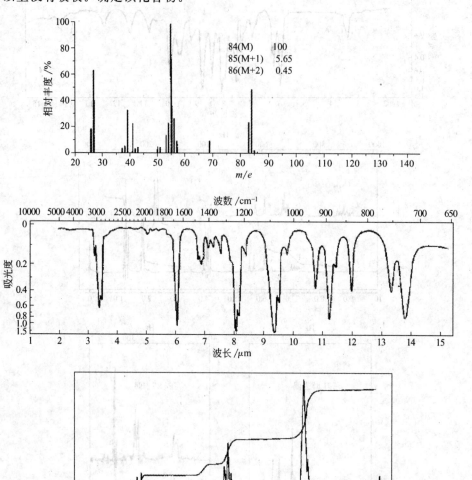

84(M)	100
85(M+1)	5.65
86(M+2)	0.45

8. 某未知物核磁共振碳谱数据如下表所示，其质谱、核磁共振氢谱、红外光谱分别如下页图所示，推导该未知物结构。

未知物核磁共振碳谱数据

序　号	δ_c	碳原子个数	序　号	δ_c	碳原子个数
1	171.45	1	8	27.22	1
2	46.98	1	9	26.35	1
3	45.68	1	10	25.05	1
4	35.02	1	11	21.76	1
5	29.99	2	12	20.72	1
6	27.74	4	13	11.96	1
7	27.48	2			

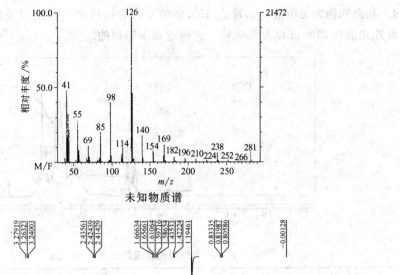

未知物质谱

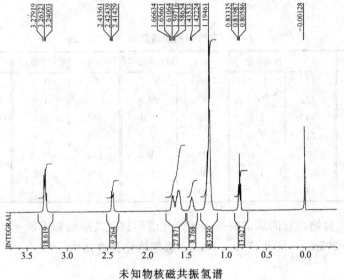

未知物核磁共振氢谱

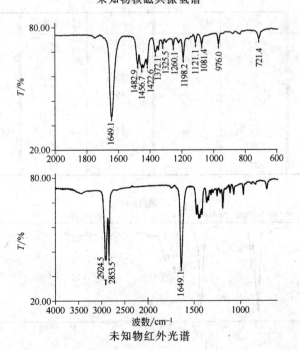

未知物红外光谱

9. 某未知物为无色液体，沸点 156.9997℃，它的核磁共振谱以及质谱数据如下所示，它的紫外光谱在 210nm 以上无吸收。试确定该未知物的结构。

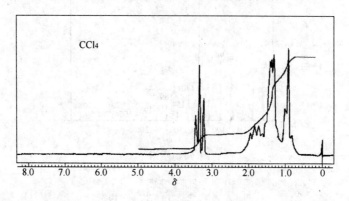

未知物的质谱数据

m/e	相对丰度/%	m/e	相对丰度/%	m/e	相对丰度/%	m/e	相对丰度/%	m/e	相对丰度/%
26	1.5	42	14.0	56	17.0	95	1.0	138	2.0
27	18.5	43	100.0	57	22.0	99	1.0	164(M)	2.3(100)
28	9.5	44	2.5	58	1.0	107	5.0	166(M+2)	2.2(95.7)
29	18.0	51	1.0	69	6.0	109	5.0		
39	11.5	53	2.0	85	49.0	135	50.0		
40	2.0	54	1.0	86	3.0	136	2.0		
41	38.0	55	34.5	93	1.0	137	49.5		

10. 某未知化合物，它的质谱数据、红外光谱和核磁共振谱如下所示。它的紫外吸收光谱数据为：$\lambda_{max} = 292nm$（环己烷），$\varepsilon\ 23.2$。确定该化合物结构。

质谱数据

m/z	相对丰度/%	m/z	相对丰度/%	m/z	相对丰度/%	m/z	相对丰度/%
26	10	43	89	58	5	85	3
27	86	44	100	67	7	86	12
29	97	45	22	68	14	96	6
31	4	53	6	69	5	113	0.2
38	4	54	7	70	73	114(M)	1.2
39	45	55	55	71	23	115(M+1)	0.13
41	91	56	7	72	7	116(M+2)	0.012
42	57	57	50	81	14		

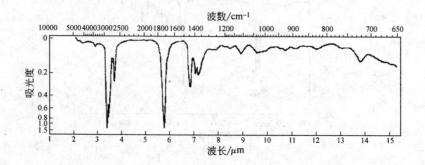

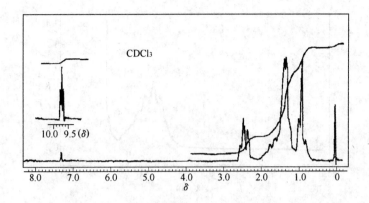

11. 某未知化合物的质谱数据、红外光谱和核磁共振谱如下所示。也测定了它的紫外光谱数据：在 200nm 以上没有吸收。试确定该化合物的结构。

质谱数据

m/z	相对丰度/%	m/z	相对丰度/%	m/z	相对丰度/%	m/z	相对丰度/%
26	1	39	11	44	4	102(M)	0.63
27	18	41	17	45	100	103(M+1)	0.049
29	6	42	6	59	11	104(M+2)	0.0032
31	4	43	61	87	21		

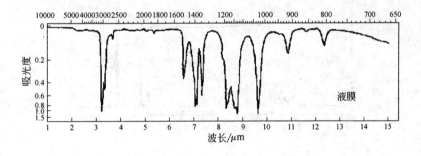

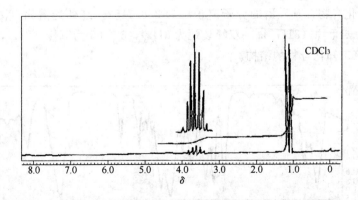

12. 某未知化合物，其分子式为 $C_{10}H_{10}O$。已测定它的紫外吸收光谱、红外光谱（KBr压片）以及核磁共振谱，如下页图所示。确定该化合物结构。

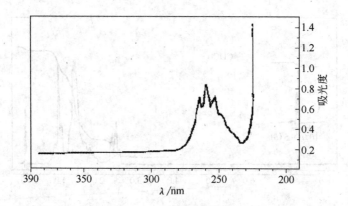

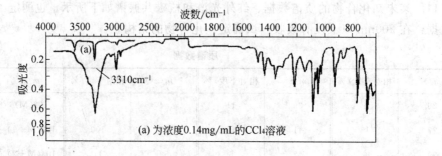

(a) 为浓度0.14mg/mL的CCl₄溶液

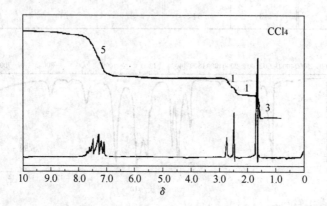

13. 某未知化合物，其质谱的分子离子峰为 228.1152，红外光谱如下图所示，核磁共振谱中 δ 6.95 为四重峰（8H，每一双峰裂距为 8Hz），δ 2.65 为宽峰（2H），δ 1.63 为单峰（6H）。试确定该未知化合物的结构。

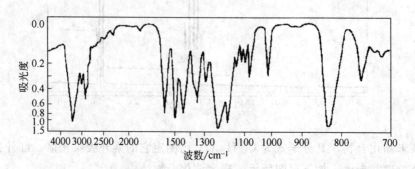

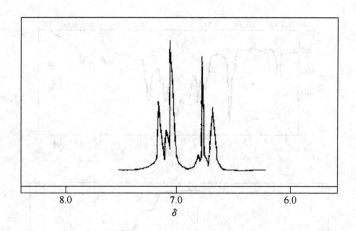

14. 试从给出的 MS 和 ^{1}H NMR 谱推测未知物的结构，其 IR 谱上在 $1730\,cm^{-1}$ 处有强吸收。

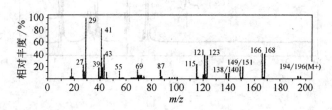

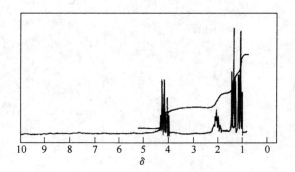

15. 某未知化合物的质谱、红外光谱、核磁共振氢谱如下图所示，分子式根据元素分析为 $C_6H_{11}O_2Br$，试推测其结构。

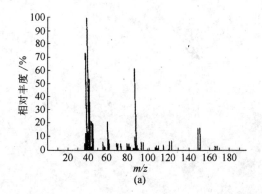

(a)

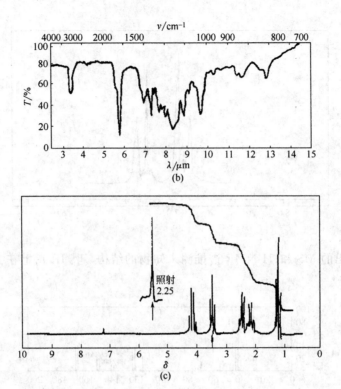

(b)

照射
2.25

(c)

参 考 答 案

单项选择题

一、基础知识

（一）计量和标准化基础知识

1—5. BDCBD；6—10. BDACA；11—15. CBAAC；16—20. DACDC；21—25. DCAAA；
26—27. CD

（二）计量检定与法定计量单位

1—5. ACAAA；6—10. BBACB；11—15. DBDAD；16—20. DDAAD；21—23. ACA

（三）试剂与实验室用水

1—5. CABBD；6—10. AACDC；11—15. DCADC；16—20. DBBBB；21—25. CADCA；

（四）常见离子定性分析

1—5. BABAD；6—10. CBDAB；11—15. DAACC；16. B

（五）实验室常用仪器和设备

1—5. CBCBA；6—10. BCBAA；11—15. BCBCC；16—20. CCDDD；21—25. BADAA；
26—30. ABBCA；31—34. DAAC

（六）误差理论和数据处理知识

1—5. DCBBC；6—10. DACBC；11—15. BACDB；16—20. CCCBC；21—25. DCCCA；
26—30. BCABD；31—35. BCBCB；36—40. BBBAD；41—42. CA

（七）溶液的配制

1—5. BDCBC；6—10. BCAAB；11—15. BDCBD；16—20. DBDCD；

（八）实验室安全及环保知识

1—5. BDCDB；6—10. CBDBC；11—15. ABBDC；16—20. ADDBB；21. D

二、定量化学分析

（一）化学分析法基本知识

1—5. CBBAB；6—10. CCDDC；11—15. BCBBA；16—20. DDBAD；21—25. ACDBC；
26—30. BADBD；31—35. BDDAC；36—40. CACBC；41—45. DBABC；46—50. DAADB

（二）酸碱滴定法

1—5. DDCCB；6—10. AABDC；11—15. ADBAD；16—20. BACBC；21—25. AADCD；
26—30. BAACB；31—35. BABBD；36—40. ABADB；41—43. DBB

（三）配位滴定法

1—5. CCACB；6—10. DABBD；11—15. ADCAA；16—20. BDCBC；21—25. DBDCD；
26—30. BDDAC；31—35. BBCAB；36—40. ADADC；41—45. AADAB；46. B

（四）氧化还原滴定法

1—5. CCBCD；6—10. ACABD；11—15. ABBAB；16—20. ACBDD；21—25. BCBBC；

26—30. DBABC；31—35. CCBBB；36—40. DADCA；41—45. ACCCC；
46—50. BDDCA；51—55. DDCCC；56—60. DBDDD；61—65. DCCCD；
66—70. CCDBD；71. A

（五）沉淀滴定法及重量分析法

1—5. CBBBA；6—10. AAACD；11—15. CDDCB；16—20. BCAAB；21—25. DBACB；
26—30. ADCCC；31—35. DCDAC；36—38. DAD

（六）定量化学分析中常用的分离和富集方法

1—5. DCCAC；6—10. DBBDA；11—15. BBBBA；16—20. BDCAC；21—25. ABCDB；
26—30. BCACD；31—33. DDB

三、仪器分析

（一）紫外-可见分光光度法

1—5. BDACC；6—10. CCCAD；11—15. CBACD；16—20. AACCD；21—25. CBDBB；
26—30. BDDCC；31—35. DDDAC；36—40. CAADA；41—45. DCBAC；
46—50. BCDCA；51—55. BCDAD；56—59. CBDC

（二）原子吸收分光光度法

1—5. BCBAC；6—10. DDABC；11—15. BCACC；16—20. AADDC；21—25. BCDDD；
26—30. BCBCD；31—35. CCBAD；36—40. ADBCA；41—45. ABDAA

（三）电化学分析

1—5. CCCAC；6—10. CBBDB；11—15. CABBA；16—20. ACBCA；21—25. BABAA；
26—30. DDDBC；31—35. BABBD；36—40. CDBDC；41—45. DDADA；
46—50. DBCAB；51—55. AABCA；56—58. BDA

（四）气相色谱法

1—5. ADCDC；6—10. DACDB；11—15. DDBBC；16—20. ADDDD；21—25. CBCBB；
26—30. BDCAB；31—35. DABDB；36—40. DADCB；41—45. BBBAB；
46—50. ACCCA；51—55. ACBDC；56—60. CDBCD；61—65. CCBCC；66—68. BCB

（五）高效液相色谱法

1—5. DDBCB；6—10. BCABB；11—15. ADACB；16—20. BDDCB；21—25. DCBAD；
26—30. BADDB；31. B

（六）红外光谱分析法

1—5. CDCBB；6—10. CABCD；11—15. CDCCC；16—20. BABBB；
21—25. ADBBB；26—30. CADCD

（七）其他仪器分析方法

1—5. ABAAD；6—10. DBCBD；11—15. DBDCA；16—20. DCBCB；21—25. DAC-CB

四、工业分析

（一）采样、制样和分解

1—5. DCACC；6—10. ABBAA；11—15. CCDBC；16—20. ADCCC；
21—25. BDBBA；26—30. CDABD

（二）物理常数测定
1－5. ACCAC；6－10. CCACB；11－15. DCABC；16－20. DDABB；21－25. BBADA；
26－29. BCDA

（三）化工生产原料分析
1－5. CDBAC；6－10. BCBBB；11－15. ACDAB；16－20. DBCCB；21－25. BABBC；
26－30. BBACA；31－35. BCCAD；36－40. AADBB；41－42. BA

五、有机分析

（一）元素定量分析
1－5. BCBAD；6－10. ABBCA；11－15. DBCCA；16－20. BBBCB；21－25. DACCD；
26－30. CBCBA；31－35. ADBCC

（二）有机官能团分析
1－5. CAADD；6－10. CCBAB；11－15. ADAAB；16－20. DBAAC；21－25. BCCCA；
26－30. AABDD；31－35. ABBBC；36－40. CAAAB；41－45. CDCCC；
46－50. BACDB；51－52. CA

六、化验室管理

（一）化学试剂管理
1－5. BDADA；6－10. BCADC；11－15. BADDC；16－20. CBDAB；21－25. ADCDA；
26－27. AD

（二）仪器管理
1－5. ACCAB；6－10. CAADA；11－15. DCACD；16－20. ACCDC；21－24. DADD

（三）检验质量管理
1－5. CBACD；6－10. ACCBC；11－15. AABAB

多项选择题

一、基础知识

1. ABD；　　2. ABDE；　　3. BC；　　4. ABD；　　5. ABCD；　　6. ABC；
7. ABCD；　　8. AB；　　9. ABC；　　10. BC；　　11. ABC；　　12. CD；
13. ABC；　　14. ABC；　　15. ABD；　　16. AC；　　17. ABC；　　18. ACD；
19. ABD；　　20. ABCD；　　21. ABCD；　　22. ABCE；　　23. BCD；　　24. ABCD；
25. ABCD；　　26. AC；　　27. BC；　　28. ABCD；　　29. ABD；　　30. AD；
31. AD；　　32. ABCD；　　33. ABCD；　　34. ABD；　　35. CD；　　36. ABC；
37. ABCD；　　38. AD；　　39. AC；　　40. CD；　　41. AB；　　42. ABCD；
43. AD；　　44. BC；　　45. CD；　　46. BCD；　　47. ABCD；　　48. BD；
49. CD；　　50. BC；　　51. ABD；　　52. BCD；　　53. AE；　　54. BCD；
55. CDF；　　56. BD；　　57. BC；　　58. ABCD；　　59. BCD；　　60. AC；
61. ABCD；　　62. ACD；　　63. DE；　　64. AD；　　65. BD；　　66. CD；
67. AB；　　68. ABC；　　69. ABC；　　70. ABCD；　　71. BD；　　72. BCD；
73. ACD；　　74. ABD；　　75. BC；　　76. CD；　　77. ABCD；　　78. ABD；
79. AC；　　80. ABC；　　81. ABCD

二、定量化学分析

1. ABC；　　2. AD；　　3. ACD；　　4. BD；　　5. AB；　　6. ABC；
7. BD；　　8. AD；　　9. AC；　　10. AB；　　11. ABC；　　12. ABC；
13. BCD；　　14. BC；　　15. AC；　　16. AB；　　17. ABD；　　18. CD；
19. BC；　　20. AC；　　21. ACD；　　22. CD；　　23. ABC；　　24. ABC；
25. AB；　　26. BD；　　27. ACD；　　28. AC；　　29. AC；　　30. AC；
31. BCD；　　32. AB；　　33. AD；　　34. CE；　　35. AC；　　36. BCD；
37. CD；　　38. CE；　　39. ABCD；　　40. AD；　　41. BCD；　　42. ACD；
43. ABC；　　44. ABD；　　45. ABC；　　46. ABCD；　　47. AC；　　48. ACD；
49. ABC；　　50. AC；　　51. AC；　　52. BC；　　53. ACE；　　54. ABD；
55. BC；　　56. BD；　　57. ABC；　　58. AD；　　59. ABD；　　60. ACD；
61. AD；　　62. BE；　　63. BDE；　　64. ABC

三、仪器分析

1. BD；　　2. ABD；　　3. CD；　　4. ABD；　　5. ABC；　　6. ACD；
7. ACD；　　8. ABCD；　　9. BC；　　10. BC；　　11. BCD；　　12. ABCD；
13. ABD；　　14. ACD；　　15. ABCD；　　16. ABCD；　　17. AB；　　18. ABC；
19. AB；　　20. CDE；　　21. BCDE；　　22. CD；　　23. AC；　　24. ABD；
25. ABD；　　26. ABC；　　27. ABCD；　　28. ACD；　　29. ABC；　　30. BC；
31. AB；　　32. BE；　　33. AB；　　34. AC；　　35. ABC；　　36. ACD；

37. AD; 38. CD; 39. CD; 40. ABCD; 41. ABC; 42. BCD;
43. BC; 44. ABCD; 45. BD; 46. BD; 47. CD; 48. ABCD;
49. ABD; 50. BC; 51. AC; 52. ABD; 53. BC; 54. BC;
55. ABCD; 56. BCD; 57. BC; 58. AD; 59. BCD; 60. AB;
61. CD; 62. BC; 63. ABD; 64. CD; 65. BC; 66. ACD;
67. BC; 68. BCD; 69. ABC; 70. AD; 71. ABC; 72. ABC;
73. AD; 74. ABD; 75. ABCD; 76. ABCD; 77. AB; 78. AC;
79. ABC; 80. ABC; 81. BCD; 82. AB; 83. ABC; 84. ABCD;
85. BC; 86. ABCD; 87. BCD; 88. AC; 89. AC; 90. AC;
91. BC; 92. ABC; 93. ACD; 94. ABC; 95. BC; 96. ABCD;
97. ACD; 98. ABCD; 99. ABCDE; 100. BCD; 101. ABCD; 102. AD

四、工业分析

1. AB; 2. ABD; 3. CD; 4. ACD; 5. ABCD; 6. ABC;
7. BCD; 8. ACD; 9. AB; 10. BD; 11. ABCD; 12. ABC;
13. AC; 14. BCD; 15. BD; 16. ABC; 17. ABCD; 18. BD;
19. BCDEG; 20. ABD; 21. AC; 22. ABD; 23. BCD; 24. ABC;
25. AC; 26. AB; 27. AD; 28. ACD; 29. ABC; 30. AD;
31. AB; 32. ABCD; 33. ABCD; 34. ABCD; 35. AC; 36. AD;
37. ABCD; 38. ABCD; 39. ABCD

五、有机分析

1. AB; 2. BC; 3. AB; 4. AB; 5. CD; 6. BCD;
7. ABCD; 8. BC; 9. AC; 10. AB; 11. ABCD; 12. ABCD;
13. AC; 14. ABC; 15. AD; 16. AD; 17. BC; 18. BC;
19. AD; 20. BD; 21. BC; 22. CD; 23. CD; 24. AC;
25. BC; 26. AD; 27. BC; 28. BCD; 29. AD; 30. BCD;
31. CD; 32. AB; 33. AD; 34. ACD; 35. ABCD; 36. ABD;
37. ABCD

六、化验室管理

1. ABD; 2. ABC; 3. ABCD; 4. ACDEGH; 5. ABC; 6. ABD;
7. AD; 8. ACD; 9. AC; 10. ABC; 11. ABCD; 12. ABCE;
13. ABD; 14. ABCD; 15. CD; 16. ABCD; 17. AB; 18. AD;
19. ABC; 20. ABD; 21. ABC; 22. ABD; 23. ABCE; 24. AB;
25. ABC; 26. ABCD; 27. ABCDEF; 28. ABCD; 29. ABCD; 30. AC;
31. BCD; 32. AC; 33. CD; 34. BCD; 35. BC; 36. BC

判 断 题

一、基础知识

（一）计量和标准化基础知识

1—5. √√√√√；　　　　6—10. ××√×√；　　　　11—15. √√√√×；
16—20. √×√√√；　　　21—25. ×√√××；　　　26—30. ×××√×；
31—35. ×√××√；　　　36—40. ×√√××；　　　41—42. √√

（二）计量检定和法定计量单位

1—5. √√√×√；　　　　6—10. √×√√×；　　　　11—15. √×√√√；
16—20. √×√××；　　　21—25. √×√√√；　　　26—30. √√√√√

（三）试剂与实验室用水

1—5. ××××√；　　　　6—10. √×××√；　　　　11—15. ×××√√；
16—20. √×√××

（四）常见离子分析

1—5. √×√√√；　　　　6—10. √√××√；　　　　11—15. √√√√√；
16—20. √×√√√；　　　21—25. ××√×√

（五）实验室常用仪器和设备

1—5. √×√×√；　　　　6—10. ×××√√；　　　　11—15. √××√√；
16—20. √×××√；　　　21—25. √×√××；　　　26. √

（六）误差理论和数据处理知识

1—5. ××√√√；　　　　6—10. √√××√；　　　　11—15. ×√√√√；
16—20. √××××；　　　21—25. ×√×√×；　　　26—29. ×√√√

（七）溶液的制备

1—5. √√×√×；　　　　6—10. √√×√√；　　　　11—15. √×××√；
16—20. √×√××

（八）实验室安全及环保知识

1—5. ××√√×；　　　　6—10. √×√√√；　　　　11—15. √×√××；
16—20. √×√√；　　　　21—25. √√×××；　　　26—30. √××××

二、定量化学分析

（一）化学分析法基本知识

1—5. ×××××；　　　　6—10. √×√××；
11—15. √√×××；　　　16—19. √√√×

（二）酸碱滴定法

1—5. ×××√√；　　　　6—10. √√√××；　　　　11—15. ×√×√√；
16—20. √×√√√；　　　21—25. ×√×√×；　　　26—30. ×××√√；
31—35. √×√√×；　　　36—39. √×√√

（三）配位滴定法

1—5. √√√√××；　　6—10. ×√√××；　　11—15. ×√×××；

16—20. √×××√√；　21—25. √√×××；　26—30. ×××××；

31—35. ××√√√；　　36—40. ××√√√；　41. √

（四）氧化还原滴定法

1—5. √√×××√；　　6—10. ×××√××；　11—15. √×√√；

16—20. ××√√√；　　21—25. ×√√√√；　26—30. ××√××；

31—35. √××√√；　　36—40. √×√××；　41—45. √√√××；

46—50. ×√√√×

（五）沉淀滴定与称量分析

1—5. ×√√××；　　　6—10. √×√√√；　11—15. √√√××；

16—20. √×√×√；　　21—25. ××√×√；　26—30. √√√×√

（六）分离与富集

1—5. ×√×××；　　　6—10. √√××√；　11—15. ×√√√√；

16—20. ×√√√√；　　21—22. ×√

三、仪器分析

（一）紫外-可见分光光度法

1—5. ×××√×；　　　6—10. √√√×√；　11—15. √√×√×；

16—20. √√×××；　　21—25. ××√√×；　26—30. ×××√√；

31—35. ×√×××；　　36—40. √√√××；　41—45. √×√√√；

46—49. √√××

（二）原子吸收分光光度法

1—5. ×√√×√；　　　6—10. ××××√；　11—15. ×××√×；

16—20. ×√×××；　　21—25. √√√××；　26—30. √√××√；

31—35. √×√×√；　　36—40. √×√××；　41—45. √×√×√；

46—49. ×√×√

（三）电化学分析法

1—5. √√√××；　　　6—10. ×√√××；　11—15. ×√√√√；

16—20. ×√√×√；　　21—25. √√×√√；　26—30. ×××××；

31—35. √√×√√；　　36—40. √×√√√；　41—45. ×××××

（四）气相色谱法

1—5. √×√√√；　　　6—10. ×××××；　11—15. ×√√×√；

16—20. ××√√√；　　21—25. ×××××；　26—30. ×××√×；

31—35. √√×√√；　　36—40. ××√√√；　41—45. √√√√×；

46—50. ××√√×；　　51—55. ×√√√×；　56—60. √×××√；

61—65. √√√×√；　　66—69. ××√×

（五）高效液相色谱法

1—5. √×√×√；　　　6—10. √√×√√；　11—15. ×××√√；

16—20. √×√××；　　21—25. ×××√√；　26—29. ××√×

（六）红外光谱法

1—5. √√√√√；　　　　6—10. √××√×；　　　　11—15. √√×××；
16—20. √××√×；　　　21—25. ××√√×

（七）其他仪器分析法

1—5. √×√√×；　　　　　　　　　6—10. √√××√；
11—15. √√√×√；　　　　　　　　16—20. √√√×√

四、工业分析

（一）采样、制样和样品分解

1—5. √√××√；　　　　6—10. √√√√×；　　　　11—15. √√×××；
16—20. √××√×；　　　21—25. ××√√×；　　　26—27. √√

（二）物理常数测定

1—5. √√√×√；　　　　6—10. √×√√×；　　　　11—15. √√√√√；
16—20. √√√×√；　　　21—25. ××√×√；　　　26—30. ×√√√√

（三）化工生产原料分析

1—5. ××√××；　　　　6—10. √√×√√；　　　　11—15. ×××√√；
16—20. √√√√√；　　　21—25. ×√√√×；　　　26—30. ×√×××；
31—35. √√××√；　　　36—40. ××√×√；　　　41—45. √√××√；
46—47. ×√

五、有机分析

（一）元素定量分析

1—5. √×√√√；　　　　6—10. √×√××；　　　　11—15. ×√√√×；
16—20. √√×××；　　　21—25. ××√√√；　　　26—30. ×√×√√；
31—35. √√√√√；　　　36—37. ××

（二）有机官能团分析

1—5. √×√√√；　　　　6—10. √√√××；　　　　11—15. √×××√；
16—20. √××√√；　　　21—25. √√×√√；　　　26—30. ××√√√；
31—35. ×√√√×；　　　36—40. √√√×√

六、化验室管理

（一）化学试剂管理

1—5. ×√××√；　　　　　　　　　6—10. √√√×√；
11—15. √××√√；　　　　　　　　16—20. ×√×√√

（二）仪器管理

1—5. ×√×√×；　　　　6—10. ×××√√；　　　　11—15. √××√×；
16—20. √×√×√；　　　21—25. ××√√√

（三）检验质量管理

1—5. ×√××√；　　　　6—10. √√√××；　　　　11—15. √×√√√；
16—20. ××√√√；　　　21—25. ×√√√√

综 合 题

一、化验室管理

1. 答：写好编制说明，首先要对标准起草的全过程充分了解，编制说明既要全面，又不能杂乱无章，要有条不紊，逐项说明，不可重复，语句要通顺、流畅，措辞严谨、简单易懂，以常用的典型用语说明，不能含糊，一句话不能有不同的理解，要通过练习逐渐达到纯熟。

2. 答：原则上应立即送医院急救或请医生来诊治，并报上级领导，在送医院之前，应迅速查明中毒原因，针对具体情况采取以下急救措施：

① 急性呼吸系统中毒，应使中毒者迅速撤离现场，移到通风良好的地方，呼吸新鲜空气。如有休克、虚脱或心肺机能不全，必须先做抗休克处理，如人工呼吸，给予氧气、兴奋剂（浓茶、咖啡等）。

② 经口中毒，立即用 $3\%\sim5\%$ 的小苏打水或 $1:5000$ 的高锰酸钾溶液或 $15\sim25mL$ 1% 的硫酸铜或硫酸锌溶液进行催吐，使之迅速将毒物吐出，直至吐物中基本无毒物为止，再服些解毒剂，如蛋清、牛奶、橘子汁等。

③ 皮肤、眼、鼻、咽喉受毒物侵害时，应立即用大量自来水冲洗，然后送医院处理。

3. 答：如铬酸洗液已失效，可加热浓缩后加入高锰酸钾粉末，滤去二氧化锰沉淀后重新使用。没有回收价值的废洗液，不能直接倒入下水道，因废洗液中仍含有大量六价铬，其毒性较三价铬大 100 倍，使其流入江、河、湖、海会污染水源。另外废洗液中仍含有浓度较高的废酸，倒入下水道会腐蚀管道。可用废铁屑还原残留的六价铬为三价铬，再用废碱液或石灰中和并沉淀，使其沉淀为低毒的氢氧化铬，沉淀埋入地下。

4. 答：工厂的实验室按其工作性质可分为中心实验室（或研究室）、质量监督检验室（或科）、中控分析室（或称车间分析室）及环保监测站（或科、室）。

5. 答：根据分析工作的需要，应在实验室内设立化学分析室、仪器分析室（包括物理测试室）、高温室、天平室、标准溶液制备室、样品室。除此之外，还应设立办公室、更衣室、贮藏室、休息室，有条件的还应设立图书资料室、微机室等。另外还应有一些辅助用室，如玻璃加细工室、样品加工室、钢瓶室、纯水制备室等等。一些小型厂矿企业因条件所限，不能独立设立每个室，可适当合并，但化学分析室、仪器室、高温室、天平室、标准溶液室要分开设置，这是满足分析准确度的最低要求。

6. 答：为防止这些气体进入泵内，应在进气口前连接一个或几个气体净化器，内装无水 $CaCl_2$ 或 P_2O_5 可吸收水分，装石蜡油可吸收有机蒸气，装固体 $NaOH$ 可吸收 HCl、Cl_2 等腐蚀性气体，装活性炭或硅胶可吸收其他腐蚀性气体。

7. 答：（1）a. 灯泡坏；换灯泡。

b. 插销、插座、灯泡接触不良或边线脱落；检查插头、插座、小变压器接触情况。

c. 微动开关触点生锈、接触不良或未接上；卸下天平横梁，平放天平，用砂纸打磨触点或弯曲接触片，使其位置合适。

（2）a. 调温旋钮接触不良或生锈；拆开电炉检查各接触点。

b. 炉丝烧断；换炉丝。

（3）甘汞电极小管内 KCl 溶液太浓，造成短路；补充 KCl 溶液。

8. 答：（1）检验工作制度，包括检验业务范围、受检产品目录、检验周期、检验规程等。

（2）各类检验工作人员的岗位责任制。

（3）检验样品的采取、收办、保管和处理制度。

（4）检验用化学药品、试剂、标准溶液、标准样品、基准物质的领用、保管制度。

（5）检验报告管理制度，包括分析检验的原始记录、台账和报表、计算数据的处理、复核、审定、检验报告的填写、报出等。

（6）产品技术标准及文件、资料的使用、保管和建档管理制度。

（7）安全、卫生、保密制度。

（8）仪器设备的购置、验收、保管使用、维护、检定制度。

9. 答：工序控制就是利用各种手段控制好生产过程的人、机、料、法、环（4MIE）要素，以保证工序质量处于稳定状态的各种活动的总称。工序控制是使企业达到稳定生产优质产品的关键，是建立产品质量保证体系的基础。

10. 答：按中华人民共和国强制检定的工作计量器具明细目录（1987 年 5 月 28 日国家计量局发布），用于化工产品检验的工作计量器具有：天平、砝码、秤（包括台秤）、压力表、玻璃液体温度计、石油闪点温度计、酒精温度计、酸度计、密度计、比色计、流量计、活度计、火焰光度计、可见分光光度仪、紫外分光光度仪、红外分光光度仪、原子吸收分光光度计、荧光分光光度计、有害气体分析仪、测汞仪、水质污染监测仪、谷物水分测定仪等。

11. 答：（1）合格证（绿色）：计量检定（包括自检）合格者。

（2）准用证（黄色）：多功能检测设备，某些功能已失效，但检测工作所用功能正常，且经校准合格者；测试设备某一量程精度不合格，但检测工作所用量程合格者；降级使用者。

（3）停用证（红色）：仪器设备损坏者；仪器设备经计量检定不合格者；仪器设备超过检定周期者。

12. 答：气体钢瓶是由无缝碳素钢或合成钢制成的，适用于装介质压力在 1.520×10^7 Pa 以下的气体。不同类型的气体钢瓶，其外表所漆的颜色有统一的规定。

钢瓶使用时应注意：

（1）应存放在阴凉、干燥，远离阳光、暖气、炉火等热源的地方。

（2）搬动钢瓶时要稳拿轻放，并旋上安全帽。

（3）使用时要用减压阀（二氧化碳和氨气钢瓶可例外），要检查钢瓶气门的螺丝口是否完好。

（4）氧气钢瓶的气门、减压阀严禁沾染油脂。

（5）钢瓶附件各连接处都要使用合适的防漏垫，但不能使用棉、麻等织物，以防燃烧。

（6）钢瓶气体不可用尽，应保持在 4.930×10^4 Pa 表压以上的残余量，乙炔气瓶要保留在 $1.961 \times 10^5 \sim 2.922 \times 10^5$ Pa 表压以上，以便于检查附件的严密性，防止大气的倒灌。

（7）氧气钢瓶和可燃性气体钢瓶不要存放在一起，氢气钢瓶和氯气钢瓶也不要存放在一起。

（8）钢瓶每隔三年进厂检验一次，重涂规定颜色的油漆。

13. 答：我国国家标准 GB 6682—92《分析实验室用水规格和试验方法》将适用于化学分析和无机痕量分析等试验用水分为三个级别：一级水、二级水和三级水。经过各种纯化方法制备的各种级别的分析实验室用水，国家标准中规定了各级水的制备、储存和使用范围。

级别	制备及储存	使用
一级水	可用二级水经过石英设备蒸馏或离子交换混合床处理后，再经 $0.2\mu m$ 微孔滤膜过滤截取 不可储存，使用前制备	有严格要求的分析实验，包括对颗粒有要求的试验，如高压液相色谱分析用水
二级水	可用多次蒸馏或离子交换等方法制备 储存在密闭的、专用聚乙烯容器中	无机痕量分析等实验，如原子吸收光谱分析用水
三级水	可用蒸馏或离子交换等方法制备 储存在密闭的、专用聚乙烯容器中，也可用密闭的、专用玻璃容器储存	一般化学分析试验

14. 答：实验室只宜存放少量短期内使用的药品，大量药品应设立药品库统一管理。化学药品要分类存放，无机物按酸、碱、盐分类，盐类按金属元素分类，有机物可按官能团分类。对于危险品存放要注意以下几点：

（1）易燃易爆试剂应存于铁柜中，柜的顶部有通风口。严禁在实验室存放大于 20L 的瓶装易燃液体。

（2）相互混合或接触后可以产生激烈反应、燃烧、爆炸、放出有毒气体的两种或两种以上的化合物称为不相容化合物，不能混放。

（3）腐蚀性试剂宜放在塑料或搪瓷的盘或桶中，以防因瓶子破裂造成事故。

（4）要注意化学药品的存放期限。

（5）药品柜和试剂溶液均应避免阳光直晒或靠近暖气等热源。

（6）发现试剂瓶上标签掉落或将要模糊时应立即贴好或更换标签。

（7）剧毒品应锁在专门的毒品柜中，建立使用需经申请、审批、双人登记签字的制度。

15. 答：大型仪器的房间应符合该仪器的要求，以确保仪器的精密度及使用寿命。做好仪器室的防震、防尘、防腐工作。

建立专人管理责任制，仪器的名称、规格、数量、单价、出厂和购置的年月都要登记准确。

大型精密仪器每台建立技术档案，内容包括：

（1）仪器说明书；

（2）安装、调试、性能鉴定、验收记录、索赔记录；

（3）使用规程、保养维修规程；

（4）使用登记本、维修记录。

大型仪器使用、维修应由专人负责，使用维修人员经考核合格方可独立操作使用。

16. 答：（1）实验室内应备有灭火用具、急救箱和个人防护器材。实验员要熟知这些器材的使用方法。

（2）禁止用火焰在煤气管道上寻找漏气的地方，应该用肥皂水来检查漏气。

（3）操作、倾倒易燃液体时应远离火源，切忌贸然用火加热或敲打。

（4）加热易燃溶剂必须在水浴或严密的电热板上缓慢进行，严禁用火焰或电炉直接加热。

（5）使用煤气灯时要严格按照开关顺序依次进行，不依次序，就有发生爆炸和火灾的危险。

（6）易爆炸类药品应低温保存，不应和其他易燃药品放在一起。

（7）在蒸馏可燃物时，要时刻注意仪器和冷凝器的正常工作。

（8）易发生爆炸的操作不得对着人进行，必要时操作人员要有一定的防护措施。

（9）身上沾有易燃物时，应立即清洗，不得靠近灯火，以防着火。

（10）严禁可燃物与氧化剂一起研磨。

（11）易燃液体的废液应设置专门器皿收集，不得倒入下水道，以免引起燃爆事故。

（12）电炉周围严禁有易燃物品，电烘箱周围严禁放置可燃、易燃物及挥发性易燃液体。不能烘烤放出易燃蒸气的物料。

17. 提示：

化验室也就是分析检验实验室，在学校、工厂、科研院所有其不同的性质。

（1）学校的化验室主要为学生进行分析化学实验用的教学基地，也是为科研服务的兼有科研性质的分析化学研究室。

（2）工厂设中央化验室、车间化验室等。车间化验室主要担负生产过程中成品、半成品的控制分析。中央化验室主要担负原料分析、产品质量检验任务，并负担分析方法研究、改进、推广任务及车间化验室所用的标准溶液的配制、标定等工作任务。

（3）科研院所的化验室除了为科学研究课题负担测试任务外，也进行分析化学的研究工作。

18. 答：方法（1）：将含汞废液用 NaOH 调至 pH＝8～10，加入适当过量的硫化钠，使其生成 HgS 沉淀，再加入 $FeSO_4$ 作为共沉淀剂，以除去过量的硫化钠，生成的硫化铁和氢氧化铁沉淀将悬浮的硫化汞微粒吸附而共沉淀，放置至上层清液澄清，将清液排放后，残渣埋入地下。

方法（2）：将含汞废液用 NaOH 调至 pH＝8～10，加入适当过量的硫化钠，使其生成 HgS 沉淀，再加入过氧化氢，将过量的硫化钠氧化成硫酸盐，待沉淀沉降后，清液可排放，残渣埋入地下。

19. 答：HF 是无色液体，毒性很大，它可以通过呼吸道、消化道和皮肤侵入人体，主要是损害骨骼、造血系统、神经系统、牙齿及皮肤黏膜。当皮肤接触到 HF 时，局部有烧灼感和蚁走感，并迅速坏死，而向内部深入。初始不甚疼痛，故不易察觉，察觉后疼痛难忍，甚至能深及骨骼及软骨，虽用各种方法治疗，愈合也很缓慢。因此，使用 HF 时，必须十分注意，一定要戴胶皮手套、防护眼镜等防具。

当皮肤触及 HF 酸时，应立即以 0.1%氯化苄烷铵或饱和硫酸镁溶液、乙醇溶液（冰镇）浸泡或涂抹。如已感觉疼痛，应立即到医院治疗。

二、定量化学分析

1. 答：（1）反应要按一定的化学反应式进行，即反应应具有确定的化学计量关系，不发生副反应。

（2）反应必须定量进行，通常要求反应完全程度≥99.9％。

（3）反应速度要快，对于速度较慢的反应，可以通过加热、增加反应物浓度、加入催化剂等措施来加快。

（4）有适当的方法确定滴定的终点。

2. 答：用福尔哈德法测定 Cl^-，滴定到临近终点时，经摇动后形成的红色会褪去，使终点延长，消耗的 NH_4SCN 标准滴定溶液增加，使结果偏低。为了避免上述现象发生，通常采用以下措施来消除：

（1）试液中加入一定过量的 $AgNO_3$ 标准溶液之后，将溶液煮沸，使 $AgCl$ 沉淀凝聚，以减少 $AgCl$ 沉淀对 Ag^+ 的吸附。

（2）在滴入 NH_4SCN 标准溶液之前，加入有机溶剂硝基苯或邻苯二甲酸二丁酯或1,2-二氯乙烷。

（3）提高 Fe^{3+} 的浓度。

3. 解：从酸效应曲线可知，Pb^{2+} 及 Bi^{3+} 的最高测定允许酸度分别为 $pH=3.2$ 和 $pH=0.4$，在实际测定时，调节 pH 稍高于最高允许酸度，所以从控制酸度的方法来看，可以在 $pH=1.0$ 时先测定 Bi^{3+}，然后再调节到 $pH=5\sim6$ 测定 Pb^{2+}。

4. 答：硫酸钡沉淀属于晶形沉淀，氢氧化铁沉淀属于无定形沉淀，因为晶形沉淀的沉淀条件要陈化，无定形沉淀的沉淀条件不必陈化。

5. 解：被测金属离子的浓度为 $0.01mol/L$ 时，$\lg K'_{MY} \geqslant 8$

因此 $$\lg K'_{MY} = \lg K_{MY} - \lg \alpha_{Y(H)} \geqslant 8$$
即 $$\lg \alpha_{Y(H)} \leqslant \lg K_{MY} - 8$$

对于 Ca^{2+}，$\lg \alpha_{Y(H)} \leqslant \lg K_{CaY} - 8 = 10.96 - 8 = 2.96$

通过查表知道，$\lg \alpha_{Y(H)} \leqslant 2.96$ 对应 $pH \geqslant 7.0$，所以用 EDTA 滴定 Ca^{2+} 的最高允许酸度为 7.5。

6. 答：（1）组成恒定并与化学式相符；

（2）纯度足够高（达 99.9% 以上），杂质含量应低于分析方法允许的误差限；

（3）性质稳定，不易吸收空气中的水分和 CO_2，不分解，不易被空气所氧化；

（4）有较大的摩尔质量，以减少称量时的相对误差；

（5）试剂参加滴定反应时，应严格按反应式定量进行，没有副反应。

7. 答：条件稳定常数是利用副反应系数进行校正后的实际稳定常数。与之有关的因素是：酸效应、共存离子效应、配位效应、配合物 MY 的副反应。

8. 答：酸效应曲线是以 pH 值为纵坐标，金属离子的绝对稳定常数的对数和酸效应系数的对数作横坐标来绘制的；在配位滴定中的用途是：

（1）查出单独滴定某种金属离子时所允许的最低 pH；

（2）可以看出混合离子中哪些离子在一定 pH 范围内有干扰；

（3）酸效应曲线还可当 $\lg \alpha_{Y(H)}$-pH 曲线使用。

9. 答：从酸效应曲线上看出，Fe^{3+}、Al^{3+} 和 Ca^{2+} 的最高允许酸度即最小的 pH 值分别是 1.0、4.2 和 7.5，所以利用酸效应曲线拟订滴定条件是：先调节 pH 在 $1.0\sim4.2$ 之间测定 Fe^{3+}，然后再调节 pH 在 $4.2\sim4.5$ 之间测定 Al^{3+}，最后再调节 $pH>7.5$ 测定 Ca^{2+}。

10. 答：（1）由表知：$pH=3$ 时，$\lg \alpha_{Y(H)} = 10.60$，此时，
$$\lg K'_{AlY} = \lg K_{AlY} - \lg \alpha_{Y(H)} = 16.30 - 10.60 = 5.70 < 8$$

所以，$pH=3$ 时，不能用 $c(EDTA) = 0.01mol/L$ 准确滴定 $c(Al^{3+}) = 0.01mol/L$ 的溶液。

（2）被测金属离子的浓度为 $0.01mol/L$ 时，$\lg K'_{MY} \geqslant 8$，能被直接滴定。

因此 $\quad\lg K'_{MY}=\lg K_{MY}-\lg\alpha_{Y(H)}\geqslant 8$

即 $\quad\lg\alpha_{Y(H)}\leqslant\lg K_{MY}-8$

对于 Al^{3+}，$\lg\alpha_{Y(H)}\leqslant\lg K_{AlY}-8=16.30-8=8.30$，通过查表知道，$\lg\alpha_{Y(H)}\leqslant 8.30$ 对应 $pH\geqslant 4.2$，所以用 EDTA 滴定 Al^{3+} 的最高允许酸度为 4.2，而 $pH>4.5$ 时，Al^{3+} 开始水解，因此滴定测定 Al^{3+} 的最佳 pH 在 $4.2\sim 4.5$ 之间。

11. 答：$KMnO_4$ 标准溶液开始时加入要慢，要待第一滴溶液红色完全褪去才能滴加第二滴，然后滴加速度可以稍快，到近终点时滴加速度要慢。这是由于开始时反应速度慢，当反应产生 Mn^{2+} 后，起自身催化作用即可加快速度。若开始滴加速度过快，则可能产生 MnO_2 棕色沉淀，影响实验结果。

12. 答：（1）称量形式的组成必须确定并与化学式相符；

（2）称量形式要有足够的稳定性；

（3）称量形式的摩尔质量要大。

13. 答：（1）在适当稀、热溶液中进行；

（2）缓慢加入沉淀剂，一边加入一边快速搅拌；

（3）沉淀要陈化。

14. 解： $\quad Q_{计}=\dfrac{22.44-22.40}{22.44-22.36}=0.5<0.64$

所以，22.44% 应该保留。

15. 50.6g。

16. $V_1=13.30mL$，$V_2=31.40mL-13.30mL=18.10mL$，$V_1<V_2$，组分是 Na_2CO_3 和 $NaHCO_3$，Na_2CO_3 和 $NaHCO_3$ 的含量分别是 63.99% 和 18.30%。

17. 组分：NaOH 和 Na_2CO_3，NaOH 和 Na_2CO_3 质量分数分别为 3.31% 和 61.59%。

18. 14.67%。

19. 0.2602g/L。

20. 56.30%。

21. 0.1068mol/L。

22. 7.5。

23. 57.52%。

24. 87.95%。

25. 96.77%。

26. 9.900%，2.552%。

27. 66.67%。

28. 94.08%。

29. 359.5mg/L。

30. 24.44%。

31. 260.3g/L。

32. 39.56%。

33. 含量为 98.32%，属于二级品。

34. 0.6355g。

35. 41.69%，57.61%。

36. 0.29%。

37. 6.04%。

38. 25.97mg/mL。

39. $w(Sb_2S_3)=15.61\%$；$w(Na_2S)=8.49\%$。

40. 0.40%。

三、仪器分析

1. 答：所需仪器设备为：酸度计、参比电极（饱和甘汞电极）、指示电极（银电极）、电磁搅拌器、搅拌子、滴定管、烧杯等。

实验过程：（1）预热仪器，清洗玻璃仪器；（2）饱和甘汞电极的准备；（3）连接仪器，安装电极；（4）在洗净的滴定管中加入 $AgNO_3$ 标准溶液，并将液面调至 0.00 刻度线上；（5）在烧杯中加入适量的自来水，置于搅拌器盘上，将电极插入溶液中，开启搅拌器，滴加 $AgNO_3$ 标准溶液，待电池电动势稳定后读取 E 值及滴定剂加入体积，在滴定开始时，每加 5mL 标准滴定溶液记一次数，然后依次减少体积加入量，在化学计量点（E 突跃）附近，每加 0.1mL 左右记一次，过化学计量点后再每加 0.5mL 或 1.0mL 记录一次，直至电动势变化不再大为止。

记录数据：用二阶微商法计算滴定终点体积 V_o，根据公式 $c_{Cl^-}=\dfrac{c_{AgNO_3}V_o}{V_{样}}$ 即可求得自来水中氯离子的含量。

2. 答：用已知过量的 Staley-Benedict 试剂作氧化剂，将适量样品中的还原糖氧化。为防止空气氧化 Cu_2O 产生误差，将生成的 Cu_2O 过滤除去，滤液稀释至一定体积，由铜离子选择标准加入法测定过量的 Cu^{2+} 含量。测定方法是：先测定 $V_x(mL)$ 滤液的电位值 E_1，然后准确加入体积为 V_s、浓度为 c_s 的 Cu^{2+} 标准溶液，测定溶液的电位值 E_2。如果测得铜离子选择性电极对 Cu^{2+} 离子斜率为 s，则未知样中未还原的 Cu^{2+} 浓度为

$$c_{Cu^{2+}}=\frac{c_sV_s}{V_x}\ (10^{\Delta E/S}-1)^{-1}$$

式中 $\Delta E=E_2-E_1$

再由不同的标准糖含量得到未还原的 Cu^{2+} 含量，进而绘得糖含量与未还原 Cu^{2+} 含量的标准曲线。根据所测得的试样未还原 Cu^{2+} 的含量，利用标准曲线计算出样品中糖的含量。

3. 答：玻璃膜内外表面性质是有差异的，如表面的几何形状不同、结构上的微小差异、水化作用的不同等，由此引起的电位差称为不对称电位。新的或者是放置很长一段时间没有被使用的玻璃电极，在蒸馏水中浸泡 24h 后，可使 $\varphi_{不}$ 达到恒定值，从而消除对 pH 测定的影响。

4. 解：由公式：

$$C_x=\Delta C\ (10^{\Delta E/S}-1)^{-1}$$

$$\Delta C=\frac{C_sV_s}{V_x}=\frac{0.0100\times1.00}{100}$$

$$C_x=\frac{0.0100\times1.00}{100}\times[10^{(-102+125)\times0.001/0.0586}-1]^{-1}$$

$$=6.808\times10^{-5}\ (mol/L)$$

5. 答：所需仪器设备为：酸度计、参比电极（饱和甘汞电极）、指示电极（pH 玻璃电极）、电磁搅拌器、搅拌子、滴定管、烧杯等。

实验过程：（1）预热仪器，清洗玻璃仪器；（2）饱和甘汞电极和 pH 玻璃电极的准备；

（3）连接仪器，安装电极；（4）在洗净的滴定管中加入 NaOH 标准溶液，并将液面调至 0.00 刻度线上；（5）在烧杯中加入适量的 HCl 溶液，置于搅拌器上，将处理过的电极对插入溶液中，开启搅拌器，滴加 NaOH 标准溶液，待 pH 稳定后读取 pH 值及滴定剂加入体积，在滴定开始时，每加 5mL 标准滴定溶液记一次数，然后依次减少体积加入量，在化学计量点（pH 突跃）附近，每加 0.1mL 左右记一次，过化学计量点后再每加 0.5mL 或 1.0mL 记录一次，直至电位变化不再大为止。

记录数据：用二阶微商法计算滴定终点体积 V_o，根据公式 $C_{H^+} = \dfrac{C_{NaOH} V_o}{V_{样}}$ 即可求得未知 HCl 溶液的浓度。

6. 答： 由于上述醇类属于易生成氢键的化合物，而聚乙二醇（PEG）就是含氢键的固定液，所以建议选用色谱柱的型号为 PEG-20M。

由于上述五种醇的沸点范围在 65～138℃ 之间，因此建议选用程序升温的方法进行分析测试，因此柱温选用：$60℃(1min) \xrightarrow{10℃/min} 140℃(2min)$。

建议选用氢火焰离子化检测器（FID），因为：（1）样品中含有大量水，但不需检测出来；（2）样品中醇的含量小，要求检测器灵敏够高，所以不选用 TCD；（3）样品中的醇类不会在 ECD 中有很高的灵敏度，所以不选用 ECD。检测器的温度一般比柱温高 30～50℃，所以检测器的温度建议选用 170℃。

气化室温度一般比柱温高 30～70℃，所以气化室温度建议选用 180℃。

由于检测器选用 FID，所以载气为 N_2，流量一般在 30～40mL/min，空气流量一般在 200～300mL/min，氢气流量一般在 30mL/min。

定量方法建议选用内标法，因为要同时测定样品中的五种醇，而其中的水不出峰，在准确度上内标法比外标法要好，方法操作上比外标法要简单。由于异丁醇的沸点为 108℃，正好处在上述五种醇沸点范围的中间，建议选用异丁醇作为内标物，其加入量可根据样品中醇的量来确定。

7. 解： 由 $w_i = \dfrac{f'_{im} A_i}{\sum f'_{im} A_i} \times 100\%$ 可得各组分的质量分数，即

$$w_{邻甲酚} = 27.1\% ; \quad w_{间甲酚} = 33.5\% ; \quad w_{对甲酚} = 23.9\% 。$$

8. 答：（1）阴离子交换色谱，电导检测器；

（2）反相键合相色谱，紫外检测器；

（3）凝胶色谱，紫外检测器；

（4）反相键合相色谱，紫外检测器。

9. 答： 组分的保留时间增加，因为流动相中甲醇的比例减少，流动相的极性增大，增大了样品组分的容量因子，因此保留时间增加。

如果将 80% 甲醇换成 80% 异丙醇，组分的保留时间减少，因为异丙醇的洗脱强度大于甲醇。

10. 答： 分光光度计分光系统的检查是为了校对仪器波长指示的准确性。有如下两种方法：

（1）用 $c(1/5KMnO_4) = 0.002mol/L$ 溶液，以水为空白，用 1cm 比色皿在波长 480～580nm 中间每隔 5nm 测一次吸光度（510nm 前和 540nm 后可间隔 10nm），每次改变波长都要调节吸光度的零位。绘出吸收曲线，如测得最大吸收波长在（525±10）nm 以内，表示

仪器在一般分析工作中可正常使用。

（2）如仪器带有镨镨滤光片，用此法检查比较方便。检查方法可按仪器使用说明书进行。

仪器的维护保养：

（1）防震，仪器应安装在牢固的工作台上，周围不能有强震源。

（2）防腐，不能安装在有腐蚀性气体的房间，使用时注意比色皿、架的清洗以防腐蚀。

（3）防潮，房间应干燥，仪器内的干燥剂应及时更换。

（4）防光，避免强光直接照射，安装在半暗室中，仪器加盖红布罩。

11. 答：用气相色谱法分析血液中的乙醇浓度可以选择固定相为聚乙二醇 20000 的毛细管色谱柱。

12. 答：仪器：紫外分光光度计、高效液相色谱仪、紫外检测器。

（1）配制已知浓度的标准苯甲酸溶液，用紫外分光光度计测定不同波长处的吸光度，绘制吸收光谱曲线，确定最大吸收波长。

（2）苯甲酸的定性，用已知浓度的标准苯甲酸溶液进样，确定苯甲酸的保留值。

（3）苯甲酸的定量，样品经处理后，进样，用外标法进行定量。

13. 答：（1）凝胶色谱；（2）反相色谱；（3）反相色谱＋衍生化；（4）离子色谱。

14. （a）邻二甲苯；　　（b）间二甲苯；　　（c）对二甲苯。

15. 解：（1）计算不饱和度 $U=5$。

（2）$1684cm^{-1}$ 强峰是 $\nu_{C=O}$ 的吸收，在 $3300\sim2500cm^{-1}$ 区域有宽而散的 ν_{O-H} 峰，并在约 $935cm^{-1}$ 的 ν_{C-O} 位置有羧酸二聚体的 ν_{C-H} 吸收，在约 $1400cm^{-1}$、$1300cm^{-1}$ 处有羧酸的 ν_{C-O} 和 δ_{O-H} 的吸收，因此该化合物结构中含—COOH 基团；$1600cm^{-1}$、$1582cm^{-1}$ 是苯环 $\nu_{C=C}$ 的特征吸收，$3070cm^{-1}$、$3012cm^{-1}$ 是苯环 ν_{C-H} 的特征吸收，$715cm^{-1}$、$690cm^{-1}$ 是单取代苯的特征吸收，所以该未知化合物中肯定存在单取代的苯环。因此，综上所述可知其结构为：

16. 答：（1）一般是将以自来水为原水的去离子水再用石英蒸馏器蒸馏，即通常所说的重蒸馏去离子水。

（2）将 RO 水作原水引进去离子水制备装置。

17. 答：

方　法	优　点	缺　点
检测器的灵敏度设置在较高灵敏度档	最简便	增加基线噪声
增加进样量	简便	造成色谱峰平顶或分离度变小
使用浓缩柱	较清洁样品中痕量成分的测定	使分离柱超负荷
使用小孔径柱	减少了淋洗液的消耗	更换色谱柱耗时

18. 答：（1）金属配合物——离子对或阴离子交换，电导检测；

（2）碳数小于 5 的脂肪酸——离子排斥，电导检测；

（3）磷酸盐——阴离子交换，电导检测；

（4）镧系金属阳离子——阳离子交换，柱后衍生可见检测。

19. 答：（1）F^-　（2）HCO_3^-　（3）NO_2^-　（4）Cl^-　（5）Br^-　（6）NO_3^-　（7）HSO_4^-　（8）I^-

20. 答：$U=6$，含一个苯环，一个三键，对位二取代

分子式　　H₃C— ⬡ —CN

2217cm^{-1}：$-C\equiv N$ 的伸缩振动

1607cm^{-1} 和 1580cm^{-1}：芳环中 $C=C$ 的伸缩振动（苯核骨架振动）

817cm^{-1}：芳环中 $C-H$ 的面外变形振动

21. 解：
$$r_{\text{is}}=\frac{t-2}{6.85-2}=\frac{4.76-1.2}{5.52-1.2}=0.825$$
$$t=6.00\text{min}$$

该组分应为维生素 D。

22. 答：分析样品：苯、萘、联苯、菲；

色谱条件：流动相是甲醇/水（83/17），波长为 254nm；

评价指标：柱效、分离度、不对称因子。

23. 解：
$$c=\frac{c_{\text{s}}A_{\text{x}}}{A_{\text{s}}}=\frac{\frac{5}{50}\times270120}{273500}=0.09876\text{（mg/L）}(0.0988\text{mg/L})$$

$$w=\frac{0.09876\times50}{\frac{0.1837}{0.1798}\times5}\times100=96.66\%\ (96.7\%)$$

24. 答：条件试验：入射光波长的选择，显色剂用量，掩蔽剂加入量选择，溶液合适的 pH；

定量计算方法：工作曲线法的绘制（注意上限和下限），试样测定及定量计算。

25. 解：比较法
$$A_{\text{s}}=\varepsilon bc_{\text{s}}$$
$$A_{\text{x}}=\varepsilon bc_{\text{x}}$$
$$c_{\text{x}}=c_{\text{s}}\frac{A_{\text{x}}}{A_{\text{s}}}=1.00\times10^{-4}\times\frac{0.425}{0.400}=1.06\times10^{-4}$$
$$w(\text{Mn})=\frac{c_{\text{x}}M}{m_{\text{试}}}=\frac{1.06\times10^{-4}\times54.94}{0.500}=1.16\%$$

26. 解：由铜标液加入的体积可计算出其浓度为 $2.00\mu\text{g/mL}$、$4.00\mu\text{g/mL}$、$6.00\mu\text{g/}$mL、$8.00\mu\text{g/mL}$、$10.00\mu\text{g/mL}$。

工作曲线见下图。

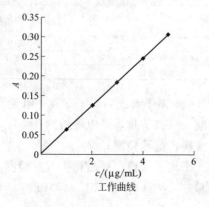

工作曲线

当 $A=0.137$ 时，$c=4.40\mu g/mL$ 样品中铜浓度：
$$\rho(\text{Cu})=4.40\times50/10=22.0\mu g/mL$$

27. 解：要分开 285.2nm 与 285.5nm 的谱线，光谱带宽应小于 285.5nm－285.3nm＝0.3nm。

狭缝宽度＝光谱带宽/线色散率倒数＝0.3/1.5＝0.2（mm）

28. 解：将上述数据列表：

加入铬标液体积/mL	0.00	0.50	1.00	1.50
浓度增量/($\mu g/mL$)	0.00	1.00	2.00	3.00
吸光度 A	0.061	0.182	0.303	0.415

画图，曲线延长线与浓度轴交点为 $0.55\mu g/mL$。

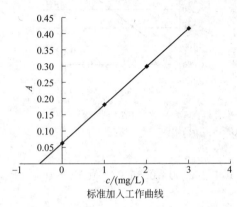

标准加入工作曲线

试样中铬的质量分数：

$$\omega=\frac{0.55\times50\times50}{10\times2.1251}=64.7\ (\text{mg/kg})$$

29. 解：
$$A=-\lg T=-\lg0.445=0.352$$

$$\rho=\frac{5.0\times10^{-6}}{10\times10^{-3}}=5.0\times10^{-4}\ (\text{g/L})$$

质量吸光系数 $a=\dfrac{A}{b\rho}=\dfrac{0.352}{1.00\times5.0\times10^{-4}}$
$$=7.0\times10^{2}\ [\text{L/(g·cm)}]$$

$$c=\frac{5.0\times10^{-4}}{40.078}=1.2\times10^{-5}\ (\text{mol/L})$$

摩尔吸光系数 $\varepsilon=\dfrac{A}{bc}=\dfrac{0.352}{1.00\times1.2\times10^{-5}}=2.9\times10^{4}\ [\text{L/(mol·cm)}]$

30. 解：将上表中加入钙工作液的体积换算为浓度：

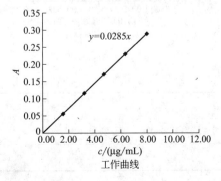

工作曲线

1.00mL(2.00mL、3.00mL、4.00mL、5.00mL)×0.100(mg/mL)/50.00mL=2.00μg/mL(4.00μg/mL、6.00μg/mL、8.00μg/mL、10.00μg/mL)

工作曲线如右图：当 $A_x=0.157$ 时，$\rho_x=5.51\mu g/mL$。水样中钙的含量$=5.51\times50.00/5.00=51.5\ (\mu g/mL)$

31. 解：镍标准系列浓度为：0.00，2.00，4.00，6.00，8.00，$10.00\times8.00/100=0.160$，0.320，0.480，0.640，0.800 $(\mu g/mL)$。工作曲线如下图：

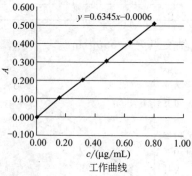
工作曲线

$A=0.350$ 时，浓度为 $0.550\mu g/mL$

试样中镍的质量分数：

$\omega=0.550\times100\times100\times10^{-6}/(2.00\times0.6502)\times100\%=0.423\%$

32. 解：

V/mL	0.00	1.00	2.00	3.00	4.00	5.00
A	0.000	0.112	0.224	0.338	0.450	0.561

$$\rho_{Ni}=\frac{2.40\times10.0\times10^{-6}\times100}{2.00\times0.3125}\times100\%=0.384\%$$

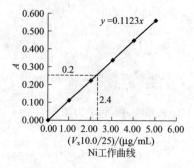
Ni工作曲线

33. 解：工作曲线的绘制：

加入 $10\mu g/mL$ 镍标液的体积 V/mL	0.00	1.00	2.00	3.00	4.00
镍浓度 $\rho/(\mu g/mL)$	0.00	0.10	0.20	0.30	0.40
吸光度 A	0	0.06	0.12	0.18	0.23

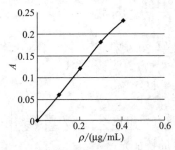

当 $A_x = 0.15$ 时，从工作曲线上查得 $\rho_x = 0.26$。

试样中镍的质量分数 $\omega = 0.26 \times 100 / 0.3125 = 83.2$ （mg/kg）

34. 解：由特征浓度 $C_c = c \times 0.0044 / A$

得 $C_c(Ca) = 0.20 \times 0.0044 / 0.035 = 0.025$ $[(\mu g/mL)/1\%]$

$C_c(Mg) = 0.20 \times 0.0044 / 0.089 = 0.099$ $[(\mu g/mL)/1\%]$

因为 $C_c(Ca) > C_c(Mg)$，故测定镁的灵敏度比钙的高。

35. 解： 根据 $A = -\lg\tau = kbc$

当用 $b = 2.0$cm 吸收池测量时，$-\lg 0.60 = k \times 2 \times c$ (1)

当用 $b = 1.0$cm 吸收池测量时，$-\lg\tau_1 = k \times 1 \times c$ (2)

(1)/(2) 得：$-\lg 0.60 / -\lg\tau_1 = k \times 2 \times c / (k \times 1 \times c) = 2$

则 $\tau_1 = 0.775$

$A_1 = -\lg 0.775 = 0.111$

36. 解：加入 $10.0\mu L$ 锂标准溶液后，浓度增加值为 $10.0 \times 10^{-3} \times 100 / 5.00 = 0.20$ （$\mu g/$mL）。同理，加入 $20.0\mu L$ 锂标准溶液后，浓度增加值为 $0.40\mu g/mL$。

做标准加入法工作曲线，由曲线可查得工作曲线与浓度轴交点为 $0.20\mu g/mL$。

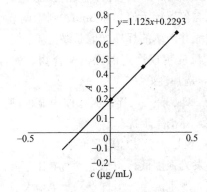

血浆中 Li 的质量浓度：

$\omega = 0.20 \times 5.00 / 0.50 = 2.00$ （$\mu g/mL$）

37. 解：根据面积归一法计算公式 $\omega = \dfrac{f_i A_i}{\sum f_i A_i}$

$\omega_{正丁醇} = \dfrac{1.00 \times 1478}{1.00 \times 1478 + 0.98 \times 2356 + 0.97 \times 1346 + 0.98 \times 2153} = 20.5\%$

$\omega_{异丁醇} = 32.1\%$；$\omega_{仲丁醇} = 18.1\%$；$\omega_{叔丁醇} = 29.3\%$

38. 解：因为 $w_i = \dfrac{m_s f_i' A_i}{m_样 f_s' A_s} \times 100\%$

所以 $w_{对二甲苯}=\dfrac{0.276\times1.12\times98}{1.528\times1.14\times95}=18.3\%$

$w_{间二甲苯}=\dfrac{0.276\times1.08\times116}{1.528\times1.14\times95}=20.9\%$

$w_{邻二甲苯}=\dfrac{0.276\times1.10\times79}{1.528\times1.14\times95}=14.5\%$

39. 答： 光源 → 原子化器 → 单色器 → 检测系统

光源的作用：发射待测元素的特征光谱；

原子化器作用：将试样中待测元素转化为气态的基态原子；

单色器作用：将待测元素的邻近线与吸收线分开；

检测系统作用：将光信号转化为电信号并放大读出。

40. 答：空气乙炔火焰根据燃助比的不同可分为化学计量火焰、贫燃焰、富燃焰。它们的特点分别为：

化学计量火焰——按照 $C_2H_2+O_2\longrightarrow CO_2+H_2O$ 反应配比燃气与助燃器的流量，性质中性，温度较高，适合大多数元素的测定。

贫燃焰——燃助比小于化学计量火焰的火焰，蓝色，具有氧化性（或还原性差），火焰温度高，燃烧稳定，适合测定不易形成难熔氧化物的元素。

富燃焰——燃助比大于化学计量火焰的火焰，黄色，具有较强的还原性，火焰温度低，燃烧不稳定，适合测定易形成难熔氧化物的元素。

41. 答：火焰原子吸收法测钙时 PO_4^{3-} 的干扰属于化学干扰，是由于形成的磷酸钙在火焰中很难解离，影响了钙的原子化效率，使灵敏度降低。消除的方法有四种：使用高温火焰如氧化亚氮-乙炔火焰；加释放剂（镧盐）；加保护剂（EDTA）；化学分离。

42. 答：可见光区绘制镨钕滤光片的吸收曲线，镨钕滤光片的吸收峰为 529nm 和 807nm，如果测出的峰的最大吸收波长与仪器标示值相差 3nm，则需调节波长刻度校正螺丝，紫外光区通过绘制苯蒸气的吸收光谱曲线并与苯的标准光谱曲线比较。

43. 答：邻二氮菲与 Fe^{2+} 反应生成稳定的橙色配合物，配合物的 $\varepsilon=1.1\times10^4$ L/(moL·cm)，该方法测定的灵敏度高，选择性好。

加入盐酸羟胺，使 Fe^{3+} 还原成 Fe^{2+}，邻二氮菲作为显色剂，乙酸钠调节溶液酸度，使生成的配合物具有较好的稳定性，并消除干扰。

44. 答：空心阴极灯的灯电流增大会使辐射强度增大。

空心阴极灯灯电流太小，发光强度低，不稳定，信噪比下降。

灯电流太大会使谱线变宽，严重的会产生自吸，背景增大。

45. 答：相同点：都属于吸收光谱；都服从朗伯-比尔定律；仪器结构相似。

不同点：原子吸收光谱属原子光谱，吸光粒子为基态原子，紫外-可见光谱属分子光谱，吸光粒子为分子；原子吸收光谱采用锐线光源，紫外-可见光谱采用宽带光源。

46. 答：归一化法定量的优点是简便、精确，进样量的多少与定量结果无关，操作条件（如流速、柱温）的变化对定量结果的影响较小。缺点是校正因子的测定麻烦。

适用条件：当试样中所有组分均能流出色谱柱，并在检测器上都能产生信号时，可用归一化法计算组分含量。

47. 答：可见分光光度法测定物质浓度受显色剂及其用量、溶液酸度、测量波长、显色温度、显色时间、共存元素的干扰等因素影响。

选择最佳实验条件的方法为：

测量波长的选择，绘制吸收曲线，选最大吸收波长为测量波长。

显色剂及用量选择，选择显色明显、灵敏度高、干扰小的显色剂。其用量通过实验选择，在固定的酸度、温度、时间条件下改变显色剂用量，显色后测量吸光度，绘制显色剂用量-A曲线，取其吸光度值最大，平坦部分为最佳显色剂用量。

溶液酸度选择，绘制pH-A曲线，取其吸光度值最大，平坦部分为最佳pH。

显色温度、显色时间的选择与酸度选择相似。

48. 答：(1) 对于在火焰中易形成氧化物的元素，可采用高温火焰如氧化亚氮-乙炔火焰，或采用空气乙炔富燃火焰。

(2) 对于化学干扰，可采用高温火焰如氧化亚氮-乙炔火焰、加入释放剂镧盐、加入保护剂EDTA、化学分离的方法克服。

(3) 富集样品，或采用高浓度的溶液；提高增益，增加放大倍数。

49. 解：

$$\rho_{标} = \frac{0.750}{0.500} \times \frac{46.01}{69.00} = 100 \ (g/L)$$

$$\rho = \frac{\rho_{标} \times \frac{1.50+2.00}{2}}{10.00} = \frac{100 \times \frac{1.50+2.00}{2}}{10.00} = 17.5 \ (g/L)$$

50. 答：原子吸收测Pb的最佳实验条件选择：

分析线选择——在Pb的几条分析线上分别测定一定浓度的铁标准溶液，选出吸光度最大者即为最灵敏线作为分析线。

灯电流选择——改变灯电流测量一定浓度的Pb标准溶液，绘制A-I曲线，选择吸光度较大并稳定性好者为最佳灯电流。

燃气流量选择——改变燃气流量测量一定浓度的Pb标准溶液，绘制A-燃气流量曲线，选择吸光度最大者为最佳燃气流量。

燃烧器高度选择——改变燃烧器高度测量一定浓度的Pb标准溶液，绘制A-燃烧器高度曲线，选择吸光度最大者为最佳燃烧器高度。

光谱带宽选择——固定其对他实验条件，改变光谱带宽，测量一定浓度的Pb标准溶液，吸光度最大时所对应的光谱带宽为最佳光谱带宽。

干扰消除：采用标准加入法消除物理干扰，化学干扰。采用背景校正技术（氘灯校正背景或其他方法较正背景）消除背景干扰。

样品处理：称取一定量（质量m）的食品试样，放入100mL烧杯中，加入硝酸、高氯酸，放于电炉上加热至样品转为白色，溶解残渣，定容于VmL的容量瓶中，作为待测试液。

定量方法：标准加入法（或工作曲线法）。取四个V_1mL容量瓶，各加V_2mL的待测液，再加入不同体积的Pb标准溶液，定容上机测定吸光度，画曲线，由曲线与浓度轴的交点查得浓度C_x。

结果计算：样品中Pb的质量分数 $\omega = \frac{c_x V_1 V}{V_2 m}$。

四、工业分析

1. 答：试样经Na_2CO_3熔融、水提取、HCl酸化浸取、过滤、滤液加入氨水得到沉淀，过滤为氧化铁、氧化铝和氧化钛的混合物，灼烧、称量得到 R_2O_3，经 $K_2S_2O_7$ 熔融、稀硫酸提取、过滤得到 Fe^{3+}、Al^{3+}、Ti^{4+} 的水溶液后，分别用下列方法进行测定。

Fe^{3+}：$K_2Cr_2O_7$ 滴定法测定（可以用其他方法进行测定）；

Al^{3+}：H_2O_2 分光光度法测定（可以用其他方法进行测定）；

Ti^{4+}：EDTA 配位滴定法测定（可以用其他方法进行测定）。

2. 答：主温度计精度要求最小刻度 0.1℃，新购置的温度计在使用前要进行校正。

校正方法：将测定温度计和标准温度计的水银球对齐，并列放入同一水浴中，缓慢升温，每隔一定读数同时记录两支温度计的数值，作出升温校正曲线，然后缓慢降温，制得降温校正曲线。若两条曲线重合，说明校正过程正确，校正完成。

3. 答：首先用 KOH 溶液吸收 CO_2，其次用焦性没食子酸碱溶液吸收 O_2，再次用饱和溴水吸收 C_2H_4，最后气体通过亚铜氨溶液吸收 CO，剩余气体为 N_2。

4. 答：盛样容器必须配有符合要求的盖、塞或阀门。在使用时必须预先洗净、干燥。盛样容器的材质应选不与样品起作用，且无渗透性的材料，若遇光敏性材料，必须用不透光容器。

保管样品应按留样制度正确保管。被保存样品在保存期内不得发生性质变化，对易挥发，或对光敏感、对温度敏感，或易吸潮，在空气中易起变化的样品，以及高纯样品，要按其不同性质正确保管；对危险品、有毒品、剧毒样品应贮放在特定场所，由专人保管。

5. 答：纯物质在一定的压力下有恒定的沸点，因此测量沸程时必须在恒定的压力下进行。

若样品的沸程温度范围下限低于 80℃，则应在 5～10℃ 的温度下量取样品及测量馏出液体积（将接收器距顶端 25mm 处以下浸入 5～10℃ 的水浴中）；

若样品的沸程温度范围下限高于 80℃，则在常温下量取样品及测量馏出液体积；

若样品的沸程温度范围上限高于 150℃，则应采用空气冷凝，在常温下量取样品及测量馏出液体积。

6. 答：在测定物质运动黏度前，应先将黏度计清洗干净（先用铬酸洗液清洗，再用轻质汽油或石油醚清洗，然后依次用蒸馏水、乙醇清洗）。

在测定时，毛细管内出现气泡，增大了液体流动的阻力，使流动时间变长，造成误差。产生气泡的原因主要有：试液本身带有固体杂质，或毛细管未清洗干净，或装试样时操作不规范，带入气泡。

7. 答：必须有 20℃ 时密度瓶空瓶的质量，20℃ 时充满密度瓶的蒸馏水的质量，20℃ 时充满密度瓶的试样的质量；若实际测定时不在 20℃ 恒温下进行，而是在别的温度下恒温测定，则应记录该温度下上述三项数据。

对蒸馏水的要求是：新煮沸并冷却至约 20℃，不得带入气泡，20℃ 恒温 20min 以上。

8. 答：因为使用的是全浸式温度计，露出在载热体表面上的水银柱，由于受空气冷却影响，所示出的数值一定比实际上应该具有的数值低，因此需进行温度计外露段的校正。当温度计外露段水银柱的高度为 0（也即外露段无水银柱）时，可以不进行此项校正。

9. 答：在下列情况下，应制定企业标准：上级标准适用面广（指通用技术条件等，不是属于单个产品标准或技术条件），企业应针对具体产品制定企业校准名称、引言、适用范围，技术内容（包括名词术语、符号、代号、品种、规格、技术要求、试验方法、检验规则、标志、包装、运输、贮存等），补充部分（包括附录等）等。

10. 答：用预先干燥和称量过的称量瓶取空气干燥煤样 1g，平摊在称量瓶中，在已加热到 105～110℃的干燥箱中加热 1h。进行干燥性检验时，每次 30min，直至连续两次干燥煤样的质量减少不超过 0.001g 或质量增加为止。

11. 解：氯仿为易挥发液体，有特殊气味，受空气、日光及水分影响，易分解，因此宜使用金属杜瓦瓶，采用盖帽注入法进行采样。采样量要满足三次重复检测、备考样品和预处理等需要。因此，可在槽车上、中、下采样点各取 3 个样，每个子样采样量为 500mL，混合后作为平均试样。

采样操作方法：先将金属杜瓦瓶盖帽上的所有阀门关好，然后将注入阀连接在采样口接头上，依次打开排气阀、注入阀和采样点上的延伸轴阀门。收集到 500mL 后，关闭延伸轴阀门和注入阀，取下金属杜瓦瓶，倒出液体。三个子样混合后，分别贮存在两个棕色瓶中，一个送化验室测密度，另一个为备考样。

采样时应注意排气阀始终开着，以防压力过大造成事故。

采样记录：

采样名称	氯仿（三氯甲烷）	物料批号	G991005/A
采样日期	×年×月×日	批量	5×10^3 t
物料来源	A 化工厂		
包装情况	槽车	存放环境	密闭
采样部位	上、中、下		
子样数	3	样品量	1500mL

样品标签：

名称：氯仿；样品编号：M-1101 物料批号：G991005/A；数量：50t 生产单位：A 化工厂 采样者：××× 采样日期：×年×月×日

测定氯仿宜采用韦氏天平法，测定方法如下：

（1）检查天平各部件是否完整、正常，并用乙醇擦净温度计、玻璃筒、浮锤并干燥；

（2）调节天平水平；

（3）在玻璃筒内注入预先煮沸并冷却至室温的蒸馏水，在 20℃水浴槽中恒温 20min 后取出，将浮锤浸入水中，由大到小在横梁上加骑码，使天平重处水平，记录骑码读数；

（4）将玻璃浮锤取出，倒出筒内水，用乙醇洗涤筒和浮锤并干燥后注入试液，按步骤（3）进行，同时记录骑码读数；

（5）根据 $\rho_{20℃} = \dfrac{m_{样}}{m_{水}} \rho_0$ 计算氯仿在 20℃时的密度。

12. 解：工业硫酸为一般液体，可以使用采样管进行全液层采样，采样量为 500mL，贮存在两个试剂瓶中，一瓶送化验室作为分析试样，一瓶作备考样品用。

采样记录：

采样名称	氯仿（三氯甲烷）	物料批号	G991005/A
采样日期	×年×月×日	批量	5×10^3 t
物料来源	A化工厂		
包装情况	槽车	存放环境	密闭
采样部位	上、中、下		
子样数	3	样品量	1500mL

样品标签：

名称：工业硫酸；编号：M-01#
物料批号：L990512/B；数量：50t
生产单位：Z-化工厂

采样者：×××
采样日期：×年×月×日

根据要求，该硫酸应采用密度瓶法测定其密度。测定步骤如下：

（1）先在分析天平上准确称量一洗净并已干燥的密度瓶空瓶质量；

（2）在该密度瓶中注入已煮沸并冷却至20℃左右的蒸馏水，置20℃水浴槽中恒温20min以上，取出后擦干后立即在分析天平上称量，并记录数据；

（3）倒去瓶中水，用乙醇干燥后注入试样，按步骤（2）进行，称取"密度瓶＋试样"质量；

（4）求出20℃时水及试样的质量，按下式计算出20℃时硫酸的密度：

$$\rho_{20℃} = \frac{m_{样}}{m_{水}} \rho_0$$

13. 解：丁二酸为均匀固体，可使用采样钻在12袋中采取12个子样，子样均匀分布在50袋中，总采样量为250g。采样方法如下：

将洗净并干燥的采样钻由袋口一角沿对角线方向插入袋内1/3处，旋转180º后抽出，刮出钻槽中物料作为一个子样，取12个子样后混合均匀为平均试样，分装两个试剂瓶，一瓶送化验室分析，一瓶作备考样品。

采样记录：

采样名称	丁二酸	物料批号	EL-981208/J
50袋	L-01#	批量	
物料来源	宏大有限公司		
包装情况	袋装，无破损	存放情况	干燥、仓库
采样部位	袋口一角沿对角线方向插入袋内$\frac{1}{3}$处		
子样数	12	样品量	250g

熔点测定方法如下：

将样品在研钵中磨细后放在干燥洁净表面皿上，装入熔点管，并紧缩为2～3mm高；将熔点管放入仪器中，将仪器预置温度设置为180℃，打开仪器开关，升温至180℃后，调节升温速率为1℃/min；升温至186℃后，将升温速率调节至0.5℃/min；仔细观察试样液化情况，至出现局部液化现象时，按下"初熔"按键，当试样完全液化时，按下"终熔"按键；记录初熔和终熔温度。

14. 答：在分析工作中有时会遇到一些很少接触过的非例行样品的分析，对这样的样品应从何入手，如何制订一个好的分析方案是分析工（尤其是高级分析工）所应掌握的。

收到样品后应做如下工作：

（1）了解情况，向送样人（或单位）了解样品来源、取样地点、分析目的、分析项目等。通过了解和分析情况初步估计出样品的组成。

（2）外观检查，如为固体样，应观察其颜色、大约密度、颗粒大小、结晶情况、气味等，如为液体样品，还应观察透明度、黏度等。

（3）初步试验，进行溶解度、酸碱度、灼烧等试验。液体样品还可以测定其密度。基本确定其为无机物还是有机物。

（4）定性鉴定，如为无机物可根据各种离子的特效反应进行离子鉴定。如为有机物，则可以进行有机物定性分析，利用色谱、红外光谱、极谱、质谱等仪器进行定性。

（5）查阅资料，在确定样品的基本组成后，查阅相关资料，为设计分析方案作准备。

（6）进行分析方案设计，根据实验室条件选择分析方法，在保证准确度的基础上尽量用简单、快速的方法，同时要考虑干扰离子及消除干扰的措施。

（7）根据分析方案进行验证试验，通过验证试验不断完善分析方案。

（8）正式开始分析检验工作。

（9）通过试验没有问题的分析方案应归档保存。

15. 答：用标准酸溶液直接滴定的方式进行测定。但由于亚硝酸钠遇酸极易分解放出氧化氮，故反应最后应控制在碱性条件下，可选择酚酞、百里酚蓝作指示剂。碳酸钠在溶液中发生两步水解，用酚酞作指示剂时，碳酸钠只能反应到碳酸氢钠，故计算时，滴定体积（V）需乘2。

分析步骤：称取 10g 亚硝酸钠（称准至 0.1g）于 250mL 锥形瓶中，加入 50mL 无 CO_2 的水，摇动，使试样完全溶解，加入 3～4 滴酚酞指示剂，用 0.1mol/L 盐酸标准溶液滴定至微红色，记录滴定消耗的盐酸体积。

计算：
$$w(Na_2CO_3) = \frac{2Vc \times 0.053}{m} \times 100\%$$

式中　　c——盐酸标准溶液的实际浓度，mol/L；

　　　　V——试样消耗盐酸标准溶液的体积，mL；

　　　　m——试料的质量，g；

0.053——与 1.00mL 盐酸标准滴定溶液 $[c(HCl)=1.000mol/L]$ 相当的以克表示的碳酸钠的质量。

在测定时，可以加入过量的中性双氧水，将 NO_2^- 氧化成 NO_3^- 而对碳酸钠的测定无影响。

16. 答：分析方法：当氯化铵和硫酸铵混合（无其他杂质）时，可用测定氯离子的方法测定氯化铵含量。但银量法测定氯含量时，大量铵离子的存在对测定有影响，因此，在样品溶解后，应加入过量的 NaOH，加热煮沸，驱尽铵离子后，以硝酸中和，并调至所需酸度，然后用银量法测定。

仪器：电子天平、烧杯、电炉、棕色滴定管、锥形瓶等。

药品：硝酸银标准溶液（0.100mol/L）、NaOH、硝酸、铬酸钾指示剂等。

通过计算发现混入的杂质为硫酸铵。样品中氯化铵的含量为 56.02%。

五、有机分析

1. 解： 从分子式 $C_5H_{12}O$ 求得不饱和度为零，故未知物应为饱和脂肪族化合物。

未知物的红外光谱是在 CCl_4 溶液中测定的，样品的 CCl_4 稀溶液的红外光谱在 $3640cm^{-1}$ 处有 1 尖峰，这是自由羟基的特征吸收峰。样品的 CCl_4 浓溶液在 $3360cm^{-1}$ 处有 1 宽峰，但当溶液稀释后又消失，说明存在着分子间氢键。未知物核磁共振谱中 $\delta 4.1$ 处的宽峰，经重水交换后消失。上述事实确定，未知物分子中存在着羟基。

未知物核磁共振谱中 $\delta 0.9$ 处的单峰，积分值相当于 3 个质子，可看成是连在同一碳原子上的 3 个甲基。$\delta 3.2$ 处的单峰，积分值相当于 2 个质子，对应 1 个亚甲基，看来该次甲基在分子中位于叔丁基和羟基之间。

质谱中从分子离子峰失去质量 31（$-CH_2OH$）部分而形成基峰 m/e 57 的事实为上述看法提供了证据，因此，未知物的结构是

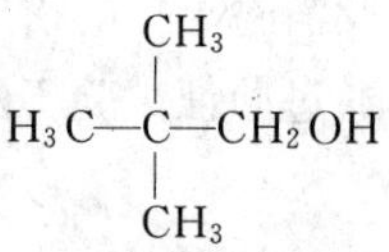

$$\begin{array}{c} CH_3 \\ | \\ H_3C-C-CH_2OH \\ | \\ CH_3 \end{array}$$

根据这一结构式，未知物质谱中的主要碎片离子得到了如下解释。

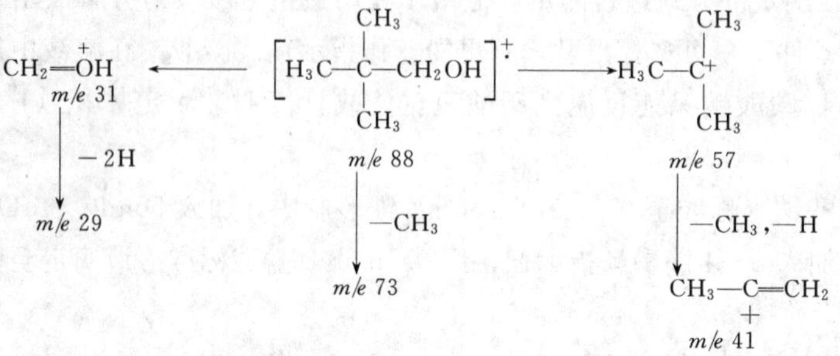

2. 解： 在未知物的质谱图中最高质荷比 131 处有 1 个丰度很小的峰，应为分子离子峰，即未知物的相对分子质量为 131。由于相对分子质量为奇数，所以未知物分子含奇数个氮原子。根据未知物的光谱数据，无伯或仲胺、腈、酰胺、硝基化合物或杂芳环化合物的特征，可假定氮原子以叔胺形式存在。

红外光谱中在 $1748cm^{-1}$ 处有一强羰基吸收带，在 $1235cm^{-1}$ 附近有 1 典型的宽强 C—O—C 伸缩振动吸收带，可见未知物分子中含有酯基。$1040cm^{-1}$ 处的吸收带则进一步指出未知物可能是伯醇乙酸酯。

核磁共振谱中 $\delta 1.95$ 处的单峰（3H）相当于 1 个甲基，从它的化学位移来看，很可能与羰基相邻。对于这一点，质谱中 m/e 43 的碎片离子（$CH_3C=O$）提供了有力的证据。在核磁共振谱中有 2 个等面积（2H）的三重峰，并且它们的裂距相等，相当于 $AA'XX'$ 系统。有理由认为它们是 2 个相连的亚甲基—CH_2—CH_2，其中去屏蔽较大的亚甲基与酯基上的氧原子相连。

至此，可知未知物具有下述的部分结构：

$$-CH_2-CH_2-O-\overset{\overset{\displaystyle O}{\|}}{C}-CH_3$$

从相对分子质量减去这一部分，剩下的质量数是 44，仅足以组成 1 个最简单的叔氨基

$$\underset{CH_3}{\overset{CH_3}{\diagdown}}N-$$

，正好核磁共振谱中 $\delta 2.20$ 处的单峰（6H）相当于 2 个连到氮原子上的甲基。因此，未知物的结构为：

$$\underset{CH_3}{\overset{CH_3}{\diagdown}}N-CH_2-CH_2-O-\overset{\overset{\displaystyle O}{\|}}{C}-CH_3$$

此外，质谱中的基峰 $m/e\ 58$ 是胺的特征碎片离子峰，它是由氮原子的 β 位上的碳碳键断裂而生成的。结合其他光谱信息，可定出这个碎片为：

$$\underset{CH_3}{\overset{CH_3}{\diagdown}}N-CH_2$$

3. 解： 由于未知物（Ⅰ）和（Ⅱ）的分子式均为 $C_8H_{12}O_4$，所以它们的不饱和度也都是 3，因此它们均不含有苯环。（Ⅰ）和（Ⅱ）的红外光谱呈现烯烃特征吸收。

未知物（Ⅰ）：3080cm^{-1}（υ=C—H），1650cm^{-1}（υ=C—C）

未知物（Ⅱ）：3060cm^{-1}（υ=C—H），1645cm^{-1}（υ=C—C）

与此同时，两者的红外光谱在 1730cm^{-1} 以及 1300～1150cm^{-1} 之间均具有很强的吸收带，说明（Ⅰ）和（Ⅱ）的分子中均含有酯基。

（Ⅰ）的核磁共振谱在 $\delta 6.8$ 处有 1 单峰，（Ⅱ）在 $\delta 6.2$ 处也有 1 单峰，它们的积分值均相当于 2 个质子。显然，它们都是受到去屏蔽作用影响的等同的烯烃质子。另外，（Ⅰ）和（Ⅱ）在 $\delta 4.2$ 处的四重峰以及在 $\delta 1.25$ 处的三重峰，这两个峰的总积分值均相当于 10 个质子，可解释为是 2 个连到酯基上的乙基。因此（Ⅰ）和（Ⅱ）分子中均存在 2 个酯基。这一点，与它们分子式中都含有 4 个氧原子的事实一致。

几何异构体顺丁烯二酸二乙酯（马来酸二乙酯）和反丁烯二酸二乙酯（富马酸二乙酯）与上述分析结果一致。现在需要确定化合物（Ⅰ）和（Ⅱ）分别相当于其中的哪一个。

顺丁烯二酸二乙酯　　　　　　　反丁烯二酸二乙酯

利用紫外吸收光谱所提供的信息，上述问题可以得到完满解决。由于富马酸二乙酯分子的共平面性很好，在立体化学上它属于反式结构。而在顺丁烯二酸二乙酯中，由于 2 个乙酯基在空间的相互作用，因而降低了分子的共平面性，使共轭作用受到影响，从而使紫外吸收波长变短。

有关化合物的紫外吸收光谱数据如下：

化　合　物	λ_{max}	ε
顺丁烯二酸二乙酯	219	2300
反丁烯二酸二乙酯	223	4100
未知物（Ⅰ）	223	4100
未知物（Ⅱ）	219	2300

可见，未知物（Ⅰ）是富马酸二乙酯，未知物（Ⅱ）是顺丁烯二酸二乙酯。

4. 解：（1）从分子式 $C_{11}H_{16}$ 计算不饱和度 $\Omega = 4$。

（2）结构式推导

UV：240～275nm 吸收带具有精细结构，表明化合物为芳烃；

IR：695cm^{-1}、740cm^{-1} 表明分子中含有单取代苯环；

MS：m/z 148 为分子离子峰，其合理丢失一个碎片，得到 m/z 91 的苄基离子；

^{13}C NMR：在 40～10 的高场区有 5 个 sp^3 杂化碳原子；

^{1}H NMR：积分高度比表明分子中有 1 个 CH_3 和 4 个 $-CH_2-$，其中 1.4～1.2 为 2 个 CH_2 的重叠峰；

因此，此化合物应含有一个苯环和一个 C_5H_{11} 的烷基。

^{1}H NMR 谱中各峰裂分情况分析，取代基为正戊基，即化合物的结构为：

$$\overset{3\quad 2}{\underset{4}{\equiv}}\quad \overset{\alpha\quad \beta\quad \gamma\quad \delta}{-CH_2CH_2CH_2CH_2CH_3}$$

（3）指认（各谱数据的归属）

UV：λ_{max} 208nm（苯环 E2 带），265nm（苯环 B 带）。

IR（cm^{-1}）：3080、3030（苯环的 υ_{CH}），2970、2865（烷基的 υ_{CH}），1600、1500（苯环骨架），740、690（苯环 δ_{CH}，单取代），1375（CH_3 的 δ_{CH}），1450（CH_2 的 δ_{CH}）。

^{1}H NMR 和 ^{13}C NMR：

结构单元	苯环				CH$_2$				CH$_3$
	1	2	3	4	α	β	γ	δ	
δ_H		7.15	7.25	7.15	2.6	1.6	1.3	1.3	0.9
δ_C	143	128	128.5	125	36	32.0	31.5	22.5	10

MS：主要的离子峰可由以下反应得到。

各谱数据与结构均相符，可以确定未知物是正戊基苯。

5. 解：（1）分子式的推导

MS：分子离子峰为 m/z 125，根据氮律，未知物分子中含有奇数个氮原子。

^{13}C NMR：分子中有 7 个碳原子；

^{1}H NMR：各质子的积分高度比从低场到高场为 1：2：2：6，以其中 9.50 1 个质子作基准，可算出分子的总氢数为 11。

IR：1730cm^{-1} 强峰结合氢谱中 9.5 峰和碳谱中 204 峰，可知分子中含有一个 —CHO。

相对分子质量 $125-12\times7-1\times11-16\times1=14$，即分子含有 1 个 N 原子，所以分子式为 $C_7H_{11}NO$。

（2）计算不饱和度 $\Omega=3$（该分子式为合理的分子式）。

（3）结构式推导

IR：2250cm^{-1} 有 1 个小而尖的峰，可确定分子中含一个 R—CN 基团；

^{13}C NMR：119 处有一个季碳信号；

UV：210nm 以上没有吸收峰，说明腈基与醛基是不相连的。

^{1}H NMR：

H 数	峰 型	结 构 单 元
6	单峰	$\begin{matrix} CH_3 \\ | \\ -C-CH_3 \end{matrix}$
2 2	多重峰 多重峰（对称）	$-CH_2-CH_2-$ （A_2B_2 系统）
1	单峰	—CHO

可能组合的结构有：

$$\begin{matrix} & CH_3 & \\ d & | & b \quad a \\ H_3C-C_c-CH_2-CH_2-CHO \\ & | & \\ & CN & \end{matrix}$$

A

$$\begin{matrix} & CH_3 & \\ d & | & b \quad a \\ H_3C-C-CH_2-CH_2-CN \\ & | & \\ & CHO & \end{matrix}$$

B

计算两种结构中各烷基 C 原子的化学位移值，并与实例值比较：

项 目		a	b	c	d
计算值	A	37.4	34.5	28.5	24.1
	B	10.9	34.0	56.5	21.6
测定值		12.0	32.0	54.5	21.7

从计算值与测定值的比较，可知未知物的正确结构式应为 B。

（4）各谱数据的归属

IR：约 2900cm^{-1} 为 CH_3、CH_2 的 υ_{CH}，约 1730cm^{-1} 为醛基的 $\upsilon_{C=O}$，约 2700cm^{-1} 为醛基的 υ_{CH}，约 1450cm^{-1} 为 CH_3、CH_2 的 δ_{CH}，约 2250cm^{-1} 为 $\upsilon_{C\equiv N}$。

^{1}H NMR：δ_H

$$\begin{matrix} & 1.12 & \\ & CH_3 & \\ & | & 1.90 \quad 2.30 \\ H_3C-C-CH_2-CH_2-CN \\ & | & \\ & H-C=O & \\ & 9.50 & \end{matrix}$$

MS：各碎片离子峰 m/z 96 为 （M—CHO）$^+$，m/z 69 为 （M—CHO—HCN）$^+$；基峰

m/z 55 为 $\underset{+CH_2}{CH_3-\overset{\displaystyle}{C}=CH_2}$ ，m/z 41 为 $H_3C-\overset{+}{C}=CH_2$ 。

UV：210nm 以上没有吸收峰，说明腈基与醛基是不相连的，也与结构式相符。

6. 解：根据分子离子峰的质荷比及其与同位素峰之间的相对丰度的比值，发现下列三组原子组合，是可能的分子式：$C_7H_{12}N_2O$，$C_8H_{12}O_2$，$C_8H_{15}N_2$。

由于红外光谱中存在着酯基的特征吸收，只有 $C_8H_{12}O_2$ 可以作为未知物的分子式。该分子式不饱和度为 3，故未知物为脂肪族酯类化合物。

核磁共振谱中 $\delta 1.3$ 处 （3H）的三重峰和 $\delta 0.45$ 处 （2H）的四重峰是典型的乙酯基的信号。另一方面，与一般饱和酯的羰基红外吸收波数 （1750～1725cm^{-1}）相比较，未知物红外光谱中酯羰基的波数较低 （1710cm^{-1}），估计这个酯羰基是与双键共轭的。从未知物的紫外吸收光谱数据看，λ_{max} 为 259nm，$\varepsilon=2.5\times10^4$，而一般 α,β-不饱和酯的 λ_{max} 仅为 215nm左右，可见还应有 1 个双键与 α,β-不饱和酯的双键共轭才行。事实上，未知物的红外光谱中 1650cm^{-1} 和 1620cm^{-1} 处存在着 2 个 $\nu_{C=C}$ 吸收带，进一步说明未知物分子具有 2 个双键。因此，未知物可能具有下列部分结构：

$$\diagdown C=C-\underset{|}{C}-\underset{|}{C}-\underset{\underset{O}{\|}}{C}-O-C_2H_5$$

由于未知物不含芳环，因此在核磁共振谱的低场 $\delta 7.2$ 处 （1H）和 $\delta 6.1$ 处 （2H）的多重峰，以及在 $\delta 5.7$ 处 （1H）的二重峰，均可解释为烯键质子的信号。$\delta 1.8$ 处 （3H）的二重峰，应是双键上的 1 个甲基。利用双共振技术可进一步指出该甲基是在共轭双键的末端位置上的。从双共振照射的核磁共振谱图可见，当照射 $\delta 1.8$ 时，$\delta 7.2$ 和 $\delta 5.7$ 的信号都没有变化，但 $\delta 6.1$ 的信号有显著变化。因此 6.1 的多重峰 （2H）应为 $CH_3-CH=CH-$ 烯键上的 2 个质子。若照射 $\delta 7.2$、$\delta 5.7$ 的信号变为单峰，表示这个质子只与 $\delta 7.2$ 的质子偶合。因此 $\delta 5.7$ 的信号应为 $-CH=CH-\overset{\overset{O}{\|}}{C}-OCH_2CH_3$ 中的 α-H 信号，$\delta 7.2$ 的信号应为 β-H 的信号。照射 $\delta 5.7$ 时，$\delta 6.1$ 的多重峰不变化，而 $\delta 7.2$ 的多重峰有显著变化，这又进一步证明，$\delta 5.7$ 的质子与 $\delta 7.2$ 的质子之间有偶合关系。

综上所述，未知物分子的结构式为：

$$\begin{array}{c}
\overset{\delta 1.85}{CH_2}\qquad\overset{\delta 6.1}{H}\\
\underset{\underset{\delta 6.1}{H}}{C}=C\qquad\overset{\delta 5.7}{H}\\
\underset{\underset{\delta 7.2}{}}{C}=C\\
\underset{\underset{O}{\|}}{C}-OCH_2CH_3
\end{array}$$

7. 解：从质谱中得知未知物的相对分子质量为 84，同位素峰的相对丰度 [M+1]=5.65，[M+2]=0.45。根据这些数据，从 Beynon 表中找出有关式子，除去其中含奇数个氮原子的式子，发现 C_5H_8O 一式的同位素峰丰度比值最接近实验值，故定为未知物的分子式。

从分子式求得不饱和度为 2，所以未知物不是芳香族化合物。紫外吸收光谱也表明未知物不含有芳环或杂芳环体系，也不含有醛或酮基。

核磁共振谱中 $\delta 6.21$ 处（1H）的双峰（2个峰都带有裂分）偶合常数 $J=7Hz$，显然只能是烯键质子的信号。事实上红外光谱中 $3058cm^{-1}$ 处的弱吸收带以及 $1650cm^{-1}$ 处的强吸收带，证明未知物分子中的确存在着烯键。

在 $725cm^{-1}$ 处的强峰，则是顺式 $—CH=CH—$ 的面外弯曲振动吸收带。核磁共振谱中 $\delta 4.55$ 处（1H）的多重峰，相当于烯键的另一个质子，它与 $\delta 6.21$ 的烯键质子相偶合，偶合常数为 $7Hz$。显然，这种偶合常数值正好与顺式烯键质子偶合常数的范围相当。

关于 $\delta 6.21$ 处的烯键质子峰处于较为低场的原因，可能是这个烯键质子上的碳原子与1个氧原子相连（$—CH=CH—O—$）引起的。对于这一点，从红外光谱 $1241cm^{-1}$ 和 $1070cm^{-1}$ 处的2个强吸收带得到证实，因为这2个吸收带说明存在着1个不饱和醚。核磁共振谱中 $\delta 3.89$ 处（2H）的三重峰（带有进一步裂分）相当于1个亚甲基，由于它位于较低场，有理由认为它是与氧原子相连的，即 $—CH_2—O—CH=CH—$。

这样，如果从已知分子式减去 $—CH_2—O—CH=CH—$ 这一部分，则只剩下 C_2H_4，相当于2个亚甲基。后者与已确定的结构部分一起，只能构成1个环， 即未知物的结构式。恰好在核磁共振谱的 $\delta 1.55\sim2.20$ 处有一宽而强的峰（4H），相当于多个亚甲基，其化学位移与相应质子在结构式中的位置也是匹配的，从而印证了所提出的未知物的结构。

8. 解：（1）分子式的确定

碳谱：18个碳原子

氢谱：0.8199处的三重峰可考虑是与 CH_2 相连的端甲基，以此作为氢谱积分曲线定标的基准，得出未知物共含35个氢原子。

质谱：m/z 281符合分子离子峰的条件，可初步判断为分子离子峰，因此未知物含奇数个氮原子。

红外 $1649.1cm^{-1}$ 的吸收，碳谱 171.45 的吸收，可知未知物含羰基，即未知物含氧原子。

综上所述，未知物分子式为 $C_{18}H_{35}ON$，相对分子质量为281，与各种谱图均很吻合。

（2）不饱和度 $\Omega=2$。

（3）官能团的确定

① 未知物中含有 $\underset{\underset{}{}}{—\overset{\overset{O}{\|}}{C}—N—}$ 基团。

a. 碳谱 171.45 的峰反映羰基应与杂原子相连，而未知物中，除氧之外，杂原子仅余氮；

b. 红外光谱中，$1649.1cm^{-1}$ 的强吸收只能是此基团，羰基若不连氮，其吸收位置在 $1680cm^{-1}$ 之上，目前数值与叔酰胺相符。

② 未知物中含正构长链烷基。

a. 碳谱：27附近的多个碳原子，以及 26、25、21、20、11 的峰，说明未知物含正构长链烷基；

b. 氢谱：1.195 的高峰（18个氢）及 0.819 的三重峰，说明未知物含正构烷基；

c. 红外：$2924.5cm^{-1}$ 和 $2853.5cm^{-1}$ 的吸收极强，以致未见约 $2960cm^{-1}$、$2870cm^{-1}$ 的甲基吸收，$721.4cm^{-1}$ 的吸收也说明含 CH_2 长链；

d. 质谱：碎片离子峰 m/z 值从 238 到 98，每隔 14 值递减，说明逐级裂解 CH_2。

③ 未知物含一个环，且为内酰胺。

a. 未知物含羰基，但所有的谱图均说明不含烯基，而由分子式计算其不饱和度为 2，因此必含一个环；

b. 碳谱：46.98 和 45.68 的两个峰说明这两个碳原子应与氮原子相连，而且它们的化学环境略有不同；

c. 氢谱：3.26 处的四个氢原子与碳谱的结论相呼应；

d. 碳谱：35.02 的峰和氢谱中 2.42 的峰说明一个 $—CH_2—$ 与羰基相连；

e. 红外：1482.9～1422.6cm^{-1}共有四个吸收，这说明未知物中 $—CH_2—$ 的环境有几种（与碳原子相连的 CH_2，与杂原子或与电负性基团相连的 CH_2）。

由以上几点可知，未知物含一个内酰胺基团，再加上前面分析的未知物含一个正构长链烷基，因此该化合物结构为：

$$\begin{array}{c} O \\ \| \\ C—N—CH_2—R \\ | \quad | \\ CH_2 \quad CH_2 \end{array}$$

至此，剩下的任务就是确定烷基链的长度了。质谱的基峰 m/z 126，其强度远远超过其他峰，结合上面所得的结论，基峰应对应下列结构：

$$\begin{array}{c} O \\ \| \\ C—\overset{+}{N}{=}CH_2 \\ | \\ CH_2 \quad CH_2 \end{array}$$

因而定出：

于是氮上取代的烷烃为：正构—$C_{12}H_{23}$。

因此未知物结构为：

$$\begin{array}{c} O \quad (3.26)\ (1.195)\ (0.8199) \\ \| \quad 171.45\ 46.98\quad 27\quad 11.96 \\ C—N—CH_2—(CH_2)_{10}—CH_3 \\ 35.02\ CH_2 \quad | \\ (2.42)\quad CH_2\quad 46.68(3.26) \\ 29.99\ CH_2 \quad CH_2\quad 21.76(1.6) \\ (1.6)\quad CH_2\quad 20.72(1.6) \end{array}$$

9. 解：从未知物的质谱数据得知，分子离子峰 m/e 164，其丰度不大，估计未知物不是芳香族化合物。已知 $[M+2]/[M]=95.7:100$，又知道 $Br^{81}/Br^{79}=98:100$，由此得知未知物分子含有 1 个溴原子。通常在卤化物的质谱中，由于失去电负性较大的卤原子（X）而出现 1 个强的 [M—X] 峰。

$$R—X \longrightarrow R^+ + X^-$$

在未知物的质谱中确有 1 个 m/e 85（164－79＝85）的峰，从而进一步证明未知物分子含有 1 个溴原子。显然，R 部分的质量为 85。此外，质谱中还存在 m/e 29、43、53 等（C_nH_{2n+1}）或（$C_nH_{2n+1}CO$）系列的峰，这暗示 R 部分可能是 $CH_3(CH_2)_5$—或 $CH_3(CH_2)_3CO$—。但根据 m/e 93 和 95（—CH_2Br^+）、107 和 109（—$CH_2CH_2Br^+$）以及 135 和 137[—$(CH_2)_4Br^+$] 等峰，估计 R 部分应是烷基。因此未知物的分子式可能是 $C_6H_{13}Br$。

含有 6 个或 6 个以上碳原子的正烷基溴化物，通常容易形成 1 个 5 元环的溴鎓离子，未知物的质谱在 m/e 135 和 137 处有 1 强峰，可指定为溴鎓离子，从而推测未知物为正溴己烷。

$$CH_3CH_2CH_2CH_2CH_2CH_2Br$$

上述鉴定也得到其他光谱的证实。未知物的紫外吸收光谱在 210nm 以上无吸收，这说明不存在羰基、芳环以及卤素与共轭双键等。未知物的红外光谱甚为简单，没有羰基、羟基、芳环或烯烃的特征吸收。在未知物的核磁共振谱中 δ 3.32 处的三重峰，积分值相当于 2 个质子，这分明是与 1 个次甲基相连的亚甲基的峰。由于它的化学位移偏低场，故该亚甲基应与溴原子相连，即—CH_2—CH_2—Br。高场 δ 0.89 处的 1 个畸变的 3 重峰，积分面积相当于 3 个质子，故应为 1 个甲基。δ 2.1～1.1 之间的 1 组峰，积分面积相当于 8 个质子，正好是 4 个亚甲基。可见核磁共振谱数据也与正溴己烷的结构一致。

未知物质谱中的主要碎片离子，可按照正溴己烷的结构解释如下：

10. 解：红外光谱中 1730cm^{-1} 的强吸收带指出化合物结构中存在着 1 个 C＝O 基。而在 2703cm^{-1} 处的中等强度的吸收带，是相当于特征的醛基 C—H 伸缩振动吸收带，表明未知物为一醛类化合物。

紫外吸收光谱数据 λ_{max} 292nm，ε_{max} 23.2（醛基的特征吸收），核磁共振谱中 δ 9.75 处的三重峰（醛基质子峰）以及质谱中的基峰质荷比为 44（典型的醛的基峰）等，也都证实存在着醛基。由于核磁共振谱和红外光谱中都不存在芳环结构的特征吸收，因此未知物应是一脂肪族醛。

核磁共振谱中 δ 2.42 处的多重峰相当于 2 个质子，显然是与醛基相连的亚甲基峰。高场 δ 0.89 处的 1 个畸变的 3 重峰，积分面积相当于 3 个质子，故应为 1 个甲基。δ 2.1～1.1 之间的 1 组峰，积分面积相当于 8 个质子，正好是 4 个亚甲基。根据上述分析，未知物的结构应为：

$$CH_3CH_2CH_2CH_2CH_2CH_2CHO$$

这一结构的相对分子质量为 114。在未知物的质谱图中，确实可以在 m/z 114 处发现 1 个很弱的分子离子峰。此外，质谱中 m/z 29、43、57、71 等一系列直链脂肪烃的特征碎片，也与上述鉴定吻合。

根据这一结构，未知物质谱图中的其他主要碎片峰也可得到满意的解释。如质荷比为 96 的碎片离子是由分子离子失去水分子而形成的，质荷比为 86 的碎片离子是由分子离子失去 CO 而形成的，质荷比为 70 的碎片离子是由分子离子失去$-CH_2CHOH$基而形成的，等等。

11. 解：根据 M+1=7.8，M+2=0.5，从 Beynon 表找出有关式子，然后排除含有奇数个氮原子的式子（因为未知物的分子量为偶数），剩余的列出：

	M+1	M+2
$C_5H_{14}N_2$	6.39	0.17
$C_6H_2N_2$	7.28	0.23
$C_6H_{14}O$	6.75	0.39
C_7H_2O	7.64	0.45

其中最接近未知物的 M+1(7.8) 和 M+2(0.5) 值的是 C_7H_2O。此外，$C_5H_{14}N_2$ 和 $C_6H_{14}O$ 也较为接近。考虑到未知物的紫外光谱在 200nm 以上没有吸收，核磁共振谱在芳环特征吸收区域中也没有吸收峰等事实，说明未知物是脂肪族化合物。根据这一点，上述三个式子只有 $C_6H_{14}O$ 可以作为未知物的分子式。从分子式可知该化合物不饱和度为零。

在未知物的红外光谱中，没有羰基或羟基的特征吸收，但分子式中又含有氧原子，故未知物为醚的可能性很大。在 $1130\sim1110cm^{-1}$ 之间有一个带有裂分的吸收带，可以认为是 C—O—C 的伸缩振动吸收。

另一方面，核磁共振谱中除了在 δ1.15 处的双峰和 δ3.75 处的对称七重峰（它们的积分比为 6∶1）以外，没有其他峰，这非常明确地指出了未知物存在着 2 个对称的异丙基。对于这一点，红外光谱中的 $1380cm^{-1}$ 和 $1370cm^{-1}$ 处的双峰，提供了另一个证据。

根据上述分析得到的信息，未知物的结构式可立即确定为：

按照这个结构式，未知物质谱中的主要碎片离子可以得到满意的解释：

12. 解：从未知物的分子式知道其不饱和度为 6，因此未知物可能含有一个苯环。这与紫外吸收光谱数据中 λ_max 252nm、258nm 和 264nm 的吸收峰指出存在着一个苯环一致。

在未知物的红外光谱中，在 $3100\sim3000cm^{-1}$ 有一较小的吸收带为 $\upsilon_{=CH}$，在 $1600cm^{-1}$ 和 $1495cm^{-1}$ 处的吸收带是由苯核的骨架振动引起的，而 $770cm^{-1}$ 和 $700cm^{-1}$ 为 $\delta_{=CH}$（面外）吸收带，这些都足以说明存在着一个单取代苯环。对于这一点，我们很容易从未知物的核磁共振谱中 δ7.7～7.1 处的多重峰，通过积分值指出具有 5 个质子而证实存在着一个单取代苯环。

在红外光谱中，在 $3600cm^{-1}$ 处有一弱吸收带（在 $0.14mg/mL$ 的 CCl_4 溶液中进行测定），这说明有游离的羟基。而在 $1100\sim1000cm^{-1}$ 之间的几个中等强度的吸收带指出，存在着醇类的 C—O 吸收，这表明未知物是一个醇。对于这一点，可以从核磁共振谱中得到证明。在 $\delta2.75$ 处的宽单峰，通过积分值指出具有 1 个质子，这说明存在着 1 个羟基。

此外，在 $3310cm^{-1}$ 处有一强吸收带，这是由单取代乙炔的 C—H 伸展振动所产生的（此带不同于缔合的 OH 带，谱带较窄）。在 $2110cm^{-1}$ 处的弱吸收为 $\upsilon_{C\equiv C}$ 吸收带，而 $650cm^{-1}$ 为 δ_{CH} 吸收带。上述三个吸收带表示未知物存在着一个单取代乙炔基。这一点，同样也得到核磁共振谱的证实。在 $\delta2.5$ 处的单峰，通过积分值指出具有 1 个质子，可认为是乙炔基上的 1 个质子。在 $\delta1.7$ 处的单峰，通过积分值指出具有 3 个质子，这说明存在着 1 个甲基，它只能与 1 个叔碳原子相连。

到这里，可以指出未知物具有下述的部分结构：

$$\text{（苯基）}\quad -OH,-C\equiv H,-CH_3$$

如果将分子式减去上述的碎片，则剩下 1 个碳原子。因此，未知物的结构式为：

$$\text{（结构式：苯基-C(CH}_3)(OH)-C\equiv CH）$$

13. 解：首先分析一下红外光谱：在 $3300cm^{-1}$ 附近有一强而宽的吸收带指出存在 OH 伸缩吸收，加上在 $1300\sim1000cm^{-1}$ 之间有几个强吸收带，这些说明未知物存在着羟基。

在 $3030cm^{-1}$ 附近有一弱吸收带为 υ_{CH}。在 $1600cm^{-1}$ 和 $1500cm^{-1}$ 之间具有两个中等强度吸收带，是由苯核骨架振动所引起的。$840cm^{-1}$ 处有一强吸收带为 δ_{CH}（面外）。这些都说明未知物存在着 1,4-二取代苯环。

由于在红外光谱中没有看到羰基的吸收带，因此未知物不是酸和酯，故上述羰基很可能以醇类形式存在。但由于 C—O 伸缩振动波数较高，故可以认为是酚羟基。

质谱中未知物的分子离子峰为 228.1152，假定测定误差为 ±0.006，小数部分应该在 $0.1092\sim0.1212$ 的范围。根据这个数值，从 Beynon 表中可以找出 $C_{15}O_{16}O_2$。从分子式 $C_{15}O_{16}O_2$ 知道，不饱和度为 8，因此可以假定未知物含有 2 个苯环。

到这里，可以初步指出未知物具有下述的碎片结构：

$$HO-\text{（苯基）}\quad,\quad HO-\text{（苯基）}$$

如果未知物的分子式减去上述碎片，则剩下 C_3H_6。由于没有剩下的双不饱和度，所以 C_3H_6 的结构可以设想为

$$\begin{array}{c}CH_3\\|\\-C-\\|\\CH_3\end{array}$$

这样，未知物的结构可以推出为

$$HO-\text{（苯基）}-\overset{CH_3}{\underset{CH_3}{C}}-\text{（苯基）}-OH$$

我们设想的结构式为未知物的核磁共振谱所证实：在未知物核磁共振谱中共有三组峰，在 $\delta1.63$ 处的单峰，积分值指出具有 6 个质子，这说明存在着 2 个甲基，并且这 2 个甲基一

定连在 1 个叔碳原子上；在 $\delta 2.65$ 处的宽峰，积分值指出具有 2 个质子，经重水交换后可消失，说明存在 2 个羟基；在 $\delta 6.95$ 处的四重峰，积分值指出具有 8 个质子。从图中看出它是典型的对位二取代苯环质子峰，其中四个峰的强度按弱、强、强、弱对称分布，并且每一双峰裂距均为 8Hz。

根据以上分析完全证实了设想的结构式：

$$\text{HO}-\!\!\!\bigcirc\!\!\!-\overset{\overset{\displaystyle CH_3}{|}}{\underset{\underset{\displaystyle CH_3}{|}}{C}}-\!\!\!\bigcirc\!\!\!-\text{OH}$$

14. 解：从质谱图确定相对分子质量为 194。由于 $m/z194$、$m/z196$ 的相对丰度几乎相等，说明分子中含一个 Br 原子，从红外谱图 $1730cm^{-1}$ 的吸收峰可知分子中含羰基，即含一个氧原子，^{1}HNMR 谱中，从低场到高场积分曲线高度比为 $3:2:3:3$，H 原子数目为 11或其整数倍，C 原子数目可用下式计算：

C 原子数目 $=(194-11-16-79)/12=7$ 余 4

因不能整除，需用试探法调整。分析上述计算结果，余数 4 加 12 等于 16，因此可能另含一个氧原子。重新检查各谱，发现 ^{1}H NMR 中，处于低场 4 附近的一簇峰裂分形状复杂，估计含有两种或更多 H 原子，而 Br 原子存在不能造成两种 H 的化学位移在低场，羰基也不能使邻近的 H 化学位移移到 4 处，因此存在另一个氧原子的判断是合理的。质谱图中 $m/z45$、$m/z87$ 等碎片离子也说明有非羰基的氧存在。重新计算 C 原子数目：

C 原子数目 $=(194-11\times2-79)/12=6$

故分子式为 $CHBrO_2$，不饱和度为 1。

由以上分析可知，分子中含 Br、$C\!=\!O$、$—O—$；从氢谱的高场到低场分别有 CH_3（三重峰）、CH_3（三重峰）、CH_2（多重峰），仔细研究 $\delta 4$ 处的裂分峰情况，可以发现它由一个偏低场的四重峰和一个偏高场的三重峰重叠而成，一共有三个 H，其中四重峰所占的积分曲线略高，它为 $—CH_2—$（四重峰），另一个则为 CH（三重峰）。综上所述，分子中应有两个较大的结构单元 $CH_3CH_2—$ 和 $CH_3CH_2CH—$ 以及 Br、$C\!=\!O$、$—O—$ 三个官能团。前者的 CH_2 化学位移为 4.2，必须与 O 相连；后者的 CH_2 左右均连接碳氢基团，它的化学位移只能归属到约 2，这样，可列出以下两种可能的结构：

$$\overset{\qquad Br\qquad}{\underset{\qquad|\qquad}{\underset{\displaystyle a\;\;b\;\;c\;\;d\;e}{CH_3CH_2CHCO_2CH_2CH_3}}}\qquad\qquad\overset{\qquad\quad\overset{d\;\;e}{OCH_2CH_3}}{\underset{\qquad\quad|}{\underset{\displaystyle a\;\;\;b\;\;\;c}{CH_3CH_2CHCOBr}}}$$

Ⅰ   Ⅱ

先来看两种结构中 $CH_2(d)$ 的化学位移，理论计算表明，结构Ⅰ中 $\delta_d=4.1$，结构Ⅱ中羰基 α-断裂很容易失去 Br 生成 m/z 为 115 的离子，而实际上在高质量端有许多丰度可观的含 Br 碎片离子。因此，可以排除结构Ⅱ，而重点确认结构Ⅰ。根据理论计算，结构Ⅰ中各种 H 的化学位移和自旋裂分情况如下：

$\delta_a=0.9$（三重峰）

$\delta_b=1.3+0.6+0.2=2.1$（多重峰）

$\delta_c=0.23+0.47+2.33+1.55=4.58$（三重峰）

$\delta_d=4.1$（四重峰）

$\delta_e=0.9+0.4=1.3$（三重峰）

除 δ_c 计算结果偏大之外，其余基本与谱图相符。

然后来看质谱主要碎裂方式和产物离子的质荷比。结构Ⅰ的主要碎裂方式和碎片离子如下，它较好地解释了质谱中的重要离子。由此可以认为结构Ⅰ，即 α-溴代丁酸乙酯是未知物的结构。

$$\underset{\substack{| \\ Br}}{CH_3CH_2OCCHCH_2CH_3}^{\overset{O^+}{}} \quad
\begin{cases}
\xrightarrow[\gamma-H]{-C_2H_4} CH_3CH_2O-\underset{}{C}=CHBr \xrightarrow[\gamma-H]{-C_2H_4} O=\underset{}{C}-CH_2Br \quad m/z\ 166 \\
\xrightarrow{-CH_3CH_2OCO\cdot} CHBrCH_2CH_3^+ \quad m/z\ 149 \\
\xrightarrow{-CH_3CH_2O\cdot} COCHBrCH_2CH_3^+ \quad m/z\ 121 \\
\xrightarrow{-Br\cdot} CH_3CH_2OCOCHCH_2CH_3^+ \quad m/z\ 115
\end{cases}$$

15. 解： 质谱图中有几处 m/z 相差两个质量单位、强度几乎相等的成对的峰，这是因为样品分子含有 Br，Br 的两种同位素 ^{79}Br 和 ^{81}Br 天然丰度比约为 1:1。最高质量端的一对峰中，m/z 为 194 的质量数与实验式 $C_6H_{11}O_2Br$ 的质量一致，说明该峰为分子离子峰，分子式即为 $C_6H_{11}O_2Br$。由此可以计算出该化合物的不饱和度为 1。

氢谱上共有五组峰，谱线强度比从高场至低场为 3:2:2:2:2，这五组峰所代表的质子数即是 3、2、2、2、2。最高场的 $\delta_H=1.25$ 的三重峰与最低场 $\delta_H=4.5$ 的四重峰裂距相等，可见化合物结构中含有 CH_3CH_2O 单元。由于只有一个甲基，不可能有支链，而且 Br 只能连接在另一端的端基上。δ_H 为 2.25、2.50、3.50 的三组亚甲基峰依次排列，分别呈现多重峰、三重峰、三重峰，这是因为相互偶合造成的谱线裂分，其中低场的 CH_2 与 Br 相连，说明这是一个 $CH_3CH_2CH_2Br$ 结构单元。

综合以上分析，连接三个结构单元，该化合物的结构式及 δ_C、δ_H 如下所示。

$$\underset{}{CH_3-CH_2-O-\overset{\overset{O}{\|}}{C}-CH_2-CH_2-CH_2-Br}$$

δ_C	14.3	60.5	173.2	32.5	28	32.8
δ_C	1.25	4.5		2.50	2.25	3.50

验证结构，红外光谱上，$1300\sim1000\ cm^{-1}$ 的两个强吸收带是酯基的 ν_{C-O-C}，高波数的 ν_{as} 较低波数的 ν_s 吸收强度大，吸收带宽。$3000\ cm^{-1}$ 以上无吸收带，表明该化合物是饱和酯类化合物。

质谱图上，m/z194 的分子离子峰和 m/z196 的（M+2）同位素峰，其强度很弱，说明分子离子峰不稳，极易断裂。m/z149：M—OCH_2CH_3；m/z121：M—CH_3CH_2OCO；m/z88：麦氏重排，M—CH_2CHBr；m/z41，基峰。$BrCH_2CH_2\overset{+}{C}H_2$—HBr 都一一符合，因此结构式是正确的。

参 考 文 献

[1] 朱嘉云主编. 有机分析. 第2版. 北京: 化学工业出版社, 2004.

[2] 丁敬敏, 赵连俊主编. 有机分析. 北京: 化学工业出版社, 2004.

[3] 袁红兰主编. 有机化合物及其鉴别. 北京: 化学工业出版社, 2002.

[4] 黄一石主编. 仪器分析. 北京: 化学工业出版社, 2002.

[5] 刘世纯主编. 实用分析化验工读本. 第2版. 北京: 化学工业出版社, 2005.

[6] 刘天煦主编. 化验员基础知识问答. 北京: 化学工业出版社, 2003.

[7] 刘瑞雪主编. 化验员习题集. 北京: 化学工业出版社, 2004.

[8] 刘东主编. 分析化学学习指导与习题. 北京: 高等教育出版社, 2006.

[9] 李建颖, 石军主编. 分析化学学习指导与习题精解. 天津: 南开大学出版社, 2004.

[10] 江万权, 金谷编. 分析化学: 要点·例题·习题·真题. 北京: 中国科技大学出版社, 2003.

[11] 武汉大学化学系分析化学教研室编. 分析化学例题与习题: 定量化学分析及仪器分析. 北京: 高等教育出版社, 1999.

[12] 孙毓庆主编. 分析化学习题集. 北京: 科学出版社, 2004.

[13] 吕绍杰, 杜宝祥主编. 化工标准化. 北京: 化学工业出版社, 1998.

[14] GB/T 14666—2003 分析化学术语.

[15] GB/T 20001.1—2001 标准编写规则 第1部分: 术语.

[16] GB/T 19016—2005 质量管理体系 项目质量管理指南.

[17] GB/T 15000.9—2004 标准样品工作导则 (9) 分析化学中的校准和有证标准样品的使用.

[18] GB/T 15000.8—2003 标准样品工作导则 (8) 有证标准样品的使用.

[19] GB 3100—93 国际单位制及其应用.

[20] GB/T 20000.2—2001 标准化工作指南 第2部分: 采用国际标准的规则.

[21] GB/T 6379.1—2004/ISO 5725-1: 1994 测量方法与结果的准确度 (正确度与精密度) 第1部分: 总则与定义.

[22] GB/T 20000.1—2002 标准化工作指南 第1部分: 标准化和相关活动的通用词汇.

[23] 金庆华主编. 分析化学学习与解题指南. 武汉: 华中理工大学出版社, 2004.

[24] 刘志广主编. 分析化学学习指导. 大连: 大连理工大学出版社, 2002.

[25] 穆华荣主编. 分析仪器维护. 第2版. 北京: 化学工业出版社, 2006.

[26] 骆巨新主编. 分析实验室装备手册. 北京: 化学工业出版社, 2003.

[27] 盛晓东主编. 工业分析技术. 北京: 化学工业出版社, 2002.

[28] 全浩, 韩永志主编. 标准物质及其应用技术. 第2版. 北京: 中国标准出版社, 2003.